第二批国家级一流本科课程配套教材
高等院校计算机类专业"互联网+"创新规划教材

算法设计与分析

主　　编　汪国华　李艳娟
副主编　刘美玲　穆丽新
　　　　　滕志霞　于慧伶

北京大学出版社
PEKING UNIVERSITY PRESS

内 容 简 介

本书共 8 章，主要从算法的分析与设计两个方面进行介绍。首先，系统地介绍了算法分析的基本方法，包括对时间复杂性和空间复杂性的分析，并详细介绍了主方法。然后，系统地介绍了各种算法设计策略，包括递归与分治策略、动态规划算法、贪心算法、回溯法、分支限界法、随机算法、线性规划与网络流等。对于每种算法设计策略，从该策略的基本思想、适用问题、算法步骤等多个方面详细讲解，对于复杂的算法设计策略还给出了相关例题。书中包含大量的范例和相应的实现代码，让读者对算法设计策略的基本思想和核心设计步骤有深入的理解与掌握，能够让读者掌握各种算法设计策略的精髓，提高读者的算法设计能力，让读者具备分析具体问题、选择算法设计策略、给出算法代码的能力。

本书适合作为高等院校计算机科学与技术相关专业的本科和研究生阶段的教材，也可以作为从事实际问题求解的研究工作者的参考书。

图书在版编目（CIP）数据

算法设计与分析 / 汪国华，李艳娟主编 . —北京：北京大学出版社，2022.3
ISBN 978−7−301−32873−6

Ⅰ . ①算… Ⅱ . ①汪… ②李… Ⅲ . ①电子计算机 − 算法设计 − 高等学校 − 教材②电子计算机 − 算法分析 − 高等学校 − 教材 Ⅳ . ① TP301.6

中国版本图书馆 CIP 数据核字（2022）第 025860 号

书　　　　名	算法设计与分析 SUANFA SHEJI YU FENXI
著作责任者	汪国华　李艳娟　主编
策 划 编 辑	郑　双
责 任 编 辑	黄园园　郑　双
数 字 编 辑	蒙俞材
标 准 书 号	ISBN 978−7−301−32873−6
出 版 发 行	北京大学出版社
地　　　　址	北京市海淀区成府路 205 号　100871
网　　　　址	http：//www. pup. cn 新浪微博：@ 北京大学出版社
电 子 信 箱	pup_6@163.com
电　　　　话	邮购部 010−62752015　发行部 010−62750672　编辑部 010−62750667
印 刷 者	三河市北燕印装有限公司
经 销 者	新华书店
	787 毫米 ×1092 毫米　16 开本　16.75 印张　408 千字
	2022 年 3 月第 1 版　2023 年 6 月第 2 次印刷
定　　　　价	48.00 元

前　　言

随着计算机技术的普及，各种计算机应用软件越来越多。程序是软件的主体，软件的质量主要通过程序的质量来体现。没有算法的程序，只是一些代码的堆砌，这样的程序组成的软件谈不上是一个优秀的软件。党的二十大报告指出，问题是时代的声音，回答并指导解决问题是理论的根本任务。而理论与实践又是完整的统一体。作为问题求解和程序设计的重要基础，"算法设计与分析"是计算机科学与技术专业的一门重要的必修课。在求解计算机应用领域的大多数问题时，最重要的工作就是分析问题的特性，选择合适的算法设计策略，根据算法策略的步骤编写算法，其核心就是进行算法的设计与分析。尤其在复杂的、海量的信息处理中，算法的设计与分析更是起着决定性的作用。

本书主要从算法的设计与分析两个方面进行介绍，内容包括算法概述、递归与分治策略、动态规划算法、贪心算法、回溯法、分支限界法、随机算法、线性规划与网络流。对于每种算法设计策略，从该策略的基本思想、适用问题、算法步骤等多个方面详细讲解，对于复杂的算法设计策略还给出了相关例题。书中包含大量的范例和相应的实现代码，让读者对算法设计策略的基本思想和核心设计步骤有深入的理解与掌握，让读者具备分析具体问题、选择算法设计策略、给出算法代码的能力。

本书可作为普通高等院校计算机科学与技术相关专业的本科和研究生阶段的教材。对于本科教学，建议讲授第 1 ～ 6 章的全部内容，第 7、8 章可根据情况选择部分内容讲解。对于研究生教学，建议讲授第 1 ～ 7 章的全部内容，第 8 章可根据情况选择部分内容讲解。此外，本书还可以作为从事实际问题求解的研究工作者的参考书。

与同类教材相比，本教材具有以下特色。

（1）详细分析算法运行过程。和很多知识性的课程不同，算法设计与分析是一门重视能力的课程。学习算法设计与分析既需要像数学一样去证明，又需要像程序设计语言一样去编写代码，是一门比较难理解的课程。本教材对经典实例的运行过程、中间结果、程序流程进行了详细的分析讲解，让学生对每个问题的解决方法有个透彻的理解，减轻学生学习难度的同时提高学习效果。

（2）课后习题建设。现有算法设计与分析教材课后习题类型比较单一，主要是算法设计类题型，缺少基础性题型，如选择题、填空题、解答题等。本教材增加了这些题型，以进一步夯实学生对基础理论知识的掌握。

（3）实现语言的统一性。市面上大部分算法设计与分析教材的实现语言是 C 与 C++ 混合的。一般情况下，分治策略、动态规划算法和贪心算法采用 C 语言实现，而回溯法和分支限界法采用 C++ 实现，这对不会 C++ 的学生来说学习难度较高。算法设计与分析的核心是如何设计算法，而不是具体语言的实现，因此本教材统一使用 C 语言实现算法，降低了学习门槛，只需要有 C 语言基础即可学习。

（4）视频讲解。本书配有绝大部分知识点的教学视频，视频内容短小精练，采用微

课形式组织，读者扫描相应的二维码即可观看。

　　本书由东北林业大学汪国华教授，衢州学院李艳娟副教授担任主编，东北林业大学刘美玲副教授、穆丽新讲师、滕志霞教授和于慧伶副教授担任副主编。具体编写分工如下：汪国华编写了第 3.1～3.3 节、第 6 章和第 8.5 节；李艳娟编写了第 1 章和第 7 章；刘美玲编写了第 3.4～3.8 节和第 4 章；穆丽新编写了第 2 章；滕志霞编写了第 8.1～8.4 节；于慧伶编写了第 5 章。本书的编写得到了东北林业大学研究生优秀教材项目（项目编号：DL2020030005）的支持。

　　在编写过程中，作者参阅了大量的算法设计与分析书籍及网络资源，从中吸取了一些好的思路和素材，在此一并向有关作者表示感谢。由于本书涉及内容广泛，编者水平有限，书中不妥和疏漏之处在所难免，欢迎广大读者批评指正。

编　者

资源索引

目　　录

第 1 章

算法概述

　　算法的概念是随着计算机技术的发展而出现的吗？什么是算法？算法有哪些特性？它与程序和数据结构有什么关系？什么是算法的复杂性？算法时间复杂性的几个符号具体代表什么含义？算法时间复杂性的分析方法有哪些？这些问题都可以在本章找到答案。本章建议 2 课时。

教学目标

- ➤ 了解算法的概念和特征；
- ➤ 了解算法与程序和数据结构的关系；
- ➤ 掌握算法的时间复杂性和空间复杂性的概念；
- ➤ 掌握算法时间复杂性分析的渐近符号；
- ➤ 掌握算法时间复杂性分析的方法。

教学需求

知识要点	能力要求	相关知识
算法的概念和特征	（1）掌握算法的概念； （2）掌握算法的 5 个特征	算法的由来
算法的复杂性分析	（1）时间复杂性； （2）空间复杂性	时间复杂性的渐近符号
时间复杂性分析方法	（1）迭代法； （2）主方法	递归

思维导图

算法概述

引言
- 算法的由来
- 计算机领域的算法

算法的概念
- 算法的定义
- 算法与程序的区别
- 算法与数据结构的区别
- 算法设计的步骤

算法复杂性分析
- 时间复杂性
- 复杂性渐近性态
- 渐近符号
- 算法时间复杂性分析
- 算法空间复杂性分析

推荐阅读资料

1. 杨晓波，2011. 算法时间复杂性分析综述 [J]. 西藏大学学报（自然科学版），26(1)：87-90.

2. 孙红丽，叶斌，2007. 浅析递归方程解法及其渐进阶表示 [J]. 四川文理学院学报，17(2)：15-17.

基本概念

算法是求解问题的一系列计算步骤，用来将输入转换成输出结果。

时间复杂性是指执行算法所需要的时间资源。

空间复杂性是指执行算法所需要的空间资源。

引例：调度问题

假设有 n 项任务，每项任务的加工时间已知。从 0 时刻开始陆续安排到一台机器上加工。每个任务的完成时间从 0 时刻到任务加工截止时间。

求总完成时间（所有任务完成时间之和）最短的安排方案。

任务集 $S=\{1,2,3,4,5,\cdots\}$

想完成每项加工任务，可以按任务集的顺序依次完成；可以将任务集中的任务按完成时间从小到大排序，然后按从短到长的顺序完成，或者按从长到短的顺序完成；还可以随机选取任务集中的任一任务先完成，删除已完成的任务，再随机选取任务，直到任务集空为止。以上方法皆可完成所有任务，然而只有短作业优先完成，才会让任务集的任务完成后，花费的总时间最少。选择最适合的解决问题的策略，就是算法研究的主要内容。

1.1　引言

1.1.1　算法的由来

"算法"即演算法，这个词并不是随着计算机技术的发展而出现的。早在公元前 300 年，古希腊数学家欧几里得在《几何原本》中就提出了包括辗转相除法等的多个算法。

算法的中文名称出自公元前 1 世纪的《周髀算经》，其中提出了多个解决数学问题的算法，如勾股定理等。而春秋时期的《孙子算经》就提出了解决一次同余方程等多种数学问题的算法。魏晋期间杰出的数学家刘徽在其为《九章算术》所作的注中首创了利用割圆术计算圆周率，这和利用随机化算法解决圆周率问题的思想有异曲同工之妙。

20世纪的英国数学家图灵提出了著名的图灵论题，并提出了一种假想的计算机抽象模型，这个模型被称为图灵机。图灵机的出现解决了算法定义的难题，图灵的思想对算法的发展起到了重要作用。

1.1.2　计算机领域的算法

计算机领域的算法是在有现代计算机之后利用计算机解决问题的算法。

计算机领域最权威的奖项——图灵奖的获得者中就有多位算法领域的专家。例如，算法分析之父——高德纳教授，他提出了计算机领域多个重要的算法，如Knuth-Bendix算法等就是由他提出来的；图灵奖获得者姚期智教授，也提出了计算理论中的一些重要算法，如伪随机数生成算法等。

算法应用在日常生活的方方面面，现代人日常的衣食住行，都离不开算法。例如，常用的淘宝、美团、携程、12306购票软件等，背后都离不开算法的支持。

算法是计算机科学的重要主题。20世纪70年代前，计算机科学基础的主题没有被清楚地认清；20世纪70年代，高德纳出版了《计算机程序设计的艺术》（*The Art of Computer Programming*），以算法研究为主线确立了算法为计算机科学基础的重要主题；20世纪70年代后，算法作为计算机科学的核心推动了计算机科学技术的飞速发展。程序设计的目标是编出一套解决特定问题的程序指令。算法是处理问题的策略，数据结构是问题的数学模型。

1.2　算法的概念

1.2.1　什么是算法

算法是求解问题的一系列计算步骤，用来将输入转换成输出结果，如图1.1所示。

输入　⟹　算法　⟹　输出

图1.1　算法的概念

算法可以理解为由基本运算及规定的运算顺序所构成的完整的解题步骤，或者看成按照要求设计好的有限的确切的计算序列，并且这样的步骤和序列可以解决一类问题。

一个正确的算法解决了给定的求解问题，不正确的算法对于某些输入来说可能根本不会停止，或者停止时给出的不是预期的结果。

算法设计的先驱者高德纳对算法的特征做了如下描述。

（1）有穷性：一个算法必须保证执行有限步之后结束。

（2）确切性：算法的每一步骤必须有确切的定义。

（3）输入：一个算法有 0 个或多个输入，以刻画运算对象的初始情况，所谓 0 个输入是指算法本身给出了初始条件。

（4）输出：一个算法有一个或多个输出，以反映对输入数据加工后的结果。没有输出的算法是毫无意义的。

（5）可行性：算法原则上能够精确地运行，运行后能得到令人满意的结果。

例 1.1　求两个正整数 m、n 的最大公约数，即欧几里得算法，也称辗转相除法。具体步骤如下。

（1）如果 $m<n$，交换 m 和 n。

（2）令 r 等于 m/n 的余数。

（3）如果 $r=0$，则输出 m；否则令 $m=n$，$n=r$，并转向步骤（2）。

描述该问题的程序如下。

```c
int gcd(int m,int n)
{
    if(m<n) gcd(n,m);
    int r;
    do
    {
        r=m%n;
        m=n;
        n=r;
    }while(r);
    return m;
}
```

在例 1.1 中，对输入的任意正整数 m、$n(m>n)$，令 r 是 m/n 的余数，经过辗转相除，从而使 m 和 n 变小。如此往复进行，最终使 r 为 0，算法终止，即为有穷性。

如果 m 和 n 是无理数，那么 $m\%n$ 的余数是多少，没有一个明确的界定。规定了 m 和 n 是正整数，从而保证了算法能够正确地执行，即为确切性。

程序中有两个输入 m 和 n，都是正整数，即为输入。

最后的输出是 m 和 n 的最大公约数，即为输出。

用一个正整数来除另一个正整数，这些运算是可行的，即为可行性。

例 1.2　以下两段程序是否满足算法的特性，若不满足，则其违反了哪些特性？

程序段 1：

```c
void exam1( )
{
    int n=2;
    while(n%2==0)
```

```
    {
        n=n+2;
        printf("%d\n", n);
    }
}
```

程序段 2：

```
void exam2()
{
    int y=0;
    int x=5/y;
    printf("%d,%d",x,y);
}
```

这两段程序都不满足算法的特性，第一个程序是死循环，违反了算法的有穷性；第二个程序包含除零错误，违反了算法的可行性。

1.2.2 算法与程序的区别

对于计算机科学来说，算法的概念至关重要。在一个大型的软件系统开发中，设计出的算法是否有效，是决定软件系统性能的重要因素之一。

程序（program）与算法不同。程序是算法用某种程序设计语言的具体实现。程序可以不满足算法的有穷性。例如，操作系统是一个在无限循环中执行的程序，因而不是一个算法。

程序与算法的区别大体有以下 3 个方面。

（1）一个程序不一定满足有穷性。例如，操作系统，只要整个系统不遭破坏，它将永远不会停止，即使没有作业需要处理，它仍处于动态等待中，因此，操作系统不是一个算法。

（2）程序中的指令必须是机器可执行的，而算法中的指令则无此限制。

（3）算法代表了对问题的解，而程序则是算法在计算机上的特定的实现。一个算法若用程序设计语言来描述，则它就是一个程序。

算法可采用多种描述语言来描述，如自然语言、计算机语言、某些伪代码或框图。各种描述语言在对问题的描述能力方面存在一定的差异。例如，自然语言较为灵活，但不够严谨；而计算机语言虽然严谨，但由于语法方面的限制，使得其灵活性不足。因此，许多教材中采用的是以一种计算机语言为基础，适当添加某些功能或放宽某些限制而得到的一种类语言。这些类语言既具有计算机语言的严谨性，又具有灵活性，同时也容易上机实现，因而被广泛接受。本教材中的代码采用的是类 C 语言。

1.2.3　算法与数据结构的区别

算法与数据结构既关系密切，又各有不同。

数据结构是算法设计的基础。算法的操作对象是数据结构，在设计算法前，通常要构建适合这种算法的物理结构和逻辑结构，即设计操作对象的数据结构。数据结构选择得是否合理，直接影响下一步的算法设计。数据结构设计主要是选择合适的数据存储方式和逻辑结构。例如，确定求解问题中的数据需使用数组来存储，那么数据的存储到底是采用顺序存储还是采用链表存储呢？只有确定了相关的数据结构，才能在数据结构的基础上设计一个符合要求的算法。

数据结构关注的是数据的逻辑结构、存储结构以及数据之间的基本操作，而算法更多的是关注如何在已有的数据结构基础上解决实际问题。算法是编程思想，数据结构则是编程思想的存在基础，而具体的程序设计语言则是设计合适的数据结构和正确的算法之后，真正解决问题的手段。

1.2.4　算法设计的基本步骤

算法是求解问题的解决方案，这个解决方案本身并不是问题的答案，而是获得答案的指令序列。算法设计的基本步骤如图 1.2 所示，各步骤之间有循环反复的过程。

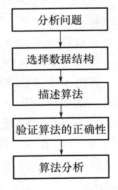

图 1.2　算法设计的基本步骤

分析问题：确定求解问题，给定输入和生成输出。

选择数据结构：设计数据对象的存储结构和逻辑结构。因为数据结构是算法设计的基础。

描述算法：确定求解问题的解决算法后，要利用算法的描述手段（自然语言、伪代码等）将设计的求解步骤清晰、准确地描述出来。

验证算法的正确性：算法的正确性证明与数学证明有相似之处，因此可以采用数学证明的方法，但用纯数学方法证明算法的正确性不仅耗时，对大型软件开发也并不适用。选择那些已知是正确的算法可以大大减少出错的机会。本书中的算法都是已经被证明过的经典算法，能够保证算法的正确性。

算法分析：同一问题的求解方法可能有很多种，可以通过算法分析，找出相对较好的算法。一般来说，一个好的算法应该比其他解决问题的算法的时间和空间效率都要高。

1.3 算法复杂性分析

计算机资源主要包括时间资源和空间资源。算法分析是分析算法占用计算机资源的情况。算法的复杂性是算法效率的度量，在评价算法性能时，复杂性是一个重要的依据，有的书中也称复杂度。

算法的复杂程度与运行该算法所需要的计算机资源的多少有关。所需要的资源越多，表明该算法的复杂性越高；所需要的资源越少，表明该算法的复杂性越低。算法的复杂性有时间复杂性和空间复杂性之分。

算法在计算机上执行，需要一定的存储空间存放描述算法的程序和算法所需要的数据，计算机完成运算任务需要一定的时间。根据不同的算法写出的程序放在计算机上运行，所需要的时间和空间是不同的，算法的复杂性是对算法运算所需时间和空间的一个度量。

对于任意给定的问题，在保证能正确解决问题的前提下，自然希望耗费的计算机资源越少越好，则设计出复杂性尽可能低的算法是在设计算法时要考虑的一个重要目标。当给定的问题已有多种算法时，选择复杂性最低者，是在选用算法解决问题时的一个重要准则。确切地说，算法的复杂性是运行算法所需要的计算机资源的量，需要的时间资源的量称为时间复杂性，需要的空间资源的量称为空间复杂性。这个量应该集中反映算法的效率，而从运行该算法的实际计算机中抽象出来。换句话说，这个量应该只依赖于算法要解的问题的规模和算法的输入。如果分别用 n 和 I 表示算法要解的问题的规模和算法的输入，用 C 表示复杂性，那么，应该将算法复杂性表示为 $C(n, I)$。如果把时间复杂性和空间复杂性分开，并分别用 T 和 S 来表示，那么应该有 $T = T(n, I)$ 和 $S = S(n, I)$。由于时间复杂性与空间复杂性的概念雷同，计量方法相似，且空间复杂性分析相对简单一些，因此本书将主要讨论时间复杂性。

1.3.1 时间复杂性

算法的时间复杂性（time complexity）是指执行算法所需要的时间。一般来说，计算机算法是问题规模 n 的函数 $f(n)$，算法的时间复杂性也因此记为 $T(n) = O(f(n))$。因此，问题的规模 n 越大，算法执行的时间的增长率与 $f(n)$ 的增长率正相关，称为渐近时间复杂性（asymptotic time complexity）。

根据 $T = T(n, I)$ 的概念，它应该是算法在一台抽象的计算机上运行所需要的时间。基本的执行指令都是元运算，如赋值、比较、加法、乘法、置指针、交换等。

例 1.3 元运算分析。

```
++x;
s=0;
```

这两条语句中涉及的元运算有一次自加运算和一次赋值运算。整个运行时间即是一次自加运算和一次赋值运算的执行时间之和。

算法所耗费的时间应是算法中每条语句的执行时间之和，而每条语句的执行时间就是该语句的执行次数（频度）与该语句执行一次所需时间的乘积。

例 1.4　程序执行时间分析。

```
for(j=1;j<=n;++j)          //1, n+1, n
    for(k=1;k<=n;++k)      //n, n*(n+1), n*n
    { ++x; s+=x; }         //n*n, n*n
```

例 1.4 所耗费的时间为：

$$赋值语句时间 \times (1+n+n \times n)+$$
$$判断语句时间 \times [n+1+n(n+1)]+$$
$$自加语句时间 \times (n+n \times n+n \times n)$$

设此抽象的计算机所提供的元运算有 k 种，分别记为 $O_1, O_2, \cdots, O_k$。又设每执行一次这些元运算所需要的时间分别为 $t_1, t_2, \cdots, t_k$。对于给定的算法 A，设经统计，用到元运算 O_i 的次数为 $e_i(i=1,2,\cdots,k)$。很显然，对于每一个 $i(1 \le i \le k)$，e_i 是 n 和 I 的函数，即 $e_i=e_i(n,I)$。那么有 $T(n,I)=\sum_{i=1}^{k}t_i e_i(n,I)$，其中 $t_i(i=1,2,\cdots,k)$，是与 n 和 I 无关的常数。

显然，不可能对规模为 n 的每一种合法的输入 I 都统计 $e_i(n,I), i=1,2,\cdots,k$。因此 $T(n,I)$ 的表达式还得进一步简化。或者说，只能在规模为 n 的某些或某类有代表性的合法输入中统计相应的 $e_i(i=1,2,\cdots,k)$，并评价时间复杂性。

因为计算机内部的运算速度非常惊人，一次元运算花费的时间虽然因元运算的不同而有一些差别，但是对整个程序的执行来说，这种差距可以忽略不计。因此，为了计算方便，一般假定每个元运算的执行时间都相同，假定为 1，则一个算法的时间消耗就是该算法中所有语句的执行次数（或频度）之和。例如，例 1.4 所耗费的时间可简化为 $T(n)=(1+n+n \times n)+[n+1+n(n+1)]+(n+n \times n+n \times n)=4n^2+4n+2$。

通常考虑 3 种情况下的时间复杂性，即最坏情况、最好情况和平均情况，并分别记为 $T_{max}(n)$、$T_{min}(n)$ 和 $T_{avg}(n)$。在数学上有

$$T_{max}(n)=\max_{I \in D_n} T(n,I)=\max_{I \in D_n} \sum_{i=1}^{k} t_i e_i(n,I)=\sum_{i=1}^{k} t_i e_i(n,I^*)=T(n,I^*)$$

$$T_{min}(n)=\min_{I \in D_n} T(n,I)=\min_{I \in D_n} \sum_{i=1}^{k} t_i e_i(n,I)=\sum_{i=1}^{k} t_i e_i(n,\tilde{I})=T(n,\tilde{I})$$

$$T_{avg}(n)=\sum_{I \in D_n} P(I)T(n,I)=\sum_{I \in D_n} P(I) \sum_{i=1}^{k} t_i e_i(n,I)$$

其中，D_n 是规模为 n 的合法输入的集合；I^* 是 D_n 中的一个使 $T(n,I^*)$ 达到 $T_{max}(n)$ 的合法输入；$\tilde{I}$ 是 D_n 中的一个使 $T(n,\tilde{I})$ 达到 $T_{min}(n)$ 的合法输入；$P(I)$ 是在算法的应用

中出现输入 I 的概率。

以上 3 种情况下的时间复杂性各从某一个角度来反映算法的效率，各有各的局限性，也各有各的优势。实践表明，可操作性最好且最有实际价值的是最坏情况下的时间复杂性。本教材对算法时间复杂性的分析主要采用最坏情况下的时间复杂性分析。

1.3.2 复杂性渐近性态

设算法的执行时间为 $T(n)$，如果存在 $T^*(n)$，使得

$$\lim_{n \to \infty} \frac{T(n) - T^*(n)}{T(n)} = 0$$

则称 $T^*(n)$ 是 $T(n)$ 当 $n \to \infty$ 时的渐近性态，或称 $T^*(n)$ 为算法 A 当 $n \to \infty$ 的渐近复杂性，因为在数学上，$T^*(n)$ 是 $T(n)$ 当 $n \to \infty$ 时的渐近表达式。直观上，$T^*(n)$ 是 $T(n)$ 中略去低阶项所留下的主项，所以它无疑比 $T(n)$ 来得简单。例如，例 1.4 的 $T(n) = 4n^2 + 4n + 2$ 时，$T^*(n)$ 的一个答案是 $4n^2$，显然比原来的 $T(n)$ 简单得多。

分析算法复杂性的目的在于，比较求解同一问题的两个不同算法的效率，而当要比较的两个算法的渐近复杂性的阶不相同时，只要能确定给出各自的阶，就可以判断哪个算法的效率高。这时渐近复杂性分析只要关心 $T^*(n)$ 的阶就够了，不必关心包含在 $T^*(n)$ 中的常数因子。

1.3.3 渐近符号（O、Ω、Θ）

渐近符号

要精确地表示算法的运行时间函数常常是很困难的，即使能够给出，也可能是个相当复杂的函数，函数的求解本身也是相当复杂的。考虑到算法分析的主要目的在于比较求解同一个问题的不同算法的效率，为了客观地反映一个算法的运行时间，可以用算法中基本语句的执行次数来度量算法的工作量。基本语句是执行次数与整个算法的执行次数成正比的语句，基本语句对算法运行时间的贡献最大，是算法中最重要的操作。这种衡量效率的方法得出的不是时间量，而是一种增长趋势的度量。换言之，只考查当问题规模充分大时，算法中基本语句的执行次数在渐近意义下的阶，通常使用 O、Ω 和 Θ 这 3 种渐近符号表示。

1. O 符号

定义：若存在两个正的常数 c 和 n_0，对于任意 $n \geq n_0$，都有 $T(n) \leq cf(n)$，则称 $T(n) = O(f(n))$，或称算法在 $O(f(n))$ 中。

O 符号用来描述增长率的上限，表示 $T(n)$ 的增长最多像 $f(n)$ 增长的那样快，也就是说，当输入规模为 n 时，算法消耗时间的最大值，这个上限的阶越低，结果就越有价值。

O 符号的含义如图 1.3 所示，为了说明这个定义，将问题规模 n 扩展为实数。

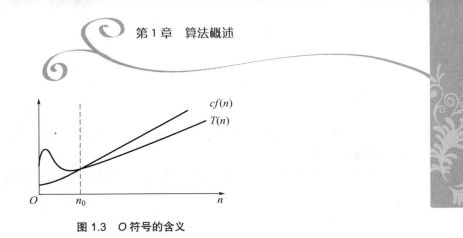

图 1.3　O 符号的含义

应该注意的是，定义给了很大的自由度来选择常量 c 和 n_0 的特定值，例如，下列推导都是合理的。

$$100n+5 \leqslant 100n+n(当\ n \geqslant 5)=101n=O(n)(c=101, n_0=5)$$

$$100n+5 \leqslant 100n+5n(当\ n \geqslant 1)=105n=O(n)(c=105, n_0=1)$$

2. Ω 符号

定义：若存在两个正的常数 c 和 n_0，对于任意 $n \geqslant n_0$，都有 $T(n) \geqslant cg(n)$，则称 $T(n)=\Omega(g(n))$，或称算法在 $\Omega(g(n))$ 中。

Ω 符号用来描述增长率的下限。也就是说，当输入规模为 n 时，算法消耗时间的最小，这个下限的阶越高，结果就越有价值。

Ω 符号的含义如图 1.4 所示。

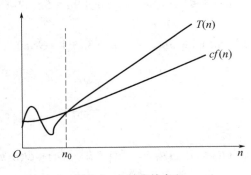

图 1.4　Ω 符号的含义

Ω 符号常用来分析某个问题或某类算法的时间下界。例如，矩阵乘法问题的时间下界为 $\Omega(n^2)$，是指任何两个 $n \times n$ 矩阵相乘的算法的时间复杂性不会小于 n^2，基于比较的排序算法的时间下界为 $\Omega(n\log n)$，是指无法设计出基于比较的排序算法，其时间复杂性小于 $n\log n$。

Ω 符号常常与 O 符号配合以证明某问题的一个特定算法是该问题的最优算法，或是该问题中的某算法类中的最优算法。

3. Θ 符号

定义: 若存在 3 个正的常数 c_1、c_2 和 n_0, 对于任意 $n \geq n_0$, 都有 $c_1 f(n) \geq T(n) \geq c_2 f(n)$, 则称 $T(n) = \Theta(f(n))$。

Θ 符号意味着 $T(n)$ 与 $f(n)$ 同阶, 用来表示算法的精确阶。Θ 符号的含义如图 1.5 所示。

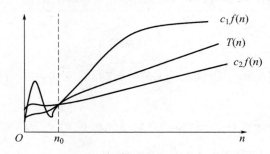

图 1.5 Θ 符号的含义

下面举例说明 O、Ω 和 Θ 这 3 种渐近符号的使用。

例 1.5 计算 $T(n) = 3n - 1$ 的渐近阶。

解: 当 $n \geq 1$ 时, $3n - 1 \leq 3n = O(n)$;

当 $n \geq 1$ 时, $3n - 1 \geq 3n - n = 2n = \Omega(n)$;

当 $n \geq 1$ 时, $3n \geq 3n - 1 \geq 2n$, 则 $3n - 1 = \Theta(n)$。

例 1.6 计算 $T(n) = 5n^2 + 8n + 1$ 的渐近阶。

解: 当 $n \geq 1$ 时, $5n^2 + 8n + 1 \leq 5n^2 + 8n + n = 5n^2 + 9n \leq 5n^2 + 9n^2 \leq 14n^2 = O(n^2)$;

当 $n \geq 1$ 时, $5n^2 + 8n + 1 \geq 5n^2 = \Omega(n^2)$;

当 $n \geq 1$ 时, $14n^2 \geq 5n^2 + 8n + 1 \geq 5n^2$, 则 $5n^2 + 8n + 1 = \Theta(n^2)$。

4. 渐近符号的特性

渐近符号具有以下特性。

（1）传递性。

$$f(n) = O(g(n)), g(n) = O(h(n)) \Rightarrow f(n) = O(h(n))$$

$$f(n) = \Omega(g(n)), g(n) = \Omega(h(n)) \Rightarrow f(n) = \Omega(h(n))$$

$$f(n) = \Theta(g(n)), g(n) = \Theta(h(n)) \Rightarrow f(n) = \Theta(h(n))$$

（2）自反性。

$$f(n) = O(f(n))$$

$$f(n) = \Omega(f(n))$$

$$f(n) = \Theta(f(n))$$

（3）对称性。

$$f(n) = \Theta(g(n)) \Leftrightarrow g(n) = \Theta(f(n))$$

（4）算术运算。

$$O(kf(n)) = O(f(n))$$

$$O(f(n)) + O(g(n)) = O(\max\{f(n), g(n)\})$$

$$O(f(n)) \cdot O(g(n)) = O(f(n) \cdot g(n))$$

$$\Omega(f(n)) + \Omega(g(n)) = \Omega(\min\{f(n), g(n)\})$$

$$\Omega(f(n)) \cdot \Omega(g(n)) = \Omega(f(n) \cdot g(n))$$

$$\Theta(f(n)) + \Theta(g(n)) = \Theta(\max\{f(n), g(n)\})$$

$$\Theta(f(n)) \cdot \Theta(g(n)) = \Theta(f(n) \cdot g(n))$$

例 1.7　求函数 $3n^2 + 10n$，$n^2/10 + 2^n$，$21 + 1/n$，$\log n^3$，$10\log 3^n$ 的渐近表达式。

$$3n^2 + 10n = O(n^2)$$

$$n^2/10 + 2^n = O(2^n)$$

$$21 + 1/n = O(1)$$

$$\log n^3 = O(\log n)$$

$$10\log 3^n = O(n)$$

按照数量级递增排列，常见的时间复杂性函数有常数阶 $O(1)$、对数阶 $O(\log n)$、线性阶 $O(n)$、线性对数阶 $O(n\log n)$、平方阶 $O(n^2)$、立方阶 $O(n^3)$……k 次方阶 $O(n^k)$、指数阶 $O(2^k)$，随着问题规模 n 的不断增大，上述时间复杂性不断增大，算法的执行效率越低。

注意：O 表示法中，称 $\log n$ 具有对数时间，而不论对数的底是多少，log 级别的渐近意义是一样的。$O(\log n)$ 是对数时间算法的标准记法。

1.3.4　算法时间复杂性分析

1. 非递归算法

从算法是否递归调用的角度来说，可以将算法分为非递归算法和递归算法。对非递归算法时间复杂性的分析，关键是建立一个代表算法运行时间的求和表达式，然后用渐近符号表示这个求和表达式。

例 1.8 在一个整型数组中查找最小值元素，具体代码如下。

```
int ArrayMin(int a[],int n)
{
    min=a[0];
    for(i=1;i<n;i++)
        if(a[i]<min)  min=a[i];
    return min;
}
```

在例 1.8 中，问题规模显然是数组中的元素个数，执行最频繁的操作是在 for 循环中，循环体中包含两条语句，分别为比较和赋值，应该把哪一条作为基本语句呢？由于每做一次循环都会进行一次比较，而赋值语句却不一定执行，因此，应该把比较运算作为该算法的基本语句。接下来考虑基本语句的执行次数，由于每执行一次循环就会做一次比较，而循环变量 i 从 1 到 $n-1$ 之间的每个值都会做一次循环，因此可得到如下求和表达式。

$$T(n)=\sum_{i=1}^{n-1}1$$

用渐近符号表示这个求和表达式为

$$T(n)=\sum_{i=1}^{n-1}1=n-1=O(n)$$

非递归算法分析的一般步骤如下。

（1）决定用哪个（或哪些）参数作为算法问题规模的度量。在大多数情况下，问题规模是很容易确定的，可以从问题的描述中得到。

（2）找出算法中的基本语句。算法中执行次数最多的语句就是基本语句，通常是最内层循环的循环体。

（3）检查基本语句的执行次数是否只依赖于问题规模。如果基本语句的执行次数还依赖于其他一些特性（如数据的初始分布），则最好情况、最坏情况和平均情况的效率需要分别研究。

（4）建立基本语句执行次数的求和表达式。计算基本语句执行的次数，建立一个代表算法运行时间的求和表达式。

（5）用渐近符号表示这个求和表达式。计算基本语句执行次数的数量级，用 O 符号来描述算法增长率的上限。

2. 递归算法

计算递归算法的时间复杂性主要有两种方法。

（1）迭代法。

迭代（iteration method）法求递归算法时间复杂性的基本过程为：首先循环地展开递归方程；然后把递归方程转化为和式；最后使用求和技术解之。

例 1.9　设 $n=2^k$，$T(1)=1$，求解 $T(n)=2T(n/2)+2$ 的渐近阶。

解：$T(n)=2T(n/2)+2$

$\qquad\quad=2(2T(n/4)+2)+2$

$\qquad\quad=4T(n/4)+4+2$

$\qquad\quad=4(2T(n/8)+2)+4+2$

$\qquad\quad=8T(n/8)+8+4+2$

$\qquad\quad=\cdots=2^kT(n/2^k)+2^k+2^{k-1}+\cdots+2$

$\qquad\quad=2^k+2^{k+1}-2=3n-2=O(n)$

（2）主方法。

通过主（master method）方法也可以求递归算法的时间复杂性。主方法的具体内容如下。

主方法

设 $a \geqslant 1$ 和 $b>1$ 是常数，$f(n)$ 是一个函数，$T(n)$ 是定义在非负整数集上的函数 $T(n)=aT(n/b)+f(n)$，$T(n)$ 可以求解为：

①若 $f(n)=O(n^{(\log_b a)-\varepsilon})$，$\varepsilon>0$ 是常数，则 $T(n)=\Theta(n^{\log_b a})$；

②若 $f(n)=\Theta(n^{\log_b a})$，则 $T(n)=\Theta(n^{\log_b a}\lg n)$；

③若 $f(n)=\Omega(n^{(\log_b a)+\varepsilon})$，$\varepsilon>0$ 是常数，且对于所有充分大的 n，$af(n/b)\leqslant cf(n)$，$c<1$ 是常数，则 $T(n)=\Theta(f(n))$。

直观地，用 $f(n)$ 与 $n^{\log_b a}$ 进行比较，可得：

①若 $n^{\log_b a}$ 大，则 $T(n)=\Theta(n^{\log_b a})$；

②若 $f(n)$ 大，则 $T(n)=\Theta(f(n))$；

③若 $f(n)$ 与 $n^{\log_b a}$ 同阶，则 $T(n)=\Theta(n^{\log_b a}\lg n)$。

具体如图 1.6 所示。

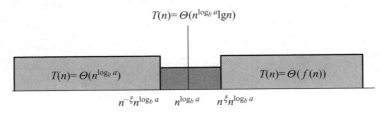

$$T(n)=\Theta(n^{\log_b a}\lg n)$$

$$T(n)=\Theta(n^{\log_b a}) \qquad T(n)=\Theta(f(n))$$

$$n^{-\xi}n^{\log_b a} \quad n^{\log_b a} \quad n^{\xi}n^{\log_b a}$$

图 1.6　主方法示意图

例 1.10　求解 $T(n)=9T(n/3)+n$ 的渐近阶。

解：$a=9$，$b=3$，$f(n)=n$，$n^{\log_b a}=\Theta(n^2)$

$\because f(n)=n=O(n^{(\log_b a)-\varepsilon})$，$\varepsilon=1$

$\therefore T(n)=\Theta(n^{\log_b a})=\Theta(n^2)$

例 1.11 求解 $T(n) = T(2n/3) + 1$ 的渐近阶。

解：$a = 1$，$b = 3/2$，$f(n) = 1$

$n^{\log_b a} = n^{\log_{3/2} 1} = n^0 = 1$

$\because f(n) = 1 = \Theta(1) = \Theta(n^{\log_b a})$

$\therefore T(n) = \Theta(n^{\log_b a} \lg n) = \Theta(\lg n)$

例 1.12 求解 $T(n) = 3T(n/4) + n \lg n$ 的渐近阶。

解：$a = 3$，$b = 4$，$f(n) = n \lg n$，$n^{\log_b a} = n^{\log_4 3} = O(n^{0.793})$

$\because f(n) = n \lg n \geq n = n^{(\log_b a) + \varepsilon}$，$\varepsilon \approx 0.2$

对所有 n，$af(n/b) = 3(n/4) \cdot \lg(n/4) \leq 3n/4 \lg n$

$\qquad\qquad\qquad = cf(n)$

$c = 3/4$

$\therefore T(n) = \Theta(f(n)) = \Theta(n \lg n)$

1.3.5 算法空间复杂性分析

算法的空间复杂性（space complexity）是指执行算法所需要的空间资源。其计算和表示方法与时间复杂性类似，一般都用复杂性的渐近性来表示。同时间复杂性相比，空间复杂性的分析要简单得多。

根据算法执行过程中对存储空间的使用方式，可以把算法空间复杂性分析分成两种：静态分析和动态分析。

（1）静态分析。一个算法静态使用的存储空间，称为静态空间。静态分析的方法比较容易，只要求出算法中使用的所有变量的空间，再折合成多少空间存储单位即可。

（2）动态分析。一个算法在执行过程中，必须以动态方式分配的存储空间，称为动态空间。动态空间主要是存储中间结果或操作单元所占用的空间。

算法的空间复杂性一般也以数量级的形式给出。

对于一个算法，其时间复杂性和空间复杂性往往是相互影响的。当追求一个较好的时间复杂性时，可能会使空间复杂性的性能变差，即可能导致占用较多的存储空间；反之，当追求一个较好的空间复杂性时，可能会使时间复杂性的性能变差，即可能导致占用较长的运算时间。算法的所有性能之间都存在着或多或少的相互影响。因此，当设计一个算法时，要综合考虑算法的各项性能、算法的使用频率、算法处理的数据量大小、算法描述语言的特性、算法运行的机器系统环境等各方面因素，才能设计出一个比较好的算法。

算法的时间复杂性和空间复杂性合称为算法的复杂性。

本章小结

本章主要讨论了计算机领域算法涉及的基本概念，以及衡量算法优劣的标准。从算法一词的由来开始介绍，引申出计算机领域中算法的概念，并介绍了算法的基本特征，给出了算法与程序和数据结构的关系。然后介绍了计算机领域中衡量算法优劣的两部分——时间复杂性和空间复杂性，以及它们的基本概念。以时间复杂性为例，介绍了衡量算法耗费的时间资源的几个渐近符号，并给出了它们的定义和比较方法。最后给出具体的实例，分析算法的时间复杂性，并针对递归程序，给出衡量递归程序时间复杂性的两个方法——迭代法和主方法。最后介绍了空间复杂性的衡量方法。本章为比较不同算法解决同一问题，或者解决不同问题某种算法性能好坏提供了一个具体的衡量标准，为进一步学习算法知识，奠定了基础。

想一想

2021 年 7 月 19 日，我国成功发射了长征二号丙运载火箭，将遥感三十号 10 组卫星送入预定轨道，在计算火箭升空轨道，以及处理卫星传回来的遥感数据时，是否需要设计算法？算法的复杂性高低是否对火箭升空有影响？我国的火箭升空技术在国际上处于什么地位？

习　题

一、选择题

1. 下列关于算法的说法正确的有（　　）个。
（1）求解某一类问题的算法是唯一的
（2）算法必须在有限步操作之后停止
（3）算法的每一步操作必须是明确的，不能有歧义或含义模糊
（4）算法执行后一定产生确定的结果
A. 1　　　　　　　　B. 2　　　　　　　　C. 3　　　　　　　　D. 4

2. $T(n)$ 表示当输入规模为 n 时的算法效率，以下算法中效率最优的是（　　）。
A. $T(n) = 2n^2$　　　B. $T(n) = 10n$　　　C. $T(n) = 3n\log n$　　　D. $T(n) = 2^n$

3. （　　）是求解问题的一系列计算步骤，用来将输入转换成输出结果。
A. 算法　　　　　B. 程序　　　　　C. 数据结构　　　　　D. 伪代码

4. 算法在执行时，考虑不同的输入，可以得到（　　）。
A. 最坏情况下的时间复杂性　　　　　B. 最好情况下的时间复杂性
C. 平均情况下的时间复杂性　　　　　D. 以上皆是

5. 已知有 $f(n)$、$g(n)$ 两个函数，则函数阶的运算规则 $O(f(n)) + O(g(n)) = $（　　）。
A. $O(f(n))$　　　　　　　　　　B. $O(g(n))$
C. $O(\max\{f(n), g(n)\})$　　　　D. 以上皆不是

6. 当上下限表达式相等时，使用（　　）来描述算法代价。
A. O 符号　　　B. Ω 符号　　　C. Θ 符号　　　D. o 符号

7. 算法分析中，O 符号表示（　　　　）。

    A. 渐近下界　　　　B. 渐近上界　　　　C. 非紧上界　　　　D. 紧渐近界

二、填空题

1. 算法的 5 个特性分别为_____、_____、_____、_____、_____。

2. 一个算法的复杂性高低可以从两方面来判定，即算法的_____、_____。

3. 在求算法时间复杂性的渐近上界时，要求尽量选择阶数_____的；在求算法时间复杂性的渐近下界时，要求尽量选择阶数_____的。

三、判断题

1. 算法用计算机语言实现时就是程序，程序有时不需要具有算法的有穷性。（　　　　）

2. 算法复杂性的高低取决于算法所需要的计算机资源。（　　　　）

3. 算法所耗费的时间应是算法中每条语句的执行时间之和，而每条语句的执行时间就是该语句的执行次数（频度）与该语句执行一次所需时间的和。（　　　　）

4. $f(n) = \Theta(g(n))$ 的充分必要条件是 $f(n) = \Omega(g(n))$ 且 $f(n) = O(g(n))$。（　　　　）

5. 算法时间复杂性的高阶函数、低阶函数、同阶函数都具有自反性、对称性和传递性。（　　　　）

6. 任何可用计算机求解的问题所需的时间都与其问题规模有关。（　　　　）

四、计算题

1. 利用主方法求解递归方程的渐近阶。

（1）$T(n) = 9T(n/3) + n$

（2）$T(n) = 5T(n/2) + \Theta(n^2)$

（3）$T(n) = 2T(n/2) + n$

（4）$T(n) = 5T(n/2) + \Theta(n^3)$

（5）$T(n) = 8T(n/2) + n$

（6）$T(n) = T(3n/4) + 2$

（7）$T(n) = 3T(n/4) + n\lg n$

2. 利用迭代法求解递归方程的渐近阶。

$$\begin{cases} W(n) = W(n-1) + n - 1 \\ W(1) = 0 \end{cases}$$

第 2 章

递归与分治策略

什么是递归？设计利用递归解决问题的 3 个要素是什么？递归和分治策略有什么关系？分治策略适合解决哪些问题？利用分治策略解决排序问题，时间复杂性有什么变化？如何解决棋盘覆盖问题？如何设计循环赛日程表？这些问题都可以在本章找到答案。本章建议 6 课时。

教学目标

> 了解递归的概念以及递归适用范围；
> 掌握利用递归解决问题的几个要素；
> 理解分治策略的原理、步骤及特征；
> 掌握利用分治策略解决查找问题；
> 掌握利用分治策略解决排序问题；
> 掌握利用分治策略解决组合问题。

教学要求

知识要点	能力要求	相关知识
递归	（1）了解递归的概念； （2）了解递归的适用范围； （3）掌握递归的几个要素	递归结构
分治策略原理	（1）了解分治的概念； （2）理解分治的策略及步骤； （3）掌握分治策略的特征	非计算机领域的分治应用
查找问题	掌握利用分治策略解决查找问题	折半查找
排序问题	（1）掌握归并排序； （2）掌握快速排序	冒泡排序、插入排序等
组合问题	（1）掌握棋盘覆盖问题的解决方法； （2）掌握循环赛日程表问题的解决方法	分治策略

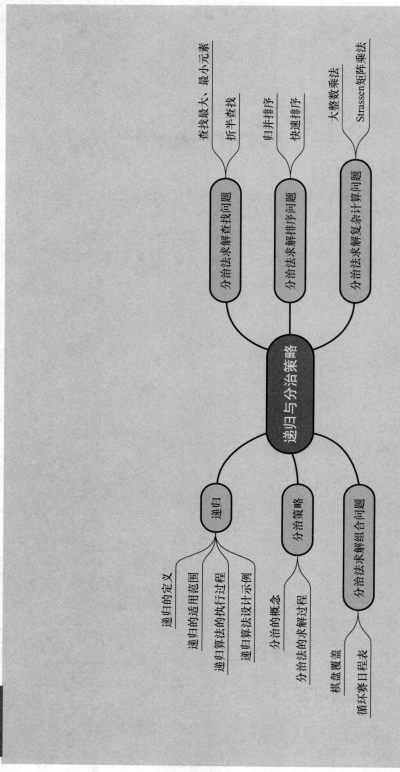

思维导图

推荐阅读资料

1. 何坤金，2015. 分治算法的探讨及应用 [J]. 福建电脑,31(4)：90-91.

2. 汪力君，2007. 分治算法在排课系统中的分析与应用 [J]. 安徽建筑工业学院学报 (自然科学版)，15(6)：60-62.

3. 李聃，李健，2006. 基于非递归分治算法的应用研究 [J]. 山西电子技术 (4)：71-73.

基本概念

递归是指在函数的定义中又调用函数自身的方法。

递归算法是指直接或间接地调用自身的算法。

分治策略是指对于一个规模为 n 的问题，若该问题可以容易地解决（比如说规模 n 较小）则直接解决，否则将其分解为 k 个规模较小的子问题，这些子问题互相独立且与原问题形式相同，递归地解决这些子问题，然后将各子问题的解合并得到原问题的解的算法设计策略。

引例：找伪币问题

假设给你一个装有 16 个硬币的袋子。16 个硬币中有一个是伪造的，并且这个伪造的硬币比真的硬币要轻一些。你的任务是找出这个伪造的硬币。为了帮助你完成这一任务，将提供一台可用来比较两组硬币重量的仪器，利用这台仪器，可以知道两组硬币的重量是否相等。比较硬币 1 与硬币 2 的重量，假如硬币 1 比硬币 2 轻，则硬币 1 是伪造的；假如硬币 2 比硬币 1 轻，则硬币 2 是伪造的。这样就完成了任务。假如两个硬币重量相等，则比较硬币 3 和硬币 4。同样，假如有一个硬币轻一些，则寻找伪币的任务完成。假如两个硬币重量相等，则继续比较硬币 5 和硬币 6。按照这种方式，最多可以通过 8 次比较来判断伪币的存在并找出这一伪币。

另外一种方法就是利用分而治之的方法。假如把 16 个硬币的例子看成一个大的问题。第一步，把这个大问题分成两个小问题。随机选择 8 个硬币作为第一组称为 A 组，剩下的 8 个硬币作为第二组称为 B 组。这样，就把 16 个硬币的问题分成两个 8 硬币的问题来解决。第二步，判断 A 组和 B 组中是否有伪币。可以利用仪器来比较 A 组硬币和 B 组硬币的重量。假如两组硬币重量相等，则可以判断伪币不存在；假如两组硬币重量不相等，则存在伪币，并且可以判断它位于较轻的那一组硬币中。第三步，用第二步的结果得出原先 16 个硬币问题的答案。若仅仅判断硬币是否存在，则第三步非常简单。无论 A 组还是 B 组中有伪币，都可以推断这 16 个硬币中存在伪币。因此，仅仅通过一次重量的比较，就可以判断伪币是否存在。

假设需要识别出这一伪币。把两个或三个硬币的情况作为不可再分的小问题。注意如果只有一个硬币，那么不能判断出它是否就是伪币。在一个小问题中，通过将一个硬币分别与其他两个硬币比较，最多比较两次就可以找到伪币。这样，16个硬币的问题就被分为两个8硬币（A组和B组）的问题。通过比较这两组硬币的重量，可以判断伪币是否存在。如果没有伪币，则算法终止。否则，继续划分这两组硬币来寻找伪币。假设B组是轻的那一组，则再把它分成两组，每组有4个硬币，称其中一组为B_1组，另一组为B_2组。比较这两组，肯定有一组轻一些。如果B_1组轻，则伪币在B_1组中，再将B_1组分成两组，每组有两个硬币，称其中一组为B_{1a}组，另一组为B_{1b}组。比较这两组，可以得到一个较轻的组。由于这个组只有两个硬币，因此不必再细分。比较组中两个硬币的重量，可以立即知道哪一个硬币轻一些。较轻的硬币就是所要找的伪币。

2.1　递归

在算法设计中经常需要用递归方法求解。递归是算法设计中的一个重要技术手段。本节将介绍递归的定义，并通过几个案例介绍利用递归实现的程序。

2.1.1　递归的定义

数学与计算科学中，递归（recursion）是指在函数的定义中又调用函数自身的方法。递归是一种奇妙的现象，也是一种思考问题的方法，通过递归可简化问题的定义和求解过程。自然界中同样存在着很多的递归关系。例如，想要查找某位孔姓男子是不是孔子的后代，可以递归定义一个追溯方式，即递归查找当前对象的父亲姓名，直到追溯到孔子所处的时代为止。

算法设计中的递归算法是指直接或间接地调用自身的算法，而递归函数是用函数自身给出定义的函数。递归技术在算法设计中是十分有用的，使用递归技术能使函数的定义和算法的描述简洁且易于理解。

例 2.1　设计求 $n!$（n 为正整数）的递归算法。

阶乘函数可递归地定义为

$$n! = \begin{cases} 1 & n = 0,1 \\ n(n-1)! & n > 1 \end{cases}$$

阶乘函数的自变量 n 的定义域是非负整数。递归式的第一式给出了这个函数的初始值，是非递归地定义的，也就是递归算法的边界。每个递归函数都必须有非递归定义的初始值，否则，递归函数就无法计算。递归式的第二式是用较小自变量的函数值来表达较大自变量的函数值的方式来定义 n 的阶乘，也就是递归算法设计的递归关系。定义式的左右两边都引用了阶乘记号，它是递归定义式，写成递归算法如下。

```
int fun(int n)
{
    if(n==0||n==1)  return 1;
```

```
    else
        return n*fun(n-1);
}
```

递归算法通常把一个大的复杂问题层层转化为一个或多个与原问题相似的规模较小的问题来求解。递归策略只需少量的代码就可以描述出解题过程所需要的多次重复计算，大大减少了算法的代码量。

一般来说，能够用递归解决的问题应该满足以下 3 个条件。

（1）需要解决的问题可以转化为一个或多个子问题来求解，而这些子问题的求解方法与原问题完全相同，只是在数量规模上不同。

（2）递归调用的次数必须是有限的。

（3）必须有结束递归的条件来终止递归。

满足以上 3 个条件后，可以给出递归算法解决问题的设计步骤。

（1）分析问题、寻找递归关系。找出大规模问题与小规模问题的关系，这样通过递归使问题的规模逐渐变小。

（2）设置边界、控制递归。找出停止条件，即算法可解的最小规模问题。

（3）设计函数、确定参数。和其他算法一样设计函数体中的操作及相关参数。

2.1.2　递归的适用范围

在以下 3 种情况下经常用到递归的方法。

1. 定义是递归的

有许多数学公式、数列和概念的定义是递归的，如例 2.1 的求 $n!$ 和经典数学问题斐波那契（Fibonacci）数列等，都是递归定义的。这些问题的求解，可以直接利用递归定义转换为递归算法。

2. 数据结构是递归的

算法是用于数据处理的，有些存储数据的数据结构是递归的，对于递归数据结构，采用递归的方法设计既方便又有效。

```
typedef struct Node
{
    ElemType data;
    struct Node *next;
}LinkNode;                      // 单链表结点类型
```

其中，结构体 Node 的声明中用到了它自身，即指针域 next 是一种指向自身类型的指针。这是一种利用递归定义的数据结构。

对于这样的递归数据结构，采用递归方法求解问题十分方便。例如，求一个不带头结点的单链表 L 的所有 data 域之和（假设 ElemType 为 int 型）的递归算法如下。

```
int Sum(LinkNode *L)
{
    if(L==Null)
        return 0;
    else
        return(L->data+sum(L->next));
}
```

3. 问题的求解方法是递归的

有些问题的解法是递归的，如经典的汉诺（Hanoi）塔问题。

例 2.2 汉诺塔问题。

汉诺塔问题起源于一个古老的传说，在一座寺庙中有 3 根柱子和 64 个大小不同的金碟子。每个碟子中间有一个可以穿过柱子的孔。所有的碟子都放在第一根柱子上，而且从上到下按照碟子从小到大的顺序摆放，如图 2.1 所示。

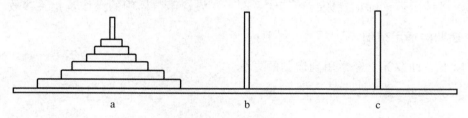

图 2.1　汉诺塔问题

现在，假设寺庙里的僧侣要移动这些碟子，将它们从柱子 a 移动到柱子 b 上。移动的规则如下。

（1）每次只能从一根柱子的最上面移动一个碟子到另外一根柱子上。

（2）不能将大碟子放到小碟子的上面。

按照这个规则，应该怎么去移动这些碟子呢？

解决方案如下。

（1）递归关系：将 $n-1$ 个碟子借助柱子 b 移到柱子 c，将最后一个碟子移到柱子 b，再将 $n-1$ 个碟子借助柱子 a 从柱子 c 移到柱子 b。

（2）终止条件：$n=0$，所有碟子从柱子 a 上移动完毕，或柱子 a 上没有碟子。

（3）确定参数：n, a, b, c。

算法如下。

```
void hanoi(int n,char a,char b,char c)    //将 n 个碟子从柱子 a 移
                                          //到柱子 b
    {
```

```
    if(n==0)
    return;
    else
    {
        hanoi(n-1,a,c,b);
        move(a,b);
        hanoi(n-1,c,b,a);
    }
}
```

递归程序的优点是结构清晰，可读性强，而且容易用数学归纳法来证明算法的正确性，因此它为设计算法、调试程序带来很大方便。

2.1.3　递归算法的执行过程

在执行递归函数时会直接调用自身，但如果仅是调用自身，不对参数和数据做任何修改，递归函数在执行中将会无限次地调用自身，导致死循环，直至系统资源耗尽。要避免这种问题，递归函数调用虽然执行相同的代码，但是每执行一次，它的参数、输入数据等均有变化，并且要在程序中设置递归调用的出口，确保随着递归调用的深入，到某一时刻时，系统的参数或数据符合递归出口的条件，从而解除递归调用的执行，确保递归函数的执行一定是有限次的。

递归函数可以看成一种特殊的函数，即它是调用自身代码，或者可以将递归调用看成每次执行时调用自身代码的一个复制件。由于递归程序中的设置，使每次执行时，它的参数和局部变量值均不相同，这就保证了各个复制件执行时相互的独立性。但在系统内部执行时，递归调用并不是真的生成一个和原程序相同的复制件来进行下次递归。它采用的是代码共享的方式，也就是递归程序每次执行，都是调用同一个函数的代码，为此系统设置了一个系统栈，为每一次调用开辟一组存储单元，用来存放本次调用的返回地址以及被中断的函数参数值，然后将其放入系统栈，再执行被调用函数代码。当被调用函数执行结束后，对应的栈元素出栈，返回计算后的函数值，程序转到相应的返回地址继续执行。显而易见，当前正在执行的被调用函数的参数和数据是处于系统栈的最顶端的那些内容。

所以一个函数的调用过程就是将控制信息（返回地址等）和数据（包括参数和返回值）从前一个函数传递到下一个函数。另外，在执行被调用函数的过程中，还要为被调用函数的局部变量分配空间，在函数返回时释放这些空间。

以例 2.1 求 $n!$ 为例，可以看一下递归算法的具体执行过程，观察不同执行步骤下变量的取值变化，就可以清晰地知道递归算法的运行机制。fun(5) 的递归执行过程如图 2.2 所示。

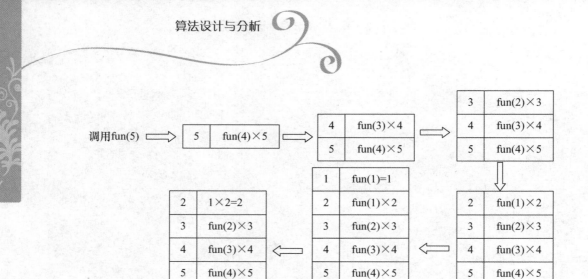

图 2.2 fun(5) 的递归执行过程

从以上过程可以得出以下结论。

（1）递归执行是通过系统栈来实现的。

（2）每递归调用一次就需要将参数、局部变量和返回地址等作为一个栈元素进栈一次，最多的进栈元素个数称为递归深度，元素个数越多，递归深度越深。

（3）每当遇到递归出口或本次递归调用执行完毕时需退栈一次，并恢复参数值等，当全部执行完毕时栈应该为空。

归纳起来，递归调用的实现是分两步进行的，第一步是分解过程，即用递归体将"大问题"分解成"小问题"，直到递归出口为止；第二步是求值过程，即已知"小问题"，计算"大问题"。

2.1.4 递归算法设计示例

例 2.3 斐波那契数列。

斐波那契数列又称黄金分割数列，因意大利数学家莱昂纳多·斐波那契（Leonardo Fibonacci）以兔子繁殖为例而引入，故又称"兔子数列"，指的是这样一个数列：1,1,2,3,5,8,13,21,34,…。在数学上，斐波那契数列被如下的递归方法定义：$F(0)=1$，$F(1)=1$，$F(n)=F(n-1)+F(n-2)$（$n \geqslant 2$，$n \in \mathbf{N}^*$）。在现代物理、化学等领域，斐波那契数列都有直接的应用。斐波那契研究的是一种递归数列，它的每一项都等于前两项之和。在生物数学中，许多生物现象都会呈现出斐波那契数列的规律。斐波那契数列相邻两项的比值趋近于黄金分割。其递归定义为

$$F(n) = \begin{cases} 1 & n=0,1 \\ F(n-1)+F(n-2) & n>1 \end{cases}$$

```
int fib(int n)
{
    if(n<=1) return 1;
    return fib(n-1)+fib(n-2);
}
```

例 2.4　集合的全排列问题。

设 $R=\{r_1,r_2,\cdots,r_n\}$ 是要进行排列的 n 个元素，显然一共有 $n!$ 种排列，求 R 的全排列 Perm(R)。

集合的全排列问题

设 (r_i)Perm(R_i) 为在全排列 Perm(R_i) 的每一个排列前加上前缀得到的排列，其中 $R_i=R-\{r_i\}$。R 的全排列可归纳定义为：

当 $n=1$ 时，Perm(R)=(r)，其中 r 是集合 R 中唯一的元素；

当 $n>1$ 时，Perm(R) 由 (r_1)Perm(R_1),(r_2)Perm(R_2),$\cdots$,(r_n)Perm(R_n) 构成。

即将整组数中的每个数分别与第一个数交换，这样就总是在处理后 $n-1$ 个数的全排列。

```
void Perm(int list[], int k, int m)
{
    if(k==m)
    {   for(int i=0;i<=m;i++)   printf("%d",list[i]);
        printf("\n");
    }
    else
        for(int i=k;i<=m;i++)
        {
            swap(list[k],list[i]);
            Perm(list, k+1,m);
            swap(list[k],list[i]);
        }
}
```

函数 swap() 是标准库函数，完成的功能是交换两个元素的值。

```
void swap(Type &a,Type &b)
{
    Type temp=a;
    a=b;
    b=temp;
}
```

Perm(list,0,3) 的结果如表 2-1 所示。

表 2-1 Perm(list,0,3) 的结果

r_0=1 的排列	r_1=2 的排列	r_2=3 的排列	r_3=4 的排列
1 2 3 4	2 1 3 4	3 2 1 4	4 2 3 1
1 2 4 3	2 1 4 3	3 2 4 1	4 2 1 3
1 3 2 4	2 3 1 4	3 1 2 4	4 3 2 1
1 3 4 2	2 3 4 1	3 1 4 2	4 3 1 2
1 4 3 2	2 4 3 1	3 4 1 2	4 1 3 2
1 4 2 3	2 4 1 3	3 4 2 1	4 1 2 3

2.2 分治策略

2.2.1 分治的概念

分治，顾名思义就是"分而治之"，这种思想在解决政治、军事、生活等问题中起重要的作用。《孙子兵法》里就有："故用兵之法，十则围之，五则攻之，倍则分之，敌则能战之，少则能逃之，不若则能避之。"意思是：兵力十倍于敌军，围攻即可，兵力五倍于敌军就直接攻击，兵力两倍于敌军，就要将敌军分散，各个击破了，实在打不过那就只能避开了。这里就蕴含了各个击破、分而治之的思想。

分治策略是计算机科学中一种很重要的算法，就是把一个复杂的问题分成两个或更多的相同或相似的子问题，再把子问题分成更小的子问题……直到最后子问题可以简单地直接求解，原问题的解可以通过子问题的解求得。这个技巧是很多高效算法的基础，如排序算法（快速排序、归并排序），任何一个可以用计算机求解的问题所需的计算时间都与其规模有关。问题的规模越小，越容易直接求解，解题所需的计算时间也越少。例如，对于 n 个元素的排序问题，当 n=1 时，不需做任何计算；当 n=2 时，只要做一次比较即可排好序；当 n=3 时，只要做 3 次比较即可。而当 n 较大时，问题就不那么容易处理了。要想直接解决一个规模较大的问题，有时是相当困难的。

分治法的设计思想是：将一个难以直接解决的大问题，分割成一些规模较小的相同问题，以便各个击破、分而治之。

对于一个规模为 n 的问题，若该问题可以容易地解决（如规模 n 较小）则直接解决，否则将其分解为 k 个规模较小的子问题，这些子问题互相独立且与原问题形式相同，递归地解决这些子问题，然后将各子问题的解合并得到原问题的解。这种算法设计策略称为分治法。

如果原问题可分割成 k 个子问题（$1<k\leq n$），且这些子问题都可解，并可利用这些子问题的解求出原问题的解，那么这种分治法就是可行的。由分治法产生的子问题往往是原问题的较小模式，这就为使用递归技术提供了方便。在这种情况下，反复应用分治

手段，可以使子问题与原问题类型一致而其规模却不断缩小，最终使子问题缩小到很容易直接求出其解。这自然导致递归过程的产生。分治与递归像一对孪生兄弟，经常同时应用在算法设计之中，并由此产生许多高效算法。分治法所能解决的问题一般具有以下几个特征。

（1）该问题的规模缩小到一定的程度就可以容易地解决。

（2）该问题可以分解为若干个规模较小的相同问题，即该问题具有最优子结构性质。

（3）利用该问题分解出的子问题的解可以合并为该问题的解。

（4）该问题所分解出的各个子问题是相互独立的，即子问题之间不包含公共的子问题。

上述的第一条特征是绝大多数问题都可以满足的，因为问题的计算复杂性一般是随着问题规模的增加而增加；第二条特征是应用分治法的前提，它也是大多数问题可以满足的，此特征反映了递归思想的应用；第三条特征是关键，能否利用分治法完全取决于问题是否具有第三条特征，如果具备了第一条和第二条特征，而不具备第三条特征，则可以考虑用贪心法或动态规划法；第四条特征涉及分治法的效率，如果各子问题是不独立的，则分治法要做许多不必要的工作，重复地解公共的子问题，此时虽然可用分治法，但一般用动态规划法较好。

2.2.2　分治法的求解过程

递归特别适合解决结构自相似的问题。所谓结构自相似，是指构成原问题的子问题与原问题在结构上相似，可以采用类似的方法解决。所以分治法通常采用递归算法设计技术，在每一层递归上都有 3 个步骤。

（1）分解成若干个子问题。将原问题分解为若干个规模较小、相互独立、与原问题形式相同的子问题。

（2）求解子问题。若子问题规模较小而容易被解决则直接解，否则递归地解各个子问题。

（3）合并子问题。将各个子问题的解合并为原问题的解。

它的一般的算法设计模式如下。

```
Divide-and-Conquer(P)
{
    if |P|≤n₀ return ADHOC(P)
    //将 P 分解为较小的子问题 P₁,P₂,…,Pₖ
    for(i=1;i<=k;i++)                          // 循环处理 k 次
        yᵢ =Divide-and-Conquer(Pᵢ)             // 递归解决 Pᵢ
    return MERGE(y₁,y₂,…,Yₖ)                   // 合并子问题
}
```

其中，|P| 表示问题 P 的规模；n_0 为一阈值，表示当问题 P 的规模不超过 n_0 时，问

题已容易直接解出，不必再继续分解；ADHOC(P) 是该分治法中的基本子算法，用于直接解小规模的问题 P。因此，当 P 的规模不超过 n_0 时直接用算法 ADHOC(P) 求解。算法 MERGE($y_1,y_2,\cdots,y_k$) 是该分治法中的合并子算法，用于将 P 的子问题 $P_1,P_2,\cdots,P_k$ 的相应的解 $y_1,y_2,\cdots,y_k$ 合并为 P 的解。

根据分治法的分割原则，原问题应该分为多少个子问题才较适宜？各个子问题的规模应该怎样才为适当？这些问题很难予以肯定的回答。但人们从大量实践中发现，在用分治法设计算法时，最好使子问题的规模大致相同。换句话说，将一个问题分成大小相等的 k 个子问题的处理方法是行之有效的。许多问题可以取 $k=2$。这种使子问题规模大致相等的做法是出自一种平衡（Balancing）子问题的思想，它几乎总是比子问题规模不等的做法要好。

一个分治法将规模为 n 的问题分成 k 个规模为 n/m 的子问题去解。设分解阈值 $n_0=1$，且算法 ADHOC 解规模为 1 的问题耗费 1 个单位时间。再设将原问题分解为 k 个子问题以及用算法 MERGE 将 k 个子问题的解合并为原问题的解需用 $f(n)$ 个单位时间。用 $T(n)$ 表示该分治法解规模为 $|P|=n$ 的问题所需的计算时间，则有

$$T(n)=\begin{cases} O(1) & n=1 \\ kT(n/m)+f(n) & n>1 \end{cases}$$

通过迭代法求得方程的解为

$$T(n)=n^{\log_m k}+\sum_{j=0}^{\log_m n-1} k^j f(n/m^j)$$

分治法的合并步骤是算法的关键所在。有些问题的合并方法比较明显，有些问题的合并方法比较复杂，或者是有多种合并方案；或者是合并方案不明显。究竟应该怎样合并没有统一的模式，需要具体问题具体分析。

尽管许多分治算法都是采用递归实现的，但要注意分治法和递归是有区别的。分治法是一种求解问题的策略，而递归是一种实现求解算法的技术。分治算法也可以采用非递归方法实现。例如，经典的折半查找，作为一种利用分治算法解决的问题，既可以采用递归实现，也可以采用非递归实现。

2.3 分治法求解查找问题

求最大元素、次大元素，或者查找某元素都可以利用分治算法来解决这类问题。

2.3.1 查找最大元素、最小元素

在 n 个元素中找出最大元素和最小元素，可以把这 n 个元素放在一个数组中，用直接比较法求出。算法实现如下。

```
void maxmin1(int A[], int n, int *max, int *min)
{
    int i;
    *min=*max=A[0];
    for(i=0;i <= n;i++)
    {   if(A[i]> *max) *max= A[i];
        if(A[i]< *min) *min= A[i];
    }
}
```

上面这个算法需比较 2(*n*-1) 次。能否找到更好的算法呢？我们用分治策略来讨论。

把 *n* 个元素分成两组：$A_1=\{A[1],\cdots,A[\text{int}(n/2)]\}$ 和 $A_2=\{A[\text{int}(n/2)+1],\cdots,A[n]\}$。分别求这两组的最大值和最小值，然后分别将这两组的最大值和最小值相比较，求出全部元素的最大值和最小值。如果 A_1 和 A_2 中的元素多于两个，则再用上述方法各分为两个子集。直至子集中元素至多两个为止。

用分治策略求最值的算法伪代码描述如下。

```
void maxmin2(int A[],int i,int j,int *max,int *min)
/*A 存放输入的数据，i、j 存放数据的范围，初值为 0、n-1，*max、*min 存
放最大值和最小值 */
{
  int mid,max1,max2,min1,min2;
  if(j==i) {最大值和最小值为同一个数；  return;}
  if(j-1==i) {将两个数直接比较，求得最大值和最小值；return;}
  mid=(i+j)/2;
  求 i ~ mid 之间的最大值、最小值，分别为 max1、min1；
  求 mid+1 ~ j 之间的最大值、最小值，分别为 max2、min2；
  比较 max1 和 max2，大的就是最大值；
  比较 min1 和 min2，小的就是最小值；
}
```

2.3.2 折半查找

折半查找又称二分查找，它是一种效率较高的查找方法。但是折半查找要求查找序列中的元素是有序的，为了简单，假设当前序列是递增有序的。

折半查找的基本思路是：设 *a*[low,$\cdots$,high] 是当前的查找区间，首先确定该区间的中间位置 mid = $\lfloor$(low+high)/2$\rfloor$；然后将待查的 *k* 值与 *a*[mid].key 比较。

（1）若 *k*==*a*[mid].key，则查找成功并返回该元素的物理下标。

（2）若 $k<a[mid].key$，则由表的有序性可知，$a[mid,\cdots,high]$ 均大于 k，因此若表中存在关键字等于 k 的元素，则该元素必定位于左子表 $a[low,\cdots,mid-1]$ 中，故新的查找区间是左子表 $a[low,\cdots,mid-1]$。

（3）若 $k>a[mid].key$，则由表的有序性可知，$a[mid,\cdots,high]$ 均小于 k，因此若表中存在关键字等于 k 的元素，则该元素必定位于右子表 $a[mid+1,\cdots,high]$ 中，故新的查找区间是右子表 $a[mid+1,\cdots,high]$。

下一次查找是针对新的查找区间进行的。

因此可以从初始的查找区间 $a[0,\cdots,n-1]$ 开始，每经过一次与当前查找区间的中点位置上的关键字比较就可确定查找是否成功，不成功则当前的查找区间缩小一半。重复这一过程，直到找到关键字为 k 的元素，或者直到当前的查找区间为空（即查找失败）时为止。

折半查找的递归程序如下。

```
int BinSearch(int a[],int low,int high,int k)
{
    int mid;
    if(low<=high)
    {
        mid=(low+high)/2;
        if(a[mid]==k)
            return mid;
        if(a[mid]>k)
            return BinSearch(a,low,mid-1,k);
        else
            return BinSearch(a,mid+1,high,k);
    }
    else return -1;
}
```

折半查找的非递归程序如下。

```
int BinSearch(int a[],int n, int k)
{
    int low=0,high=n-1,mid;
    while(low<=high)
    {
        mid=(low+high)/2;
        if(a[mid]==k)
```

```
            return mid;
        if(a[mid]>k)
            high=mid-1;
        else
            low=mid+1;
    }
    return -1;
}
```

在含有 n 个元素的有序序列中，采用折半查找指定元素所需要的元素比较次数不超过 $\lfloor \log n \rfloor + 1$。实际上，算法所花费的时间主要在比较上，所以算法的时间复杂性为 $O(\log n)$。

2.4　分治法求解排序问题

对于给定的含有 n 个元素的数组 a，对其按元素值递增排序，是经典的算法问题，把分治策略用在排序问题上，可以产生很多优秀的排序算法。归并排序和快速排序就是采用分治法进行排序的一种算法。

2.4.1　归并排序

归并排序的基本思想是将 $a[0,\cdots,n-1]$ 看成 n 个长度为 1 的有序表，将相邻的 $k(k \geqslant 2)$ 个有序子表成对归并，得到 n/k 个长度为 k 的有序子表；然后再将这些有序子表继续归并，如此反复进行，最后得到一个长度为 n 的有序表。

通常我们进行归并操作时，将 k 的值选定为 2，也将这种操作称为二路归并操作。

二路归并操作的基本原理是，第一趟归并排序将待排序的表 $a[0,\cdots,n-1]$ 看成是 n 个长度为 1 的有序子表，将这些子表两两归并，若 n 为偶数，则得到 $\lceil n/2 \rceil$ 个长度为 2 的有序子表，若 n 为奇数，则最后一个子表长度仍为 1；第二趟归并则是将第一趟归并所得到的 $\lceil n/2 \rceil$ 个有序子表两两归并，如此反复，直到最后得到一个长度为 n 的有序表为止。

二路归并排序的分治策略如下。

（1）分解。将原序列分解成 length 长度的若干个子序列。

（2）求解子问题。对相邻的两个子序列调用 Merge 算法合并成一个有序子序列。

（3）合并。将排序好的子集合并成一个有序的集合。

例如，对一个无序序列（8,4,5,7,1,3,6,2）进行归并排序，其基本过程如图 2.3 所示。

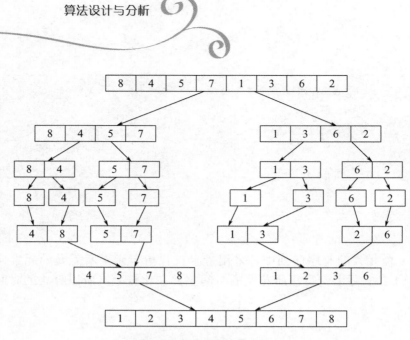

图 2.3　归并排序的基本过程

实现归并排序的核心代码如下。

```
void MergeSort(Type a[], int left, int right)
{
    if(left<right) {   // 至少有 2 个元素
        int i=(left+right)/2;   // 取中点
        MergeSort(a, left, i);
        MergeSort(a, i+1, right);
        Merge(a, b, left, i, right);   // 归并到数组 b
        copy(a, b, left, right);       // 复制回数组 a
    }
}
```

归并数组的实现代码如下。

```
void Merge(Type a[], Type b[], int left, int mid, int right)
{
    int i=left, j=mid+1, k=left;
    while(i<=mid && j<=right){
        if(a[i]<=a[j]){
            b[k++]=a[i++];
        }else{
            b[k++]=a[j++];
        }
    }
```

```
    while(i<=mid){
        b[k++]=a[i++];
    }
    while(j<=right){
        b[k++]=a[j++];
    }
    for(int q=left; q<=right; q++){
        a[q]=b[q];
    }
}
```

复制数组的实现代码如下。

```
void copy(Type a[], Type b[], int left, int right)
{
    for(int i=left; i<=right; i++){
        a[i]=b[i];
    }
}
```

显然，n 个元素的归并排序的时间复杂性为

$$T(n) = \begin{cases} O(1) & n \leq 1 \\ 2T(n/2)+O(n) & n > 1 \end{cases}$$

根据主方法，可得 $T(n)=O(n\log n)$。由于排序问题的计算时间下界是 $\Omega(n\log n)$，故归并排序算法是一个渐近最优算法。

2.4.2 快速排序

快速排序是在实际中最常用的一种排序算法，速度快、效率高。

快速排序采用的思想也是分治的思想。每次将整个无序序列一分为二，归为一个元素，对两个子序列采用同样的方式进行排序，直到子序列的长度为 1 或 0 为止。

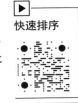

快速排序

快速排序的分治策略如下。

（1）分解。将原序列 $a[p,\cdots,r]$ 分解成两个子序列 $a[p,\cdots,q-1]$ 和 $a[q+1,\cdots,r]$，其中 q 为划分的基准位置，即将整个问题分解为两个子问题。

（2）求解子问题。若子序列的长度为 0 或 1，则它是有序的，直接返回；否则递归地求解各个子问题。

（3）合并。由于整个序列存放在数组 a 中，已经是有序的，因此合并步骤不需要执

行任何操作。

　　快速排序的执行过程是：找出一个元素（理论上可以随便找一个）作为基准，然后对数组进行分区操作，使基准左边元素的值都不大于基准值，基准右边元素的值都不小于基准值，如此作为基准的元素调整到排序后的正确位置；递归快速排序，将其他 $n-1$ 个元素也调整到排序后的正确位置；最后每个元素都是在排序后的正确位置，排序完成。所以快速排序算法的核心算法是分区操作，即如何调整基准的位置以及调整返回基准的最终位置以便分治递归。

　　例如，对无序序列（6,1,2,7,9,3,4,5,10,8）进行快速排序，过程如图 2.4 所示。

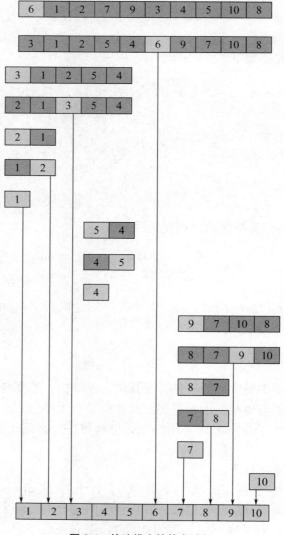

图 2.4　快速排序的基本过程

快速排序的代码如下。

```
void QuickSort(int a[], int p, int r)
{
    if(p<r) {
        int q=Partition(a,p,r);
        QuickSort(a,p,q-1);    // 对左半段排序
        QuickSort(a,q+1,r);    // 对右半段排序
    }
}
int Partition(int a[], int p, int r)
{   int i=p, j=r+1;
    int x=a[p];
    while(true) {
        while(a[++i]<x&&i<r);
        while(a[- -j]>x&&j>p);
        if(i>=j) break;
        swap(a[i], a[j]);
    }
    a[p]=a[j];
    a[j]=x;
    return j;
}
```

快速排序算法的性能取决于划分的对称性。通过修改算法 Partition，可以设计出采用随机选择策略的快速排序算法。在快速排序算法的每一步中，当数组还没有被划分时，可以在 $a[p,\cdots,r]$ 中随机选出一个元素作为划分基准，这样可以使划分基准的选择是随机的，从而可以期望划分是较对称的。

```
int RandomizedPartition(int a[], int p, int r)
{
    int i=Random(p,r);
    swap(a[i], a[p]);
    return Partition(a, p, r);
}
```

快速排序的运行时间与划分是否对称有关，其最坏情况发生在划分过程产生的两个区域分别包含 $n-1$ 个元素和 1 个元素的时候。由于 Partition 的计算时间为 $O(n)$，所以如果算法 Partition 的每一步都出现这种不对称划分，则其时间复杂性 $T(n)$ 满足

$$T(n)=\begin{cases} O(1) & n\leqslant 1 \\ T(n-1)+O(n) & n>1 \end{cases}$$

解此递归方程可得 $T(n)=O(n^2)$

在最好的情况下，每次划分所取的基准都恰好为中值，即每次划分都产生两个大小为 $n/2$ 的区域，此时，Partition 算法的时间复杂性 $T(n)$ 满足

$$T(n)=\begin{cases} O(1) & n\leqslant 1 \\ 2T(n/2)+O(n) & n>1 \end{cases}$$

其解为 $T(n)=O(n\log n)$。

可以证明，快速排序算法在平均情况下的时间复杂性也是 $O(n\log n)$，这在基于比较的排序算法类中算是快速的，快速排序也因此而得名。

2.5 分治法求解复杂计算问题

2.5.1 大整数乘法

设 X 和 Y 都是 n 位的十进制整数，现在要计算它们的乘积 XY。当位数 n 很大时，可以用小学所学的方法来设计一个计算乘积 XY 的算法，算法代码如下。

```
/* 按照小学中学习整数乘法的方法设计程序，大整数的存放从下标 1 开始，
时间复杂性为 O(n²)，n 为两个大整数的位数 */
#include <stdio.h>
#include <math.h>
#include <string.h>
#include <conio.h>
void print(int * m);
void main( )
{
  int x[256],y[256],z[256];
  char ch;
  int i,j,k,n,d,b;
  printf("compute x*y\n");
  printf("please input weishu:");
  scanf("%d",&n);
  x[0]=n;y[0]=n;
  printf("input x:");
  getchar();
  ch=getchar();
  if(ch=='+')
    x[1]=1;
```

```
  else
    x[1]=-1;
  for(i=n+1;i>=2;i--)
    scanf("%1d",&x[i]);
  printf("input y:");
  getchar();
  scanf("%c",&ch);
  if(ch=='+')
    y[1]=1;
  else
    y[1]=-1;
  for(i=n+1;i>=2;i--)
    scanf("%1d",&y[i]);
  z[1]=x[1]*y[1];
  for(i=2;i<=255;i++)
    z[i]=0;
  d=0;
  for(i=2;i<=n+1;i++)
  {
    for(j=2;j<=n+1;j++)
    {  k=i+j-2;
       b=z[k]+x[i]*y[j]+d;
       z[k]=b%10;
       d=b/10;
    }
    while(d>0)
    {   k=k+1;    z[k]=z[k]+d%10; d=d/10;
    }
  }
  z[0]=k-1;
  print(z);
}
void print(int * m)
{
    int i;
    printf("\n");
    if(m[1]==-1)
```

39

```
        printf("-");
    else
        if(m[1]=+1)
            printf("+");
    for(i=m[0]+1;i>=2;i--)
        printf("%1d",m[i]);
}
```

用小学所学的方法计算大整数乘法的计算步骤太多，效率较低。如果将每 2 个 1 位数的乘法或加法看成一步运算，那么这种方法要进行 $O(n^2)$ 步运算才能求出乘积 XY。

下面讨论如何用分治法解决大整数乘法问题。

将 n 位的十进制整数 X 和 Y 各分为 2 段，每段的长为 $n/2$ 位（为了简单起见，假设 n 是 2 的幂），如图 2.5 所示。

图 2.5 大整数 X 和 Y 的分段

由此，$X=A10^{n/2}+B$，$Y=C10^{n/2}+D$。这样，X 和 Y 的乘积为

$$XY=(A10^{n/2}+B)(C10^{n/2}+D)=AC10^n+(AD+BC)10^{n/2}+BD$$

如果按此式计算 XY，则必须进行 4 次 $n/2$ 位整数的乘法（AC、AD、BC 和 BD），以及 3 次不超过 $2n$ 位的整数加法（分别对应于式中的加号），此外还要做 2 次移位（分别对应于式中乘 10^n 的 AC 和乘 $10^{n/2}$ 的 $AD+BC$）。所有这些加法和移位共用 $O(n)$ 步运算。设 $T(n)$ 是 2 个 n 位整数相乘所需的运算总数，则有

$$T(n)=\begin{cases} O(1) & n=1 \\ 4T(n/2)+O(n) & n>1 \end{cases}$$

由此可得 $T(n)=O(n^2)$。因此，直接用此式来计算 X 和 Y 的乘积并不比小学生的方法更有效。要想改进算法的计算复杂性，必须减少乘法次数。为此我们把 XY 写成以下形式。

$$XY=AC10^n+[(A-B)(D-C)+AC+BD]10^{n/2}+BD$$

虽然此式看起来更复杂，但它仅需做 3 次 $n/2$ 位整数的乘法（AC、BD 和 $(A-B)(D-C)$），6 次加、减法和 2 次移位。由此可得

$$T(n)=\begin{cases} O(1) & n=1 \\ 3T(n/2)+O(n) & n>1 \end{cases}$$

利用主方法可得 $T(n)=O(n^{\log_2 3})\approx O(n^{1.59})$。这是一个较大的改进。

例 2.5　大整数计算过程演示实例。

设 $X=3141$，$Y=5327$，用上述算法计算 XY 的计算过程如下，其中带 " ' " 号的数值是在计算完成 AC、BD 和 $(A-B)(D-C)$ 之后才填入的。

$X=3141$	$A=31$	$B=41$	$A-B=-10$
$Y=5327$	$C=53$	$D=27$	$D-C=-26$
	$AC=(1643)'$		
	$BD=(1107)'$		
	$(A-B)(D-C)=(260)'$		

$XY=(1643)\times 10^4 + [(1643)' + (260)' + (1107)'] \times 10^2 + (1107)'$

　　$=(16732107)'$

$A=31$	$A_1=3$	$B_1=1$	$A_1-B_1=2$
$C=53$	$C_1=5$	$D_1=3$	$D_1-C_1=-2$
	$A_1C_1=15$	$B_1D_1=3$	$(A_1-B_1)(D_1-C_1)=-4$

$AC=1500+(15+3-4)\times 10+3=1643$

$B=41$	$A_2=4$	$B_2=1$	$A_2-B_2=3$
$D=27$	$C_2=2$	$D_2=7$	$D_2-C_2=5$
	$A_2C_2=8$	$B_2D_2=7$	$(A_2-B_2)(D_2-C_2)=15$

$BD=800+(8+7+15)\times 10+7=1107$

$|A-B|=10$	$A_3=1$	$B_3=0$	$A_3-B_3=1$
$|D-C|=26$	$C_3=2$	$D_3=6$	$D_3-C_3=4$
	$A_3C_3=2$	$B_3D_3=0$	$(A_3-B_3)(D_3-C_3)=4$

$(A-B)(D-C)=200+(2+0+4)\times 10+0=260$

大整数乘法的具体代码如下。

```
/* 分治策略学习大整数乘法，数字按从低往高存，要求 n 是 2 的幂 */
#include <stdio.h>
#include <math.h>
void print(int *m);
void yiwei(int *m1, int *m2, int n);   /* m1 左移 n 位得到 m2 */
void sub(int *A, int * B, int * C);
void add(int *A,int *B, int *C);
void mult(int *x, int *y, int n, int *z);
int max(int *A, int *B);
void main()
```

```
{
  int x[256],y[256],z[256];
  int n1,n2,i1,i2,k,j,n,i;
  long b,d;
  char ch;
  printf("compute x*y\n");
  printf("please input weishu:");
  scanf("%d",&n);
  x[0]=n;y[0]=n;
  printf("input x:");
  getchar();
  ch=getchar();
  if(ch=='+')
    x[1]=1;
  else
    x[1]=-1;
  for(i=n+1;i>=2;i--)
    scanf("%1d",&x[i]);
  printf("input y:");
  getchar();
  scanf("%c",&ch);
  if(ch=='+')
    y[1]=1;
  else
    y[1]=-1;
  for(i=n+1;i>=2;i--)
    scanf("%1d",&y[i]);
  mult(x,y,n,z);
  print(z);
}
void mult(int *x, int *y, int n, int *z)   /* c=a*b */
{
  int A[256],B[256],C[256],D[256],m1[256],m2[256];
  int m3[256],m4[256],m5[256],i,j,k;
  int temp1;
  if(n==1)
  {
```

```
    z[1]=x[1]*y[1];    // 符号位
    temp1=x[2]*y[2];
    if(temp1>9)
    {
        z[0]=2;
        z[2]=temp1%10;
        z[3]=temp1/10;
    }
    else
    {
        z[0]=1;
        z[2]=temp1;
    }
}
else
{
    for(i=2;i<=n/2+1;i++)
        B[i]=x[i];
    B[0]=n/2;
    B[1]=x[1];
    for(i=n/2+2,j=2;i<=n+1;i++,j++)
        A[j]=x[i];
    A[0]=n/2;
    A[1]=x[1];
    for(i=1;i<=n/2+1;i++)
        D[i]=y[i];
    D[0]=n/2;
    D[1]=y[1];
    for(i=n/2+2,j=2;i<=n+1;i++,j++)
        C[j]=y[i];
    C[0]=n/2;
    C[1]=y[1];
    mult(A,C,n/2,m1);    /* m1=AC */
    mult(B,D,n/2,m2);    /* m2=BD */
    sub(A,B,m3);         /* m3=A-B */
    sub(D,C,m4);         /* m4=D-C   */
    mult(m3,m4,n/2,m5);  /* m5=m3*m4 */
```

```
            yiwei(m1,m3,n);      /* m3=AC2n */
            add(m5,m1,m4);
            add(m4,m2,m5);
            yiwei(m5,m1,n/2);
            add(m1,m2,m4);
            add(m4,m3,z);
        }
    }
void add(int *A,int *B, int *C)  /* C=A+B，带符号的加法运算 */
{
    int i,j,d,temp;     /*  d 为进位  */
    int D[256];
    i=2;
    d=0;
    if(A[1]*B[1]==1)    //A、B 同号
    {
        while(i<=A[0]+1&&i<=B[0]+1)
        {
            temp=A[i]+B[i]+d;
            C[i]=temp%10;
            d=temp/10;
            i++;
        }
        while(i<=A[0]+1)
        {
            temp=A[i]+d;
            C[i]=temp%10;
            d=temp/10;
            i++;
        }
        while(i<=B[0]+1)
        {
            temp=B[i]+d;
            C[i]=temp%10;
            d=temp/10;
            i++;
        }
```

```
        if(d>0)
        {
            C[i]=d;
            C[0]=i-1;
        }
        else
            C[0]=i-2;
        C[1]=A[1];
    }
    else            //A、B 不同号，转换为同号减法
    {
      D[0]=B[0];      //用 D 替换一下，保留 B 的值
      D[1]=B[1]*-1;
      for(i=2;i<=B[0]+1;i++)
          D[i]=B[i];
      sub(A,D,C);
    }
}
void sub(int *A, int * B, int * C)
/* 同号的减法运算，要求 A、B 位数相同，先改成相同的 */
{
    int i,d;        /* d 为借位数 */
    if(A[0]>B[0])
    {
        for(i=B[0]+2;i<=A[0]+1;i++)
            B[i]=0;
        B[0]=A[0];
    }
    else
        if(B[0]>A[0])
        {
            for(i=A[0]+2;i<=B[0]+1;i++)
                A[i]=0;
            A[0]=B[0];
        }
    C[0]=A[0];
    d=0;
```

```
        if(max(A,B)==1)
        {
            for(i=2;i<=C[0]+1;i++)
            {
                if(A[i]>=(d+B[i]))
                {
                    C[i]=A[i]-d-B[i];
                    d=0;
                }
                else
                {
                    C[i]=A[i]+10-d-B[i];
                    d=1;
                }
            }
            C[1]=A[1];
        }
        else
        {
            for(i=2;i<=C[0]+1;i++)
            {
                if(B[i]>=(d+A[i]))
                {
                    C[i]=B[i]-d-A[i];
                    d=0;
                }
                else
                {
                    C[i]=B[i]+10-d-A[i];
                    d=1;
                }
            }
            C[1]=A[1]*-1;
        }
    }
void yiwei(int * m1, int * m2, int n)
{
```

```
    int i;
    m2[0]=m1[0]+n;
    m2[1]=m1[1];
    for(i=2;i<=n+1;i++)
        m2[i]=0;
    for(i=n+2;i<=m2[0]+1;i++)
        m2[i]=m1[i-n];
}
void print(int * m)
{
    int i;
    printf("\n");
    if(m[1]==-1)
        printf("-");
    else
        if(m[1]=+1)
            printf("+");
    for(i=m[0]+1;i>=2;i--)
        printf("%1d",m[i]);
}
int max(int *A, int *B)
// 判断 |A|>|B| 吗? 大于返回 1,小于返回 -1,等于返回 0
{
    int i;
    if(A[0]>B[0])
        return 1;
    else
        if(A[0]<B[0])
            return -1;
        else
        {
            i=A[0]+1;
            while(i>=2&&A[i]==B[i])
                i--;
            if(i<2)
                return 0;
            else
```

```
                              if(A[i]>B[i])
                                      return 1;
                              else
                                      return -1;
                      }
              }
```

2.5.2 Strassen 矩阵乘法

矩阵乘法是线性代数中最常见的运算之一，它在数值计算中有广泛的应用。若 *A* 和 *B* 是 2 个 *n*×*n* 的矩阵，则它们的乘积 *C*=*AB* 同样是一个 *n*×*n* 的矩阵。*A* 和 *B* 的乘积矩阵 *C* 中的元素 *C*[*i*,*j*] 定义为

$$C[i][j] = \sum_{k=1}^{n} A[i][k]B[k][j]$$

依据此公式，简单地计算矩阵乘法的代码如下。

```
void multiply(int A[][], int B[][], int C[][], int n)
{
      for(i=1;i<=n;i++)
      {
              for(j=1;j<=n;j++)
              {
                    tmp=0;
                    for(k=1;k<=n;k++)
                          tmp+=A[i][k]*B[k][j];
                    C[i][j]=tmp;
              }
      }
}
```

若依此定义来计算 *A* 和 *B* 的乘积矩阵 *C*，则每计算 *C* 的一个元素 *C*[*i*,*j*]，需要做 *n* 个乘法和 *n*–1 次加法。因此，求出矩阵 *C* 的 n^2 个元素所需的计算时间为 $O(n^3)$。即简单的矩阵乘法算法的时间复杂性为 $O(n^3)$。

20 世纪 60 年代末，德国数学家 Strassen 采用了类似于在大整数乘法中用过的分治技术，将计算 2 个 *n* 阶矩阵乘积所需的计算时间改进到 $O(n^{\log_2 7}) \approx O(n^{2.18})$。

首先，还是需要假设 *n* 是 2 的幂。将矩阵 *A*、*B* 和 *C* 中每一矩阵都分块成 4 个大小相等的子矩阵，每个子矩阵都是 *n*/2×*n*/2 的方阵。由此可将方程 *C*=*AB* 重写为

$$\begin{bmatrix} C_{11} & C_{12} \\ C_{21} & C_{22} \end{bmatrix} = \begin{bmatrix} A_{11} & A_{12} \\ A_{21} & A_{22} \end{bmatrix}\begin{bmatrix} B_{11} & B_{12} \\ B_{21} & B_{22} \end{bmatrix} \tag{2.1}$$

由此可得

$$C_{11}=A_{11}B_{11}+A_{12}B_{21} \tag{2.2}$$

$$C_{12}=A_{11}B_{12}+A_{12}B_{22} \tag{2.3}$$

$$C_{21}=A_{21}B_{11}+A_{22}B_{21} \tag{2.4}$$

$$C_{22}=A_{21}B_{12}+A_{22}B_{22} \tag{2.5}$$

如果 $n=2$，则 2 个 2 阶方阵的乘积可以直接用式（2.2）～（2.5）计算出来，共需 8 次乘法和 4 次加法。当子矩阵的阶大于 2 时，为求 2 个子矩阵的积，可以继续将子矩阵分块，直到子矩阵的阶降为 2。这样，就产生了一个分治降阶的递归算法。依此算法，计算 2 个 n 阶方阵的乘积转化为计算 8 个 $n/2$ 阶方阵的乘积和 4 个 $n/2$ 阶方阵的加法。2 个 $n/2 \times n/2$ 矩阵的加法显然可以在 $O(n^2)$ 时间内完成。因此，上述分治法的计算时间耗费 $T(n)$ 应该满足

$$T(n)=\begin{cases} O(1) & n=2 \\ 8T(n/2)+O(n^2) & n>2 \end{cases}$$

根据主方法，这个递归方程的解仍然是 $T(n)=O(n^3)$。因此，该方法并不比用原始定义直接计算更有效。究其原因，乃是由于式（2.2）～（2.5）并没有减少矩阵的乘法次数。而矩阵乘法耗费的时间要比矩阵加减法耗费的时间多得多。要想改进矩阵乘法的计算时间复杂性，必须减少子矩阵乘法运算的次数。按照上述分治法的思想可以看出，要想减少乘法运算次数，关键在于计算 2 个 2 阶方阵的乘积时，能否用少于 8 次的乘法运算。Strassen 提出了一种新的算法来计算 2 个 2 阶方阵的乘积。他的算法只用了 7 次乘法运算，但增加了加、减法的运算次数。这 7 次乘法为

$M_1=A_{11}(B_{12}-B_{22})$

$M_2=(A_{11}+A_{12})B_{22}$

$M_3=(A_{21}+A_{22})B_{11}$

$M_4=A_{22}(B_{21}-B_{11})$

$M_5=(A_{11}+A_{22})(B_{11}+B_{22})$

$M_6=(A_{12}-A_{22})(B_{21}+B_{22})$

$M_7=(A_{11}-A_{21})(B_{11}+B_{12})$

做了这 7 次乘法后，再做若干次加、减法就可以得到

$C_{11}=M_5+M_4-M_2+M_6$

$C_{12}=M_1+M_2$

$C_{21}=M_3+M_4$

$C_{22}=M_5+M_1-M_3-M_7$

以上计算的正确性很容易验证。例如：

$C_{22}=M_5+M_1-M_3-M_7$

$\quad =(A_{11}+A_{22})(B_{11}+B_{22})+A_{11}(B_{12}-B_{22})-(A_{21}+A_{22})B_{11}-(A_{11}-A_{21})(B_{11}+B_{12})$

$\quad =A_{11}B_{11}+A_{11}B_{22}+A_{22}B_{11}+A_{22}B_{22}+A_{11}B_{12}-A_{11}B_{22}-A_{21}B_{11}-A_{22}B_{11}-A_{11}B_{11}-A_{11}B_{12}+A_{21}B_{11}+$

$\quad\quad A_{21}B_{12}$

$\quad =A_{21}B_{12}+A_{22}B_{22}$

由式（2.5）便知其正确性。

至此，我们可以得到完整的 Strassen 算法伪代码。

```
void Strassen(n, A, B, C);
{
    if(n=2)
        MATRIX-MULTIPLY(A, B, C)
    else
    {
        // 将矩阵 A 和 B 依式 (2.1) 分块
        Strassen(n/2, A₁₁, B₁₂-B₂₂, M1);
        Strassen(n/2, A₁₁+A₁₂, B₂₂, M₂);
        Strassen(n/2, A₂₁+A₂₂, B₁₁, M₃);
        Strassen(n/2, A₂₂, B₂₁-B₁₁, M₄);
        Strassen(n/2, A₁₁+A₂₂, B₁₁+B₂₂, M₅);
        Strassen(n/2, A₁₂-A₂₂, B₂₁+B₂₂, M₆);
        Strassen(n/2, A₁₁-A₂₁, B₁₁+B₁₂, M₇);
        C₁₁=M₅+M₄-M₂+M₆
        C₁₂=M₁+M₂
        C₂₁=M₃+M₄
        C₂₂=M₅+M₁-M₃-M₇
    }
}
```

其中，MATRIX-MULTIPLY(A, B, C) 是按通常的矩阵乘法计算 **C=AB** 的子算法。

Strassen 矩阵乘积分治算法中，用了 7 次对于 $n/2$ 阶矩阵乘积的递归调用和 18 次 $n/2$ 阶矩阵的加减运算。由此可知，该算法所需的计算时间 $T(n)$ 满足如下的递归方程。

$$T(n)=\begin{cases} O(1) & n=2 \\ 7T(n/2)+O(n^2) & n>2 \end{cases}$$

根据主方法，其解为 $T(n)=O(n^{\log_2 7})\approx O(n^{2.81})$。由此可见，Strassen 矩阵乘法的计算时间复杂性比普通矩阵乘法有较大的改进。

有人曾列举了计算 2 个 2×2 矩阵乘法的 36 种不同方法。但所有的方法都要做 7 次乘法。除非能找到一种计算 2×2 矩阵乘积的算法，使乘法的计算次数少于 7 次，按上述思路才有可能进一步改进矩阵乘积的计算时间的上界。但是 Hopcroft 和 Kerr 已经证明，计算 2 个 2×2 矩阵的乘积，7 次乘法是必要的。因此，要想进一步改进矩阵乘法的时间复杂性，就不能再寄希望于计算 2×2 矩阵的乘法次数的减少。或许应当研究 3×3 或 5×5 矩阵的更好算法。在 Strassen 之后又有许多算法改进了矩阵乘法的计算时间复杂性。目前最好的计算时间上界是 $O(n^{2.367})$。而目前所知道的矩阵乘法的最好下界仍是它的平凡下界 $\Omega(n^2)$。因此到目前为止还无法确切知道矩阵乘法的时间复杂性。

2.6　分治法求解组合问题

2.6.1　棋盘覆盖

在一个由 $2^k \times 2^k$ 个方格组成的棋盘中，恰有一个方格与其他方格不同，称该方格为一特殊方格，且称该棋盘为一特殊棋盘。图 2.6 给出了 $k=2$ 时的一个特殊棋盘。在棋盘覆盖问题中，要用图 2.7 的 4 种不同形态的 L 形骨牌覆盖给定的特殊棋盘上除特殊方格以外的所有方格，且任何 2 个 L 形骨牌不得重叠覆盖。

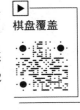
棋盘覆盖

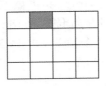

图 2.6　$k=2$ 时的一个特殊棋盘

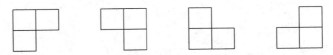

图 2.7　4 种不同形态的 L 形骨牌

用分治策略可以设计解棋盘覆盖问题的一个简捷的算法。

当 $k>0$ 时，将 $2^k \times 2^k$ 棋盘分割为 4 个 $2^{k-1} \times 2^{k-1}$ 子棋盘，如图 2.8（a）所示。

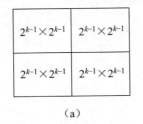

（a）

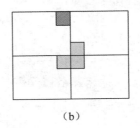

（b）

图 2.8　棋盘分割

特殊方格必位于 4 个较小子棋盘之一中，其余 3 个子棋盘中无特殊方格。为了将这 3 个无特殊方格的子棋盘转化为特殊棋盘，可以用一个 L 形骨牌覆盖这 3 个较小棋盘的会合处，如图 2.8（b）所示，从而将原问题转化为 4 个较小规模的棋盘覆盖问题。递归地使用这种分割，直至棋盘简化为棋盘 1×1。

具体实现的基本思路为，每次都对分割后的 4 个小方块进行判断，判断特殊方格是否在里面。这里的判断方法是每次先记录下整个大方块的左上角方格的行列坐标，然后再与特殊方格坐标进行比较，就可以知道特殊方格是否在该块中。如果特殊方块在里面，就直接递归下去求即可，如果不在，就根据分割的 4 个方块的不同位置，把右下角、左下角、右上角或左上角的方格标记为特殊方块，然后继续递归。在递归函数里，还要有一个变量 s 来记录边的方格数，每次对方块进行划分时，边的方格数都会减半，这个变量是为了方便判断特殊方格的位置。

采用分治算法解决棋盘覆盖问题的数据结构。

令 size $=2^k$，表示棋盘的规格。

（1）棋盘，使用二维数组表示。

```
int board[MAX][MAX]
```

为了方便递归调用，将数组 board 设为全局变量。board[0][0] 是棋盘左上角方格。

（2）子棋盘，由棋盘左上角坐标 (tr,tc) 和棋盘大小 s 表示。

（3）特殊方格，在二维数组中的坐标位置是 (dr,dc)。

（4）L 形骨牌。用到的 L 形骨牌个数为 $(4^k-1)/3$，将所有 L 形骨牌从 1 开始连续编号，用一个全局变量 tile 表示，初值为 1。

算法实现如下。

```
// 形参 (tr,tc) 是棋盘中左上角的方格坐标
// 形参 (dr,dc) 是特殊方格所在的坐标
// 形参 size 是棋盘的行数或列数
void chessBoard(int tr, int tc, int dr, int dc, int size)
{
    if(size==1) return;        // 递归边界
    int  t=tile++;             // L 形骨牌号
    s=size/2;                  // 分割棋盘

// 覆盖左上角子棋盘
    if(dr<tr+s&&dc<tc+s)
        // 特殊方格在此棋盘中
        chessBoard(tr, tc, dr, dc, s);
    else {
        // 此棋盘中无特殊方格，用 t 号 L 形骨牌覆盖右下角
        board[tr+s-1][tc+s-1]=t;
```

```
        // 覆盖其余方格
        chessBoard(tr, tc, tr+s-1, tc+s-1, s);
    }
    // 覆盖右上角子棋盘
    if(dr<tr+s&&dc>=tc+s)
        // 特殊方格在此棋盘中
        chessBoard(tr, tc+s, dr, dc, s);
    else {
        // 此棋盘中无特殊方格，用 t 号 L 形骨牌覆盖左下角
        board[tr+s-1][tc+s]=t;
        // 覆盖其余方格
        chessBoard(tr, tc+s, tr+s-1, tc+s, s);
    }
        // 覆盖左下角子棋盘
        if(dr>=tr+s&&dc<tc+s)
            // 特殊方格在此棋盘中
            chessBoard(tr+s, tc, dr, dc, s);
        else {
            // 此棋盘中无特殊方格，用 t 号 L 形骨牌覆盖右上角
            board[tr+s][tc+s-1]=t;
            // 覆盖其余方格
            chessBoard(tr+s, tc, tr+s, tc+s-1, s);
        }
        // 覆盖右下角子棋盘
        if(dr>=tr+s&&dc>=tc+s)
            // 特殊方格在此棋盘中
            chessBoard(tr+s, tc+s, dr, dc, s);
        else {
            // 此棋盘中无特殊方格，用 t 号 L 形骨牌覆盖左上角
            board[tr+s][tc+s]=t;
            // 覆盖其余方格
            chessBoard(tr+s, tc+s, tr+s, tc+s, s);
        }
    }
```

设 $T(k)$ 是算法 chessBoard 覆盖一个 $2^k \times 2^k$ 棋盘所需的时间，则从算法的分治策略可知，$T(k)$ 满足如下递归方程。

$$T(k) = \begin{cases} O(1) & k = 0 \\ 4T(k-1) + O(1) & k > 0 \end{cases}$$

令 $n = 2^k \times 2^k = 4^k$，上式可以转化为

$$T(n) = \begin{cases} O(1) & n = 4^0 = 1 \\ 4T(n/4) + O(1) & n > 1 \end{cases}$$

根据主方法得，$T(n) = O(n) = O(4^k)$。由于覆盖一个 $2^k \times 2^k$ 的棋盘需要 $(4^k-1)/3$ 个 L 形骨牌，故算法 chessBoard 是一个渐近意义下的最优算法。

2.6.2 循环赛日程表

设有 $n = 2^k$ 个选手参加循环赛，要求设计一个满足以下要求的比赛日程表。

（1）每个选手必须与其他 $n-1$ 个选手各赛一次。

（2）每个选手一天只能赛一次。

按照上面的要求，可以将比赛日程表设计成一个 n 行 $n-1$ 列的二维表，其中第 i 行第 j 列的元素表示和第 i 个选手在第 j 天比赛的选手号，其中 $1 \le i \le n$，$1 \le j \le n-1$。

采用分治策略，可将所有参加比赛的选手分成两部分，$n = 2^k$ 个选手的比赛日程表就可以通过 $n = 2^{k-1}$ 个选手的比赛日程表来决定。递归地执行这样的分割，直到只剩下两个选手，比赛日程表的制定就变得很简单了，这时只要让两个选手进行比赛就可以了。2、4、8 个选手的比赛日程表如图 2.9 所示。其中，每张二维表的第 1 列是为了程序设计添加的列，该列表示选手编号。

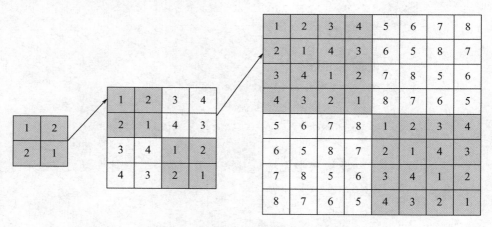

图 2.9 2、4、8 个选手的比赛日程表

从图 2.9 中可以看出以下规律，$k=1$ 时只有两个选手比赛所以安排十分简单，而 $k=2$ 时可以基于 $k=1$ 的结果进行安排，$k=3$ 时可以基于 $k=2$ 的结果进行安排。

$k=3$（即 8 个选手）的比赛日程表，右下角（4 行 4 列）的值等于左上角的值，左下角（4 行 4 列）的值等于右上角的值。

$k=3$ 的左上角（4 行 4 列）的值等于 $k=2$（4 个选手）的比赛日程表。

$k=3$ 的左下角（4 行 4 列）的值等于 $k=3$ 的左上角（4 行 4 列）加上数字 4。

因此，采用分治策略可以将所有选手分成两组，2^k 个选手的比赛日程表就可以通过为 2^{k-1} 个选手设计的比赛日程表来决定。

图 2.9 右侧所示的正方形表是 8 个选手的比赛日程表。其中，左上角的子表是选手 1 至选手 4 的前三天的比赛日程，左下角的子表是选手 5 至选手 8 前三天的比赛日程。据此，后四天的比赛日程，就是分别将左上角的子表按其对应位置抄到右下角，将左下角的子表按其对应位置抄到右上角。这样就完成了比赛日程的安排。

这种解法是把求解 2^k 个选手的比赛日程问题划分为 $2^1, 2^2, \cdots, 2^k$ 个选手的比赛日程问题。也就是说，要求 2^k 个选手的比赛日程，就要分为两部分，分别求出 2^{k-1} 个选手的比赛日程，然后再进行合并。当然，这种解法只能求选手个数是 2 的幂的情况。

算法实现如下。

```
void Table(int k,int **a){
    int n=1;
    for(int i=1;i<=k;i++)
        n*=2;
    for(int i=1;i<=n;i++)
        a[1][i]=i;
    int m=1;
    for(int s=1;s<=k;s++){
        n/=2;
        for(int t=1;t<=n;t++){
            for(int i=m+1;i<=2*m;i++)
                for(int j=m+1;j<=2*m;j++)
                    a[i][j+(t-1)*m*2]=a[i-m][j+(t-1)*m*2-m];
                    a[i][j+(t-1)*m*2-m]=a[i-m][j+(t-1)*m*2];
            }
            m*=2;
        }
    }
}
```

本章小结

本章主要讨论了递归的概念，以及解决递归问题的 3 个要素，并给出几个递归程序的例子，根据递归问题的三要素，设计递归程序解决问题。在递归问题的基础上，引出分治的思想，分治的思想广泛运用在政治、军事等多个领域。在程序设计中，也可以运用分治的思想来解决实际问题，并降低解决问题所需要的时间复杂性。本章详细阐述了分治策略在程序设计中的适用范围，给出利用分治策略解决问题的特征和设计步骤，并给出利用分治策略解决具体问题的几个方面。

（1）利用分治策略解决查找问题。

（2）利用分治策略解决排序问题。

（3）利用分治策略解决大规模计算问题。

（4）利用分治策略解决组合问题。

习　　题

一、选择题

1.分治法要求分解后的子问题满足（　　　）条件。

　　A.相互独立且与原问题相同　　　　　　B.不需要独立但要与原问题相同

　　C.相互独立但不需要与原问题相同　　　D.不需要相互独立和与原问题相同

2.大整数乘法是利用（　　　）实现的算法。

　　A.分治策略　　　　B.动态规划算法　　C.贪心算法　　　　D.回溯法

3.二分搜索算法是利用（　　　）实现的算法。

　　A.分治策略　　　　B.动态规划算法　　C.贪心算法　　　　D.回溯法

4.直接或间接调用自身的算法称为（　　　）。

　　A.分治策略　　　　B.贪心算法　　　　C.递归算法　　　　D.动态规划算法

5.以下排序方法中，采用分治法设计的排序算法是（　　　）。

　　A.冒泡排序　　　　B.归并排序　　　　C.堆排序　　　　　D.选择排序

二、填空题

1.计算2个 2×2 矩阵的乘积，利用分治法降低时间复杂性，_____次乘法是必要的。

2.在选择排序、插入排序和快速排序算法中，_____算法是分治算法。

3.求棋盘覆盖问题。已知棋盘的大小是 $2^k\times2^k$（$k>1$），则该问题用分治法求解后的时间复杂性是_____。

4.设有16个运动员要进行网球循环赛，设计一个比赛日程表，要求满足以下条件：每个选手必须与其他 $n-1$ 个选手各赛一次；每个选手一天只能赛一次；则一共需要_____天才能完成比赛。

5.利用递归算法解决全排列问题，已知有元素{1,2,3}进行全排列输出的顺序是_____。

三、判断题

1. 利用分治法解决算法问题，划分的子问题之间可以相互独立也可以不相互独立。
（　　）

2. 分治法所能解决的问题，原问题与子问题的性质完全一样。（　　）

3. 求 X、Y 两个二进制大整数的乘法，利用分治法 $X = A2^{n/2} + B$，$Y = C2^{n/2} + D$，$XY = AC\,2^n + (AD + BC)\,2^{n/2} + BD$，可以降低直接用竖式乘法求得原问题解的时间复杂性。
（　　）

4. 利用分治法求大整数乘法，不能降低原问题的时间复杂性。（　　）

5. 快速排序和归并排序在最坏情况下的时间复杂性相同。（　　）

6. 利用递归算法解决问题的缺点是，无论是耗费的计算时间还是占用的存储空间都比非递归算法要多。（　　）

7. $n = 2^k$ 个运动员要进行网球循环赛，设计循环赛日程表，每个运动员需要与其他所有运动员都比赛一次，共需要比赛的天数是 $2^k - 1$ 天。（　　）

四、简答题

1. 描述递归算法的设计步骤。

2. 简述分治法所能解决的问题的特征。

3. 简述分治法解决问题的基本思想。

4. 设有 $n = 2^k$ 个运动员要进行循环赛，现设计一个满足以下要求的比赛日程表。

①每个选手必须与其他 $n-1$ 名选手比赛各一次。

②每个选手一天至多只能赛一次。

③循环赛要在最短时间内完成。

问：（1）如果 $n = 2^k$，循环赛最少需要进行几天；

（2）当 $n = 2^3 = 8$ 时，请列出循环赛日程表。

5. 请依据棋盘覆盖问题的分治策略，将图 2.10 所示的特殊棋盘进行 L 形骨牌填充（同一个骨牌的棋盘位置用相同的数字表示或者画出 L 形）。

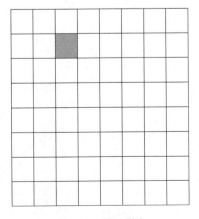

图 2.10　特殊棋盘

6. 利用分治法解决大整数乘法问题。已知有两个十进制大整数 X、Y，求利用分治法降低时间复杂性的处理方法，以及利用分治法之后得到的时间复杂性。

五、程序题

1. 试给出用分治法求某集合中元素值为偶数的元素个数的程序代码。

2. 试给出用分治法求某集合中元素值为最大数的程序代码。

3. 根据分治法求某集合中元素值大于指定值的元素个数。要求给出分治法解决该问题的基本思路并给出递归实现代码。

4. 根据分治法求解棋盘覆盖问题。试写出该程序代码，可以只写函数。

5. 给出归并排序的核心代码，并分析归并排序的时间复杂性。

6. 给出快速排序算法，以及快速排序的 Partition 函数。

7. 给出分治法设计的循环赛日程表。

8. 用分治法写出有序序列进行二分查找的过程。

9. 对给定的含有 n 个元素的无序序列，求这个元素中第 K 小的元素。

第 3 章

动态规划算法

　　动态规划算法的基本思想与分治法类似，也是将待求解的问题分解为若干个子问题，按顺序求解子问题，前一子问题的解，为后一子问题的求解提供了有用的信息。在求解任一子问题时，列出各种可能的局部解，通过决策保留那些有可能达到最优的局部解，丢弃其他局部解。依次解决各子问题，最后一个子问题就是初始问题的解。简单来说，动态规划方法建议与其对重复的子问题一次又一次地求解，不如对每个较小的子问题只求解一次并把结果记录在表中，这样就可以从表中得出原问题的解。本章建议 6 学时。

教学目标

> 理解动态规划算法的概念；
> 掌握动态规划算法的基本要素；
> 掌握设计动态规划算法的步骤；
> 通过应用范例学习动态规划算法的设计策略。

教学要求

知识要点	能力要求	相关知识
动态规划的基本概念	（1）掌握动态规划的特点； （2）了解动态规划算法的发展历史	动态规划与递归和分治的关系
动态规划的总体思想和基本要素	（1）了解动态规划算法总体思想； （2）掌握动态规划算法的特点和基本要素	与递归和分治算法比较
动态规划算法的典型应用范例	（1）了解问题定义和抽象化描述； （2）掌握问题分析方法、算法描述和处理过程	矩阵连乘问题，最大子段和问题，最长公共子序列问题，0-1 背包问题

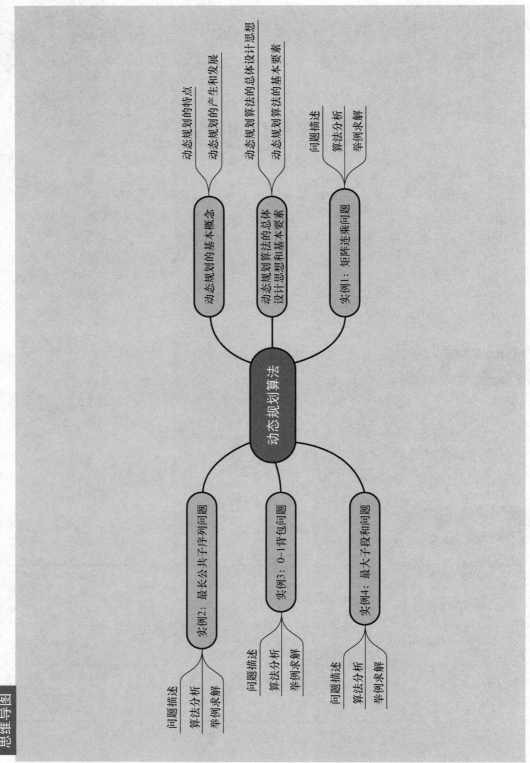

动态规划算法

动态规划的基本概念
- 动态规划的特点
- 动态规划的产生和发展

动态规划算法的总体设计思想和基本要素
- 动态规划算法的总体设计思想
- 动态规划算法的基本要素

实例1：矩阵连乘问题
- 问题描述
- 算法分析
- 举例求解

实例2：最长公共子序列问题
- 问题描述
- 算法分析
- 举例求解

实例3：0-1背包问题
- 问题描述
- 算法分析
- 举例求解

实例4：最大子段和问题
- 问题描述
- 算法分析
- 举例求解

推荐阅读资料

1. 王晓东，2018.计算机算法设计与分析 [M].5 版.北京：电子工业出版社.

2. CORMEN T H，LEISERSON C E，RIVEST R L，et al，2001. Introduction to Algorithms[M]. 2nd ed. Cambridge：The MIT Press.

 **基本概念**

动态规划（dynamic programming）是运筹学的一个分支。20 世纪 50 年代初，美国数学家贝尔曼（R.E.Bellman）等人在研究多阶段决策过程（multistage decision process）的优化问题时，提出了著名的最优化原理，把多阶段过程转化为一系列单阶段问题，利用各阶段之间的关系，逐个求解，创立了解决这类过程优化问题的新方法——动态规划。

引例：智慧出行

当你想打车时，掏出手机、轻点几下、下单，稍等片刻，一位司机就会准时出现在指定地点等你。这看似简单的应用背后其实是一个多层次处理问题的过程。其间有一系列智能算法模型在默默地为你提供服务，快速地进行超大规模的计算。

我们每天都在不知不觉地使用算法，如物体的识别问题、行程的规划问题，以及一些决策问题等，背后都有算法的支撑。算法已经进入人们生活的方方面面。例如，购物用的淘宝、吃饭用的美团、出行用的携程等，其背后是一个非常强大的推荐引擎，通过算法猜测你的喜好。

生活中智慧出行使用较广泛的一个打车软件是滴滴（图 3.1）。滴滴出行最核心的一个引擎是分单匹配引擎。滴滴每两秒做一次订单匹配，把两秒之内所有的乘客放在一起，所有的司机放在一起，然后进行匹配。匹配早期用的是二分图匹配问题，那这个问题还是太复杂，数据量非常大，而且这样解决的问题是不可扩展的，后来滴滴用了分治法，把这个问题先拆解为小问题，再把它整合起来。大概从 2015 年开始，滴滴开始用贪心算法，显著提高了问题的效率，后来发现用贪心算法的效果和用原始算法差不多。2016 年以后，AlphaGo 出现了，它主要的工作原理是深度学习。滴滴决定进一步提高效率，用了 AlphaGo 的强化学习算法，即马尔可夫决策过程（Markov Decision Process，MDP），它背后的算法就是动态规划。由此可见，算法设计与分析课程中学习到的基础算法其实在行业中已被广泛应用。

在智慧出行的路径规划问题中，需要计算每一条边的权重，每一条边是每一个司机跟每一个乘客的匹配度，直观来说就是距离越近，匹配度越高。

像滴滴这样的大型 IT 公司，对基础算法和前沿算法都非常重视，滴滴很多核心系统的背后都有非常强大的算法支持。在实际中，优化目标是比较复杂的，可能是多目标的。在这样的场景里，现在的大数据、人工智能可以把一系列比较基础的算法混搭，形成效果更好的应用框架，也就是各种算法的一个组合。

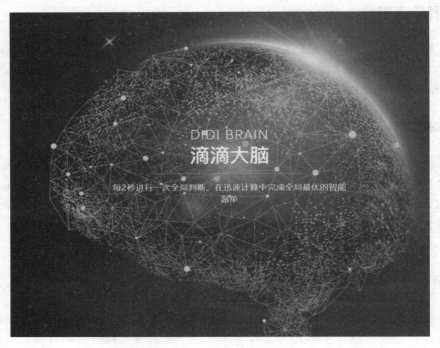

图 3.1　滴滴大脑

3.1　动态规划的基本概念

3.1.1　动态规划的产生和发展

动态规划（Dynamic Programming，DP）是运筹学的一个分支，是求解决策过程最优化的方法。20 世纪 50 年代初，美国数学家贝尔曼等人在研究多阶段决策过程的优化问题时，提出了著名的最优化原理，从而创立了动态规划。动态规划的应用极其广泛，包括工程技术、经济、工业生产、军事及自动化控制等领域，并在背包问题、生产经营问题、资金管理问题、资源分配问题、最短路径问题和复杂系统可靠性问题等中取得了显著的效果。

虽然动态规划主要用于求解以时间划分阶段的动态过程的优化问题，但是一些与时间无关的静态规划（如线性规划、非线性规划），只要人为地引进时间因素，把它视为多阶段决策过程，也可以用动态规划方法方便地求解。由于动态规划的大多数应用都是求解最优化问题，因此需要指出这类应用中的一个一般性法则。贝尔曼称其为最优化法则。该法则认为最优化问题任一实例的最优解，都是由其子实例的最优解构成的。这也是应用动态规划方法求解问题应该满足的前提条件。

3.1.2　斐波那契序列

如图 3.2 所示的两张图片，左边这张是宝塔花，右边这张是菊花的花蕊，可以观察到它们都有非常漂亮的几何分布。数学家和生物学家对自然界中这样天然的形状进行了研究，发现这些花蕊颗粒生成的顺序是有规律的，这个规律就是斐波那契序列，在生物学中把它们称为斐波那契螺旋，自然界中这样的例子有很多。

图 3.2　生物界的斐波那契

从数学模型的角度来看斐波那契序列，大家都很熟悉，如古典数学中的兔子生兔子的计算，就是斐波那契序列的简单应用。它可以写出无穷序列，用递归形式来阐述。如果一个实际问题可以抽象出它的递归形式，那么就可以很容易地用程序把它实现出来。

斐波那契序列的数学表达式为

$$\mathrm{Fib}(n) = \begin{cases} 0 & n=0 \\ 1 & n=1 \\ \mathrm{Fib}(n-2)+\mathrm{Fib}(n-1) & n>1 \end{cases} \quad (3.1)$$

n	1	2	3	4	5	6	7	8	9	10
$\mathrm{Fib}(n)$	1	2	3	5	8	13	21	34	55	89

斐波那契序列递归算法的伪代码如下。

```
Fib(n)
1 if n=0 or n=1 then return 1
2 else return Fib(n-1) + Fib(n-2)
```

从斐波那契序列的递归实现，可以看出它的效率。例如，要计算 Fib(7)，就要计算 Fib(6) 和 Fib(5)，依此类推，不断展开计算过程，可以看到深度递归实现遍历的过程。从算法复杂性的角度来分析一下，可以直观地看到大量重复的计算出现，如 Fib(2) 重复计算了 8 次，Fib(3) 重复计算了 5 次。大量冗余的出现增加了算法的复杂性，应该如何解决这个问题呢？

斐波那契
序列

为了避免冗余，在算法领域，可以考虑以空间来换时间的方式，降低算法的时间复杂性。其目标就是，数列中的每一项都只计算一次，并用额外的存储空间把已经计算过的数列项记录下来，这就是备忘录方法。

3.2　备忘录方法

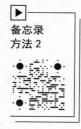

备忘录
方法 1

对于斐波那契序列的计算，第一次的改进思路是采用备忘录方法，即当 Fib(i) 被计算后，保存它的值；当再次计算 Fib(i) 时，只需要从内存中取出即可。这里用 v[n] 数组来存储已经计算过的值。

算法实现如下。

```
Fib(n)
1 if v[n]<0 then
2     v[n]←Fib(n-1)+Fib(n-2)
3 return v[n]
main()
1 v[0]=v[1] ←1
2 for i←2 to n do
3     v[i]=-1
4 output Fib(n)
```

备忘录
方法 2

通过这样的改进，额外地增加了 v[0] 到 v[7] 的备忘录。首先，初始化里面的值，除了 v[0] 和 v[1] 为 1 以外，其他的值都是 -1。同样计算 Fib(7) 时，从 Fib(7) 的计算树树根开始，深度遍历，第一个被计算出的是 Fib(2)，因为 Fib(0) 和 Fib(1) 已知初始化为 1，所以可以直接做加法运算，结果为 2，记录在 v[2] 中。当计算 Fib(3) 时，需要用到 Fib(1) 和 Fib(2)，这时不需要再次计算 Fib(2)，而是通过直接查备忘录的方式去读取已经保存的 Fib(2) 的值，依此类推。

通过以空间换时间的方式，保存了之前计算过的值，再次用到的时候，只需要直接调用即可，而不用重复计算，这样就能节省将近一半的计算量，相对于初始的计算方式，时间复杂性降低了。

备忘录
方法 3

但是能做得更好吗？可以看到，虽然减少了一部分重复计算，但不是全部避开重复计算，也就是说，仍然存在函数重复调用的问题。这是由什么导致的呢？这是因为系统自动地完成调用和输入，这样的重复是由递归机制导致的。如果使用递归，那么这些重复是避免不了的。我们可以转换一下思维方式，自顶向下肯定会有重复的调用，那能不能换一个方向呢？

再一次的改进思路如下。

自顶向下（Top-down）

• 递归

自底向上（Bottom-up）

• 递推

```
Fib(n)                          Fib(n)
1 if v[n]<0 then                1 A[0]=A[1] ← 1
2    v[n] ← Fib(n-1)+Fib(n-2)   2 for i ← 2 to n do
3 return v[n]                   3    A[i] ← A[i-1]+A[i-2]
                                4 return A[n]
```

递推方式节约了大量无用的递归调用，所以递推的时间复杂性是线性级的。也就是说，实际上在分治的基础上使用了备忘录方法，再加上改变了计算的顺序，就是动态规划算法。

下面比较一下分治递归算法和动态规划算法。

分治递归算法如下。

```
Fib(n)
1  if n=0 or n=1 then
2     return 1
3  else
4     return Fib(n-1)+Fib(n-2)
```

动态规划算法如下。

```
Fib(n)
1  A[0]=A[1]←1
2  For i←2 to n do
3    A[i]←A[i-1]+A[i+1]
4  Return A[n]
```

动态规划算法采用了空间换时间，A[i] 记录了每个子问题的结果。所以说在用动态规划算法解决问题时，原问题的结果是通过查询已经计算并记录下的子问题的解得到的。这也是其和分治递归算法的最大不同。

下面也总结和分析一下备忘录方法与动态规划算法的不同之处。

动态规划算法是备忘录方法的变形，它通过分治思想对原问题进行分解，以存储子问题的解的方式解决冗余计算，并采用自底向上的递推方式获取问题的最终解。

递推方式是自底向上递归求解，而备忘录方法是自顶向下递归求解。当一个问题的所有子问题都至少要解一次时，可以考虑使用动态规划算法。当子问题空间中的部分子问题不需要求解时，可以考虑使用备忘录方法。

3.3　动态规划算法的总体设计思想和基本要素

3.3.1　动态规划算法的总体设计思想

一般来说，子问题的重叠关系表现在对给定问题求解的递推关系（也就是动态规划函数）中，将子问题的解求解一次并填入表中，当需要再次求解此子问题时，可以通过查表获得该子问题的解而不用再次求解，从而避免了大量的重复计算。为了达到这个目的，可以用一个表来记录所有已解决的子问题的解，这就是动态规划算法的设计思想。具体的动态规划算法是多种多样的，但它们具有相同的填表形式。

总体思想

动态规划算法适用于求解最优化问题。其基本步骤如下。

（1）找出最优解的性质，并刻画其结构特征。

（2）递归地定义最优值。

（3）以自底向上的方式计算出最优值。

（4）根据计算最优值时得到的信息，构造最优解。

步骤（1）～（3）是动态规划算法的基本步骤。在只需要求出最优值的情况下，步骤（4）可以省去。若需要求出问题的最优解，则必须执行步骤（4）。此时，在步骤（3）中计算最优值时，通常需记录更多的信息，以便在步骤（4）中根据所记录的信息，快速构造出一个最优解。

3.3.2 动态规划算法的基本要素

最优子结构性质和子问题重叠性质是某个问题可用动态规划算法求解的基本要素。

基本要素

1. 最优子结构性质

当问题的最优解包含了其子问题的最优解时，称该问题具有最优子结构性质。问题的最优子结构性质提供了该问题可用动态规划算法求解的重要线索。

在分析问题的最优子结构性质时，所用的方法具有普遍性：首先假设由问题的最优解导出的子问题的解不是最优的；然后再设法说明在这个假设下可构造出比原问题最优解更好的解，从而导致矛盾。

在动态规划算法中，利用问题的最优子结构性质，以自底向上的方式递归地从子问题的最优解逐步构造出整个问题的最优解。最优子结构是问题能用动态规划算法求解的前提。

需要注意的是，同一个问题可以有多种方式刻画它的最优子结构，有些表示方法的求解速度更快（空间占用小，问题的维度低）。

2. 子问题重叠性质

可用动态规划算法求解的问题应具备的另一个基本要素是子问题重叠性质。在用递归算法自顶向下求解问题时，每次产生的子问题并不总是新问题，有些子问题被反复计算多次。动态规划算法正是利用了这种子问题的重叠性质，对每一个子问题只解一次，而后将其解保存在一个表格中，当再次需要此子问题时，只要简单地用常数时间查看一下结果。通常，不同的子问题个数随问题的大小呈多项式增长。因此，用动态规划算法通常只需要多项式时间，从而获得较高的解题效率。

3.4　矩阵连乘问题

1. 问题描述

给定 n 个矩阵：$A_1, A_2, \cdots, A_n$，其中 A_i 与 A_{i+1}（$i=1,2,\cdots,n-1$）是可乘的。确定计算矩阵连乘积的计算次序，使得依此次序计算矩阵连乘积需要的数乘次数最少。输入数据为矩阵个数和每个矩阵规模，输出结果为计算矩阵连乘积的计算次序和最少数乘次数。

矩阵连乘
问题 1

2. 问题分析

（1）矩阵连乘的条件：第一个矩阵的列等于第二个矩阵的行，此时两个矩阵是可乘的；多个矩阵连乘时，相邻矩阵需要满足两个矩阵相乘的条件。

（2）多个矩阵连乘的结果矩阵，其行列等于第一个矩阵的行和最后一个矩阵的列；可以通过观察第一个和最后一个矩阵得知结果矩阵的维度。

（3）两个矩阵相乘的计算量，即两个矩阵的乘法运算次数。例如，$A_{m \times n}$ 和 $B_{n \times k}$ 相乘需要进行 $m \times n \times k$ 次乘法。

3. 抽象描述

完全加括号的矩阵连乘积可递归地定义如下。

（1）单个矩阵是完全加括号的。

（2）矩阵连乘积 A 是完全加括号的，则 A 可表示为 2 个完全加括号的矩阵连乘积 B 和 C 的乘积并加括号，即 $A=(BC)$。

（3）输入：向量 $P = <P_0, P_1, \cdots, P_n>$，其中 $P_0, P_1, \cdots, P_n$ 为 n 个矩阵的行数与列数。

（4）输出：矩阵连乘法加括号的位置。

为了说明在计算矩阵连乘积时，加括号方式对整个计算量的影响，先考察 3 个矩阵 $\{A_1, A_2, A_3\}$ 连乘的情况。设这 3 个矩阵的维数分别为 10×100、100×5、5×50。由上述分析可知，若 A_1 是一个 $p \times q$ 矩阵，A_2 是一个 $q \times r$ 矩阵，则计算其乘积 $A_1 \times A_2$ 的标准算法中，需要进行 $p \times q \times r$ 次数乘。对于 3 个矩阵 $\{A_1, A_2, A_3\}$ 连乘，加括号的方式只有两种：$((A_1A_2)A_3)$ 和 $(A_1(A_2A_3))$。第一种方式需要的数乘次数为 $10 \times 100 \times 5 + 10 \times 5 \times 50 = 7500$，第二种方式需要的数乘次数为 $100 \times 5 \times 50 + 10 \times 100 \times 50 = 75000$。第二种加括号方式的计算量是第一种方式计算量的 10 倍。

例如，矩阵连乘积 $A_1A_2A_3A_4$ 有 5 种不同的完全加括号的方式：$(A_1(A_2(A_3A_4)))$，$(A_1((A_2A_3)A_4))$，$((A_1A_2)(A_3A_4))$，$((A_1(A_2A_3))A_4)$，$(((A_1A_2)A_3)A_4)$。每一种完全加括号的方式对应于一个矩阵连乘积的计算次序，这决定着矩阵相乘所需的计算量。

由此可见，在计算矩阵连乘积时，加括号方式，即计算次序对计算量有很大的影响。于是，自然提出矩阵连乘积的最优计算次序问题，即对于给定的相继 n 个矩阵 $\{A_1, A_2, \cdots, A_n\}$（其中矩阵 A_i 的维数为 $p_{i-1} \times p_i$，$i=1,2,\cdots,n$），如何确定矩阵连乘积 $A_1A_2\cdots$

A_n 的计算次序（完全加括号方式），使得依此次序计算矩阵连乘积需要的数乘次数最少。

4. 算法分析

穷举搜索法是最容易想到的方法，也就是列举出所有可能的计算次序，并计算出每一种计算次序相应需要的数乘次数，从中找出一种数乘次数最少的计算次序。但这样做的计算量太大。

事实上，对于 n 个矩阵的连乘积，设有不同的计算次序 $P(n)$。可以考虑分而治之，即将问题的规模缩小，先在第 k 个和第 $k+1$ 个（$k=1,2,\cdots,n-1$）矩阵之间将原矩阵序列分为两个矩阵子序列；然后分别对这两个矩阵子序列完全加括号；最后对所得的结果加括号，得到原矩阵序列的一种完全加括号方式。由此，可以得到关于 $P(n)$ 的递归式为

$$P(n)=\begin{cases} 1 & n=1 \\ \sum_{k=1}^{n-1}P(k)P(n-k) & n>1 \end{cases} \Rightarrow P(n)=\Omega(4^n/n^{3/2}) \tag{3.2}$$

式（3.2）表明 $P(n)$ 是随 n 的增长呈指数增长的。因此，穷举搜索法不是一个有效算法。

下面考虑用动态规划算法解矩阵连乘的最优计算次序问题。如前所述，按照动态规划解决问题的 4 个步骤进行。

（1）分析最优解的结构。

矩阵连乘
问题 2

设计求解具体问题的动态规划算法的第一步是刻画该问题的最优解的结构特征。为方便起见，将矩阵连乘积 $A_iA_{i+1}\cdots A_j$ 简记为 $A[i:j]$，这里 $i\leq j$。考查计算 $A[i:j]$ 的最优计算次序。设这个计算次序在矩阵 A_k 和 $A_{k+1}(i\leq k<j)$ 之间将矩阵链断开，则其相应完全加括号方式为 $(A_iA_{i+1}\cdots A_k)(A_{k+1}A_{k+2}\cdots A_j)$。依此次序，先计算 $A[i:k]$ 和 $A[k+1:j]$，然后将计算结果相乘得到 $A[i:j]$，因此计算 $A[i:j]$ 的总体计算量为：$A[i:j]$ 的计算量等于 $A[i:k]$ 的计算量加上 $A[k+1:j]$ 的计算量，再加上 $A[i:k]$ 和 $A[k+1:j]$ 相乘的计算量。

这个问题的关键特征是：计算 $A[i:j]$ 的最优次序所包含的计算矩阵子链 $A[i:k]$ 和 $A[k+1:j]$ 的次序也是最优的。事实上，若有一个计算 $A[i:k]$ 的次序需要的计算量更少，则用此次序替换原来计算 $A[i:k]$ 的次序，得到的计算 $A[i:j]$ 的计算量将比最优次序所需计算量更少，这是一个矛盾。同理可知，计算 $A[i:j]$ 的最优次序所包含的计算矩阵子链 $A[k+1:j]$ 的次序也是最优的。

因此，矩阵连乘计算次序问题的最优解包含着其子问题的最优解。这种性质称为最优子结构性质。问题的最优子结构性质是该问题可用动态规划算法求解的显著特征。

（2）递归地定义最优值。

设计动态规划算法的第二步是递归地定义最优值。对于矩阵连乘积的最优计算次序问题，设计算 $A[i:j]$，$1\leq i\leq j\leq n$，所需的最少数乘次数为 $m[i][j]$，则原问题的最优值为 $m[1][n]$。

当 $i=j$ 时，$A[i:j]=A_i$ 为单个矩阵，因此，$m[i,i]=0$，$i=1,2,\cdots,n$。

当 $i<j$ 时，可利用最优子结构性质来计算 $m[i][j]$。事实上，若计算 $A[i:j]$ 的最优次序在 A_k 和 A_{k+1}（$i\leqslant k<j$）之间断开，则 $m[i][j]=m[i][k]+m[k+1][j]+p_{i-1}p_kp_j$。由于在计算时并不知道断开点 k 的位置，所以 k 还未定。不过 k 的位置只有 $j-i$ 个可能，即 $k\in\{i,i+1,\cdots,j-1\}$。因此，k 是 $j-i$ 个位置中使计算量达到最小的那个位置。从而 $m[i][j]$ 可递归地定义为

$$m[i][j]=\begin{cases}0 & i=j\\ \min_{i\leqslant k<j}\{m[i][k]+m[k+1][j]+p_{i-1}p_kp_j\} & i<j\end{cases} \qquad (3.3)$$

$m[i][j]$ 给出了最优值，即计算 $A[i:j]$ 所需的最少数乘次数。同时还确定了计算 $A[i:j]$ 的最优次序中的断开位置 k。也就是说，对于这个 k 有

$$m[i][j]=m[i][k]+m[k+1][j]+p_{i-1}p_kp_j$$

若将对应于 $m[i][j]$ 的断开位置 k 记为 $s[i][j]$，在计算出最优值 $m[i][j]$ 后，可递归地由 $s[i][j]$ 构造出相应的最优解。

（3）计算最优值。

动态规划算法解此问题，可依据其递归式以自底向上的方式进行计算（即先从最小的开始计算）。在计算过程中，保存已解决的子问题答案。每个子问题只计算一次，在后面需要时只要简单查一下，从而避免大量的重复计算，最终得到多项式时间的算法。

我们可以根据式（3.3）来计算结果。其中，用 $p[i-1]$ 表示第 i 个矩阵的行数，用 $p[k]$ 表示 $i\sim k$ 矩阵合起来后得到的列数，用 $p[j]$ 表示是 $k+1\sim j$ 矩阵合起来后得到的列数。这个部分的计算方法其实就是计算两个矩阵相乘时总共的数乘次数。下面给出了计算最优值 $m[i][j]$ 的代码，而且还记录了断开位置数组 s。

```
void MatrixChain( int *p, int n, int m[100][100],int s[100]
[100])
{
    int i,j,r,k,t;
    for(i=1; i<=n; i++) m[i][i]=0;
    for(r=2; r<=n; r++)
        for(i=1; i<=n-r+1; i++)
        {
            j=i+r-1;
            m[i][j]=m[i][i]+m[i+1][j]+p[i-1]*p[i]*p[j];
            s[i][j]=i;
            for( k=i+1; k<j; k++)
            {
                t=m[i][k]+m[k+1][j]+p[i-1]*p[k]*p[j];
                if(t<m[i][j]) { m[i][j]=t; s[i][j]=k; }
            }
```

```
        }
    printf("%d\n",m[1][6]);
}
```

算法 MatrixChain 首先计算出 $m[i][i]=0$，$i=1,2,\cdots,n$，然后根据递归式，按矩阵链长递增的方式计算 $m[i][i+1]$，$i=1,2,\cdots,n-1$（矩阵链长为 2）；$m[i][i+2]$，$i=1,2,\cdots,n-2$（矩阵链长为 3）；……；在计算 $m[i][j]$ 时，只用到已经计算出的 $m[i][k]$ 和 $m[k+1][j]$。

例如，计算矩阵连乘积 $A_1A_2A_3A_4A_5A_6$，其中各矩阵的维数分别为

A_1	A_2	A_3	A_4	A_5	A_6
30×35	35×15	15×5	5×10	10×20	20×25

算法 MatrixChain 计算 $m[i][j]$ 的次序如图 3.3（a）所示，计算结果 $m[i][j]$ 和 $s[i][j]$ 分别如图 3.3（b）和（c）所示。

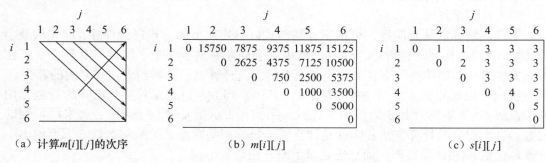

（a）计算 $m[i][j]$ 的次序   （b）$m[i][j]$ （c）$s[i][j]$

图 3.3　计算 $m[i][j]$ 的过程

例如，在计算 $m[2][5]$ 时，依递归式有

$$m[2][5] = \min\begin{cases} m[2][2]+m[3][5]+p_1p_2p_5 = 0+2500+35\times15\times20 = 13000 \\ m[2][3]+m[4][5]+p_1p_3p_5 = 2625+1000+35\times5\times20 = 7125 \\ m[2][4]+m[5][5]+p_1p_4p_5 = 4375+0+35\times10\times20 = 11375 \end{cases} \tag{3.4}$$

$$= 7125$$

且 $k=3$，因此 $s[2][5]=3$。

算法 MatrixChain 的主要计算量取决于程序中 r、i 和 k 的三重循环。循环体内的计算量为 $O(1)$，而三重循环的总次数为 $O(n^3)$。因此该算法的计算时间上界为 $O(n^3)$。算法用到二维数组 s，所占用的空间为 $O(n^2)$。由此可见，动态规划算法比穷举搜索法要有效很多。

（4）构造最优解。

若将对应 $m[i][j]$ 的断开位置 k 记为 $s[i][j]$，在计算出最优值 $m[i][j]$ 后，可递归地由 $s[i][j]$ 构造出相应的最优解。$s[i][j]$ 中的数表明，计算矩阵链 $A[i:j]$ 的最佳方式应在矩阵

A_k 和 A_{k+1} 之间断开，即最优的加括号方式应为 $(A[i:k])(A[k+1:j])$。因此，从 $s[1][n]$ 记录的信息可知，计算 $A[1:n]$ 的最优加括号方式为 $(A[1:s[1][n]])(A[s[1][n]+1:n])$，进一步递推，$A[1:s[1][n]]$ 的最优加括号方式为 $(A[1:s[1][s[1][n]]])(A[s[1][s[1][n]]+1:s[1][s[1][n]]])$。同理，可以确定 $A[s[1][n]+1:n]$ 的最优加括号方式在 $s[s[1][n]+1][n]$ 处断开。依此递推下去，最终可以确定 $A[1:n]$ 的最优完全加括号方式，及构造出问题的一个最优解。

下面的算法 Traceback 按算法 MatrixChain 计算出的断点位置数组 s 指示的加括号方式输出 $A[i:j]$ 的最优计算次序。

```
void Traceback(int i, int j, int s[100][100])
{
    if(i==j) return;
    Traceback(i, s[i][j], s);
    Traceback(s[i][j]+1, j, s);
    printf("Multiply A%d,%d",i,s[i][j]);
    printf("and A%d,%d\n",(s[i][j]+1),j);
}
```

要输出 $A[1:n]$ 的最优计算次序只要调用 Trackback(1,n,s) 即可。下面给出一个调用 MatrixChain 和 Trackback 解决矩阵连乘积问题的实例代码。

```
void main()
{
    int p[100];
    int n;
    int m[100][100],s[100][100];
    n=6;
    p[0]=30;
    p[1]=35;
    p[2]=15;
    p[3]=5;
    p[4]=10;
    p[5]=20;
    p[6]=25;
    MatrixChain(p,n,m,s);
    printf("s[1][6]=%d\n",s[1][6]);
    Traceback(1,n,s);
}
```

根据动态规划算法解决问题的基本步骤，我们可以做进一步的矩阵连乘积问题的优化。考虑矩阵连乘积最优计算次序时，可利用递归式直接计算 $A[i:j]$ 的递归算法 RecurMatrixChain。

```
int RecurMatrixChain(int i, int j)
{
    if(i==j)  return 0;
    int u=RecurMatrixChain(i,i)+RecurMatrixChain(i+1,j)+p
[i-1]*p[i]*p[j];
    s[i][j]=i;
    for(int k=i+1; k<j; k++)
    {
        int t=RecurMatrixChain(i,k)+RecurMatrixChain(k+1,j)+
p[i-1]*p[k]*p[j];
        if(t<u)  {  u=t; s[i][j]=k;}
    }
    return u;
}
```

用算法 RecurMatrixChain(1,4) 计算 $A[1:4]$ 的递归树如图 3.4 所示。

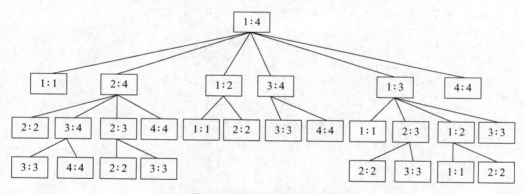

图 3.4　计算 $A[1:4]$ 的递归树

从图 3.4 可以看出，很多子问题被重复计算。可以证明，该算法的计算时间 $T(n)$ 有指数下界。设算法中判断语句和赋值语句为常数时间，则由算法的递归部分可得关于 $T(n)$ 的递归不等式为

$$T(n) \geqslant \begin{cases} O(1) & n=1 \\ \sum_{k=1}^{n-1}(T(k)+T(n-k)+O(1)) & n>1 \end{cases} \quad (3.5)$$

$$T(n) \geqslant O(n) + \sum_{k=1}^{n-1}T(k) + \sum_{k=1}^{n-1}T(n-k) = O(n) + 2\sum_{k=1}^{n-1}T(k) \quad (3.6)$$

用数学归纳法可以证明 $T(n) \geqslant 2^{n-1}$，因此，算法 RecurMatrixChain 的计算时间也随 n 指数增长。相比之下，解同一问题的动态规划算法 MatrixChain 只需计算时间 $O(n^3)$。其有效性在于它充分利用了问题的子问题重叠性质。不同的子问题个数为 $\Theta(n^2)$，而动态规划算法对于每个不同的子问题只计算一次，从而节省了大量不必要的计算。由此可以看出，在解某一问题的直接递归算法所产生的递归树中，相同的子问题反复出现，并且不同子问题的个数又相对较少时，用动态规划算法是有效的。

（5）动态规划算法与备忘录方法求解的比较。

与动态规划算法一样，备忘录方法用表格保存已解决的子问题的答案，在下次需要解此子问题时，只要简单地查看该子问题的解答，而不必重新计算。与动态规划算法不同的是，备忘录方法的递归方式是自顶向下的，而动态规划算法则是自底向上的。

备忘录方法的控制结构与直接递归方法的控制结构相同，区别在于备忘录方法为每个解过的子问题建立了备忘录以备需要时查看，避免了相同子问题的重复求解。

备忘录方法为每一个子问题建立一个记录项，初始化时，该记录项存入一个特殊的值，表示该子问题尚未求解。在求解的过程中，对每个待求的子问题，首先查看其相应的记录项。若记录项中存储的是初始化时存入的特殊值，则表示该问题是第一次遇到，此时计算出该子问题的解，并将其保存在相应的记录项中，以备以后查看。若记录项中存储的已不是初始化时存入的特殊值，则表示该子问题已被计算过，相应的记录项中存储的是该子问题的解答。此时从记录项中取出该子问题的解答即可，而不必重新计算。

下面的算法 MemorizedMatrixChain 是解矩阵连乘积最优计算次序问题的备忘录方法。

```
int MemorizeMatrixChain(int n, int **m, int **s)
{   for(int i=1; i<=n; i++)
        for(int j=1; j<=n; j++)    m[i][j]=0;
    return LookupChain(1,n);
}
int LookupChain(int i,int j)
{
    if(m[i][j]>0) return m[i][j];
    if(i==j) return 0;
    int u=LookupChain(i,i)+LookupChain(i+1,j)+p[i-1]*p[i]*p[j];
    s[i][j]=i;
    for(int k=i+1; k<j; k++) {
        int t=LookupChain(i,k)+LookupChain(k+1,j)+p[i-1]*p[k]*p[j];
        if(t<u) { u=t; s[i][j]=k;}
```

```
    }
    m[i][j]=u;
    return u;
}
```

算法通过数组 m 记录子问题的最优值，m 初始化为 0，表明相应的子问题还没有被计算。在调用 LookupChain 时，若 m[i][j]>0，则表示其中存储的是所要求子问题的计算结果，直接返回即可。否则与直接递归算法一样递归计算，并将计算结果存入 m[i][j] 中返回。备忘录方法耗时 $O(n^3)$，将直接递归算法的计算时间从 $O(2^n)$ 降至 $O(n^3)$。

一般来讲，当一个问题的所有子问题都至少解一次时，用动态规划算法比用备忘录方法好。此时，动态规划算法没有任何多余的计算。同时对于许多问题，常可利用其规则的表格存取方式，减少动态规划算法的计算时间和空间需求。当子问题空间中的部分子问题可不必求解时，用备忘录方法则较有利，因为从其控制结构可以看出，该方法只解那些确实需要求解的子问题。

3.5　最长公共子序列问题

1. 问题描述

最长公共子序列问题 1

若给定序列 $X=\{x_1,x_2,\cdots,x_m\}$，另一序列 $Z=\{z_1,z_2,\cdots,z_k\}$ 是 X 的子序列，是指存在一个严格递增下标序列 $\{i_1,i_2,\cdots,i_k\}$，使得对于所有 $j=1,2,\cdots,k$ 有 $z_j=x_{i_j}$。例如，序列 $Z=\{B,C,D,B\}$ 是序列 $X=\{A,B,C,B,D,A,B\}$ 的子序列，相应的递增下标序列为 $\{2,3,5,7\}$。

给定 2 个序列 X 和 Y，当另一序列 Z 既是 X 的子序列又是 Y 的子序列时，称 Z 是序列 X 和 Y 的公共子序列。

最长公共子序列就是，给定 2 个序列 $X=\{x_1,x_2,\cdots,x_m\}$ 和 $Y=\{y_1,y_2,\cdots,y_n\}$，找出 X 和 Y 的最长公共子序列。子序列实例如图 3.5 所示。

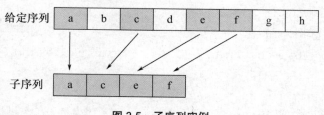

图 3.5　子序列实例

2. 问题分析

首先，分析子问题间的依赖关系。

设序列 $X=\{x_1, x_2, \cdots, x_m\}$ 和 $Y=\{y_1, y_2, \cdots, y_n\}$ 的最长公共子序列为 $Z=\{z_1, z_2, \cdots, z_k\}$，则：

（1）若 $x_m=y_n$，则 $z_k=x_m=y_n$ 且 Z_{k-1} 是 X_{m-1} 和 Y_{n-1} 的最长公共子序列；

最长公共子序列问题 2

（2）若 $x_m \neq y_n$ 且 $z_k \neq x_m$，则 Z 是 X_{m-1} 和 Y 的最长公共子序列；

（3）若 $x_m \neq y_n$ 且 $z_k \neq y_n$，则 Z 是 X 和 Y_{n-1} 的最长公共子序列。

其中，$X_{m-1}=\{x_1, x_2, \cdots, x_{m-1}\}$，$Y_{n-1}=\{y_1, y_2, \cdots, y_{n-1}\}$，$Z_{k-1}=\{z_1, z_2, \cdots, z_{k-1}\}$。

其次，此问题满足优化原则和子问题重叠性。

由此可见，2 个序列的最长公共子序列包含了这 2 个序列的前缀的最长公共子序列。因此，最长公共子序列问题具有最优子结构性质。

例如，给定序列

$$X = \{\, x_1, x_2, \cdots, x_m \,\}$$

$$Y = \{\, y_1, y_2, \cdots, y_n \,\}$$

求 X 和 Y 的最长公共子序列。

举例如下。

X：A　B　C　B　D　A　B

Y：B　D　C　A　B　A

最长公共子序列：　B　C　B　A（长度为 4）

3. 算法分析

（1）蛮力算法。

不妨设 $m \leqslant n$，$|X|=m$，$|Y|=n$，用蛮力算法依次检查 X 的每个子序列在 Y 中是否出现。

最长公共子序列问题 3

分析蛮力算法求解最长公共子序列问题的时间复杂性，一个长度为 n 的序列拥有 2 的 n 次方个子序列，它的时间复杂性是指数阶，每个子序列的时间复杂性为 $O(n)$，X 有 2^m 个子序列，最坏情况下时间复杂性为 $O(2^m n)$。

（2）动态规划算法求解。

下面按照动态规划算法设计的步骤来设计解此问题的有效算法。

① 分析最优解的结构。

解最长公共子序列问题时最容易想到的算法是穷举搜索法，即对 X 的每一个子序列，检查它是否也是 Y 的子序列，从而确定它是否为 X 和 Y 的公共子序列，并且在检查过程中选出最长的公共子序列。X 的所有子序列都检查过后即可求出 X 和 Y 的最长公共子序列。X 的一个子序列相应于下标序列 $\{1, 2, \cdots, m\}$ 的一个子序列，因此，X 共有 2^m 个不同子序列，从而穷举搜索法需要指数时间。

事实上，最长公共子序列问题也有最优子结构性质。

设序列 $X=\{x_1, x_2, \cdots, x_m\}$ 和 $Y=\{y_1,y_2,\cdots,y_n\}$ 的一个最长公共子序列 $Z=\{z_1, z_2, \cdots, z_k\}$，则：

a. 若 $x_m=y_n$，则 $z_k=x_m=y_n$ 且 Z_{k-1} 是 X_{m-1} 和 Y_{n-1} 的最长公共子序列；

b. 若 $x_m \neq y_n$ 且 $z_k \neq x_m$，则 Z 是 X_{m-1} 和 Y 的最长公共子序列；

c. 若 $x_m \neq y_n$ 且 $z_k \neq y_n$，则 Z 是 X 和 Y_{n-1} 的最长公共子序列。

其中，$X_{m-1}=\{x_1,x_2,\cdots,x_{m-1}\}$，$Y_{n-1}=\{y_1,y_2,\cdots,y_{n-1}\}$，$Z_{k-1}=\{z_1,z_2,\cdots,z_{k-1}\}$。

证明如下。

a. 用反证法。若 $z_k \neq x_m$，则 $\{z_1, z_2, \cdots, z_k, x_m\}$ 是 X 和 Y 的长度为 $k+1$ 的公共子序列。这与 Z 是 X 和 Y 的一个最长公共子序列矛盾。因此，必有 $z_k=x_m=y_n$。由此可知，Z_{k-1} 是 X_{m-1} 和 Y_{n-1} 的一个长度为 $k-1$ 的公共子序列。若 X_{m-1} 和 Y_{n-1} 有一个长度大于 $k-1$ 的公共子序列 W，则将 x_m 加在其尾部将产生 X 和 Y 的一个长度大于 k 的公共子序列。此为矛盾。故 Z_{k-1} 是 X_{m-1} 和 Y_{n-1} 的一个最长公共子序列。

b. 由于 $z_k \neq x_m$，Z 是 X_{m-1} 和 Y 的一个公共子序列。若 X_{m-1} 和 Y 有一个长度大于 k 的公共子序列 W，则 W 也是 X 和 Y 的一个长度大于 k 的公共子序列。这与 Z 是 X 和 Y 的一个最长公共子序列矛盾。由此可知，Z 是 X_{m-1} 和 Y 的一个最长公共子序列。

c. 证明与 b 类似。

综上所述，两个序列的最长公共子序列包含了这两个序列的前缀的最长公共子序列。因此，最长公共子序列问题具有最优子结构性质。

图 3.6 给出了一个最长公共子序列解结构实例。已知两个序列 $S_1=\{1,3,4,5,6,7,7,8\}$ 和 $S_2=\{3,5,7,4,8,6,7,8,2\}$。假如 S_1 的最后一个元素与 S_2 的最后一个元素相等，那么 S_1 和 S_2 的最长公共子序列等于：$\{S_1$ 减去最后一个元素$\}$ 与 $\{S_2$ 减去最后一个元素$\}$ 的最长公共子序列，再加上 S_1 和 S_2 相等的最后一个元素。假如 S_1 的最后一个元素与 S_2 的最后一个元素不相等（本例就是属于这种情况），那么 S_1 和 S_2 的最长公共子序列就等于：$\{S_1$ 减去最后一个元素$\}$ 与 S_2 的最长公共子序列，$\{S_2$ 减去最后一个元素$\}$ 与 S_1 的最长公共子序列中较长的那个序列。

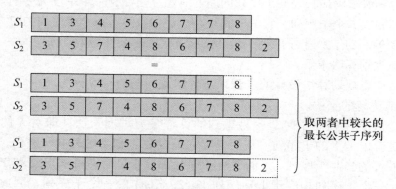

图 3.6　最长公共子序列解结构实例

② 递归定义最优值。

由最长公共子序列问题的最优子结构性质可知，要找出 $X=\{x_1, x_2,\cdots, x_m\}$ 和 $Y=\{y_1,$

$y_2, \cdots, y_n\}$ 的最长公共子序列，可按以下方式递归地进行：当 $x_m = y_n$ 时，找出 X_{m-1} 和 Y_{n-1} 的最长公共子序列；然后在其尾部加上 $x_m(=y_n)$ 即可得 X 和 Y 的一个最长公共子序列；当 $x_m \neq y_n$ 时，必须解两个子问题，即找出 X_{m-1} 和 Y 的一个最长公共子序列及 X 和 Y_{n-1} 的一个最长公共子序列，这两个公共子序列中较长者即为 X 和 Y 的最长公共子序列。

由此递归结构容易看到最长公共子序列问题具有子问题重叠性质。例如，在计算 X 和 Y 的最长公共子序列时，可能要计算出 X 和 Y_{n-1} 及 X_{m-1} 和 Y 的最长公共子序列。而这两个子问题都包含一个公共子问题，即计算 X_{m-1} 和 Y_{n-1} 的最长公共子序列。

最长公共子序列问题 4

与矩阵连乘积最优计算次序问题类似，建立子问题的最优值的递归关系。用 $c[i][j]$ 记录序列 X_i 和 Y_j 的最长公共子序列的长度。其中 $X_i = \{x_1, x_2, \cdots, x_i\}$，$Y_j = \{y_1, y_2, \cdots, y_j\}$。当 $i=0$ 或 $j=0$ 时，空序列是 X_i 和 Y_j 的最长公共子序列，故 $c[i][j]=0$。其他情况下，可建立递归关系为

$$c[i][j] = \begin{cases} 0 & i, j = 0 \\ c[i-1][j-1]+1 & i, j > 0, \ x_i = y_j \\ \max\{c[i][j-1], c[i-1][j]\} & i, j > 0, \ x_i \neq y_j \end{cases} \quad (3.7)$$

③ 自底向上地计算最优值。

直接利用递归式，将很容易就能写出一个计算 $c[i][j]$ 的递归算法，但其计算时间是随输入长度指数增长的。由于在所考虑的子问题空间中，总共只有 $\Theta(mn)$ 个不同的子问题，因此，用动态规划算法自底向上地计算最优值能提高算法的效率。

计算最长公共子序列长度的动态规划算法 LCSLength(X,Y) 以序列 $X=\{x_1, x_2, \cdots, x_m\}$ 和 $Y=\{y_1, y_2, \cdots, y_n\}$ 作为输入。输出两个数组 $c[0, \cdots, m][0, \cdots, n]$ 和 $b[1, \cdots, m][1, \cdots, n]$。其中，$c[i][j]$ 存储 X_i 与 Y_j 的最长公共子序列的长度，$b[i][j]$ 记录指示 $c[i][j]$ 的值是由哪一个子问题的解达到的，这在构造最长公共子序列时要用到。最后，X 和 Y 的最长公共子序列的长度记录在 $c[m][n]$ 中。

根据递归式（3.7）可以看出，计算 $c[i][j]$ 的值需要用到 $c[i-1][j-1]$、$c[i-1][j]$ 和 $c[i][j-1]$ 的值，而我们已知了 $c[i][0]$ 和 $c[0][j]$ 的值（表 3-1），因此按从上到下、从左到右，逐行的方式求解 $c[i][j]$。具体代码如下。

表 3-1　$c[i][j]$ 的计算次序

$c[0][0]$	$c[0][1]$	$c[0][2]$	$c[0][3]$	$c[0][4]$
$c[1][0]$	$c[1][1]$	$c[1][2]$	$c[1][3]$	$c[1][4]$
$c[2][0]$	$c[2][1]$	$c[2][2]$	$c[2][3]$	$c[2][4]$
$c[3][0]$	$c[3][1]$	$c[3][2]$	$c[3][3]$	$c[3][4]$

```
void LCSLength(int m, int n, char *x, char *y, int **c, int
**b)
```

```
{
    for(i=0; i<=m; i++)  c[i][0]=0;
    for(i=0; i<=n; i++)  c[0][i]=0;
    for(i=1; i<=m; i++)
        for(j=1; j<=n; j++)
        {
            if(x[i]==y[j])
            {
                c[i][j]=c[i-1][j-1]+1;
                b[i][j]=↖ ;
            }
            else if(c[i-1][j]>=c[i][j-1])
            {
                c[i][j]=c[i-1][j];
                b[i][j]=↑;
            }
            else
            {
                c[i][j]=c[i][j-1];
                b[i][j]=← ;
            }
        }
}
```

由算法 LCSLength 计算得到的数组 b 可用于快速构造序列 $X=\{x_1, x_2, \cdots, x_m\}$ 和 $Y=\{y_1, y_2, \cdots, y_n\}$ 的最长公共子序列。首先从 b[m][n] 开始，沿着其中的箭头所指的方向在数组 b 中搜索。

当 b[i][j] 中遇到 "↖" 时（意味着 $x_i=y_j$ 是最长公共子序列的一个元素），表示 X_i 与 Y_j 的最长公共子序列是由 X_{i-1} 与 Y_{j-1} 的最长公共子序列在尾部加上 x_i 得到的子序列；

当 b[i][j] 中遇到 "↑" 时，表示 X_i 与 Y_j 的最长公共子序列和 X_{i-1} 与 Y_j 的最长公共子序列相同；

当 b[i][j] 中遇到 "←" 时，表示 X_i 与 Y_j 的最长公共子序列和 X_i 与 Y_{j-1} 的最长公共子序列相同。

由于计算每个数组单元的时间复杂性为 $O(1)$，算法 LCSLength 的时间复杂性为 $O(mn)$。

④ 构造最优解。

下面的算法 LCS(i, j, X, b) 实现根据 b 的内容输出 X_i 与 Y_j 的最长公共子序列。通过调用 LCS(length[X],length[Y], X, b)，便可输出序列 X 和 Y 的最长公共子序列。

```
void LCS(int i,int j,char *x,int **b)
{
    if(i==0 || j==0) return;
    if(b[i][j]=="↖")
    {
        LCS(i-1,j-1,x,b);
        cout<<x[i];
    }
    else if(b[i][j]== "↑") LCS(i-1,j,x,b);
    else LCS(i,j-1,x,b);
}
```

在算法 LCS 中，每一次的递归调用使 i 或 j 减 1，因此算法的时间复杂性为 $O(m+n)$。

设所给的两个序列为 $X=\{A,B,C,B,D,A,B\}$ 和 $Y=\{B,D,C,A,B,A\}$。由算法 LCSLength 和 LCS 计算出的结果如图 3.7 所示。

在序列 $X=\{A,B,C,B,D,A,B\}$ 和 $Y=\{B,D,C,A,B,A\}$ 上，由算法 LCSLength 计算出的表 c 和 b。第 i 行和第 j 列中的方块包含了 $c[i][j]$ 的值以及指向 $b[i][j]$ 的箭头。在 $c[7][6]$ 的项 4，表的右下角为 X 和 Y 的一个最长公共子序列的长度。对于 i,j>0，项 $c[i][j]$ 仅依赖于是否有 $x_i=y_j$，及项 $c[i-1][j]$ 和 $c[i][j-1]$ 的值，这几个项都在 $c[i][j]$ 之前计算。为了重构一个最长公共子序列的元素，从右下角开始跟踪 $b[i][j]$ 的箭头即可，这条路径标示为阴影，这条路径上的每一个"↖"对应于一个使 $x_i=y_j$ 为一个 LCS 的成员的项。

所以根据图 3.7 所示的结果，程序将最终输出"ＢＣＢＡ"或"ＢＤＡＢ"。

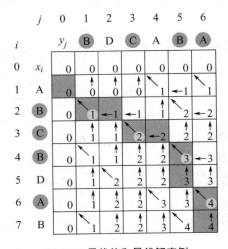

图 3.7　最优值和最优解实例

3.6　0-1背包问题

1. 问题描述

给定 n 种物品和一个背包。物品 i 的重量是 w_i，其价值为 v_i，背包的容量为 C。问应如何选择装入背包的物品，使得装入背包中物品的总价值最大？

2. 问题分析

对于一种物品，要么装入背包，要么不装。所以对于一种物品的装入状态可以取 0 和 1。设物品 i 的装入状态为 x_i，$x_i \in (0,1)$，此问题称为 0-1 背包问题。

3. 抽象描述

此问题的形式化描述是，给定 $C > 0$，$w_i > 0$，$v_i > 0$，$1 \leq i \leq n$，要求找出一个 n 元 0-1 向量 $(x_1, x_2, \cdots, x_n)$，$x_i \in \{0,1\}$，$1 \leq i \leq n$，使得 $\sum_{i=1}^{n} w_i x_i \leq C$，而且 $\sum_{i=1}^{n} v_i x_i$ 达到最大。因此 0-1 背包问题是一个特殊的整数规划问题。

$$\max \sum_{i=1}^{n} v_i x_i \tag{3.8}$$

$$\sum_{i=1}^{n} w_i x_i \leq C, \quad x_i \in \{0,1\}, \quad 1 \leq i \leq n \tag{3.9}$$

4. 算法分析

（1）最优解的结构。

若 $(y_1, y_2, \cdots, y_n)$ 是 0-1 背包问题的最优解，则 $(y_2, y_3, \cdots, y_n)$ 是如下问题的最优解。

$$\max \sum_{i=2}^{n} v_i x_i \tag{3.10}$$

$$\sum_{i=2}^{n} w_i x_i \leq C - w_1 y_1, \quad x_i \in \{0,1\}, \quad 2 \leq i \leq n \tag{3.11}$$

因此具有最优子结构性质，子问题是 $X_i = \{x_i, x_{i+1}, \cdots, x_n\}$。

（2）递归定义最优值。

0-1 背包问题的子问题为

$$\max \sum_{k=i}^{n} v_k x_k \tag{3.12}$$

$$\sum_{k=i}^{n} w_k x_k \leqslant j, \ x_k \in \{0,1\}, \ i \leqslant k \leqslant n \qquad (3.13)$$

其最优值为 $m[i][j]$，即 $m[i][j]$ 是背包容量为 j，可选择物品为 $i, i+1, \cdots, n$ 时 0–1 背包问题的最优值。

举个具体实例说明最优值。物品个数 $n=5$，物品重量 $w[n]=\{0,2,2,6,5,4\}$，物品价值 $v[n]=\{0, 6, 3, 5, 4, 6\}$（第 0 位置为 0，不参与计算，只是便于与后面的下标进行统一，无特别用处，也可不这么处理。），总重量 $c=10$。背包的最大容量为 10，那么在设置数组 m 的大小时，可以设行列值为 6 和 11，那么，对于 $m[i][j]$ 就表示可选物品为 $i \sim n$，背包容量为 j（总重量）时背包中所放物品的最大价值。

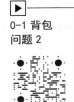

0-1 背包
问题 2

当背包为空时，首先分析将物品 n 放入背包，即在总重量分别为 0 到 10 时，如何放置物品 n 使总价值最大。

对于 $m[5][j]$，当 $j < w[5]$ 时，物品 5 不能放入背包，此时背包的价值为 0；当 $j \geqslant w[5]$ 时，物品 5 可以放入背包，此时背包的价值为 $v[5]$。$m[5][j]$ 的值如表 3-2 所示。

表 3-2　$m[5][j]$ 的值

w	i	0	1	2	3	4	5	6	7	8	9	10 j	v
2	1												6
2	2												3
6	3												5
5	4												4
4	5	0	0	0	0	6	6	6	6	6	6	6	6

在物品 5 的基础上分析物品 4。

当 $j < w[4]$ 时，物品 4 不能放入背包，此时背包的价值为 $m[4+1][j]$，即 $m[4][0, \cdots, 4] = m[5][0, \cdots, 4]$。

当 $j \geqslant w[4]$ 时，物品 4 要么放入要么不放入。当物品 4 放入背包后，对于物品 $4+1$ 到 n，能达到的最大价值为 $m[4+1][j-w[4]]+v[4]$，故此时能达到的最大价值为 $m[4+1][j-w[4]]+v[4]$。当物品 4 不放入背包时，能达到的最大价值为 $m[4+1][j]$。最后比较放入与不放入情况下，两者的最大值取其大者。$m[4][j]$ 的值如表 3-3 所示。

表 3-3　$m[4][j]$ 的值

w	i	0	1	2	3	4	5	6	7	8	9	10 j	v
2	1												6
2	2												3
6	3												5
5	4	0	0	0	0	6	6	6	6	6	10	10	4
4	5	0	0	0	0	6	6	6	6	6	6	6	6

由前面的分析过程得出 $m[i][j]$ 的递归过程如下。

$$m[i][j]=\begin{cases}\max\{m[i+1], m[i+1][j-w_i]+v_i\} & j\geqslant w_i\\ m[i+1][j] & 0\leqslant j<w_i\end{cases} \qquad (3.14)$$

$$m[n][j]=\begin{cases}v_n & j\geqslant w_n\\ 0 & 0\leqslant j<w_n\end{cases} \qquad (3.15)$$

最终得到的结果，即 $m[i][j]$ 的值如表 3-4 所示。

表 3-4　$m[i][j]$ 的值

w	i	0	1	2	3	4	5	6	7	8	9	10	j	v
2	1	0	0	6	6	9	9	12	12	15	15	15		6
2	2	0	0	3	3	6	6	9	9	9	10	11		3
6	3	0	0	0	0	6	6	6	6	6	10	11		5
5	4	0	0	0	0	6	6	6	6	6	10	10		4
4	5	0	0	0	0	6	6	6	6	6	6	6		6

（3）自底向上计算最优值。

```
void Knapsack(int * v, int *w, int c, int n, int m[10][10])
{
    int jMax,j,i;
    jMax=(w[n]-1)<c?(w[n]-1):c;
    for(j=0; j<=jMax; j++)
        m[n][j]=0;
    for(j=w[n]; j<=c; j++)
        m[n][j]=v[n];
    for(i=n-1; i>1; i--)
    {
        jMax=(w[i]-1)<c?(w[i]-1):c;
        for(j=0; j<=jMax; j++)
            m[i][j]=m[i+1][j];
        for(j=w[i]; j<=c; j++)
            m[i][j]=m[i+1][j]>(m[i+1][j-w[i]]+v[i])?m[i+1]
[j]:(m[i+1][j-w[i]]+v[i]);
    }
    m[1][c]=m[2][c];
    if(c>=w[1])  m[1][c]=m[1][c]>(m[2][c-w[1]]+v[1])?m[1]
```

```
[c]:(m[2][c-w[1]]+v[1]);
}
```

（4）构造最优解。

最优解可根据 c 列的数据来构造，构造时从第一个物品开始，也就是从 $i=1$、$j=c$ 即 $m[1][c]$ 开始。

① 对于 $m[i][j]$，如果 $m[i][j]==m[i+1][j]$，则物品 i 没有装入背包，否则物品 i 装入背包。

② 为了确定后继即物品 $i+1$，应该寻找新的 j 值作为参照。如果物品 i 已放入背包，则 $j=j-w[i]$；如果物品 i 未放入背包，则 $j=j$。

③ 重复上述两步判断后续物品 i 到物品 $n-1$ 是否放入背包。

④ 对于物品 n，直接通过 $m[n][j]$ 是否为 0 来判断物品 n 是否放入背包。

```
void Traceback( int m[10][10], int *w, int c, int n, int *x)
{
    int i;
    for(i=1; i<n; i++)
        if(m[i][c]==m[i+1][c]) x[i]=0;
        else
        {
            x[i]=1;
            c=c-w[i];
        }
        x[n]=(m[n][c])?1:0;
}
```

3.7　最大子段和问题

最大子段和问题是对一个有 n 个整数的序列 a[1], a[2] ,…, a[n] 中的子段 a[first], …, a[last] 求和（$1 \leqslant first \leqslant last \leqslant n$），求这些子段和中最大的。当所给的整数均为负数时定义子段和为 0，如果序列中全部是负数则最大子段和为 0，依此定义，所求的最优值为 $\text{Max}\{0, a[i]+a[i+1]+\cdots+a[j]\}$，$1 \leqslant i \leqslant j \leqslant n$。例如，$\{a[1],a[2],a[3],a[4],a[5],a[6]\} = \{-2,11,-4,13,-5,-2\}$ 时，最大子段和为 20，子段为 $\{a[2], a[3], a[4]\}$。

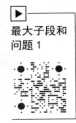

最大子段和问题 1

3.7.1　简单算法

最简单的算法就是枚举出所有子段和，然后比较这些子段和，找到最大子段和。枚举时的下标问题：i 为从 1 到 n 的起点，j 为从 i 到 n 的终点，k 为从 i 到 j 的子段之和。具体代码如下。

```
int MaxSum(int a[], int n, int &besti, int &bestj)
{
    int sum=0;
    int i, j, k;
    for(i=1; i<=n; i++)
        for(j=i; j<=n; j++)
        {
            int thissum=0;
            for(k=i; k<=j; k++) thissum+=a[k];
            if(thissum>sum){
                sum=thissum;
                besti=i;
                bestj=j;
            }
        }
    return sum;
}
int main()
{
    int n, b[100], i,j,m,sum;
    printf("请输入整数序列的元素个数n:\n");
    scanf("%d",&n);
    printf("请输入序列中各元素的值a[i](一共 %d 个)\n",n);
    for(m=1; m<=n; m++)
    {
        scanf("%d",&b[m]);
    }
    sum=maxsum(n, b,&i,&j);
    printf("整数序列的最大子段和是：%d\n",sum);
    system("pause");
}
```

此算法的时间复杂性为 $O(n^3)$。可对此算法进行适当改进，使其时间复杂性变为 $O(n^2)$。具体代码如下。

```
int MaxSum(int a[],int n,int &besti,int &bestj){
    int sum=0;
    int i,j,k;
```

```
for(i=1;i<=n;i++){
    int thissum=0;
    for(j=i;j<=n;j++)
    {
        thissum+=a[j];
        if(thissum>sum){
            sum=thissum;
            besti=i;
            bestj=j;
        }
    }
}
return sum;
}
```

3.7.2　最大子段和问题的分治算法

最大子段和
问题 2

求子区间及最大和，从结构上看是非常适合分治法的，因为所有子区间 [start, end] 只可能有以下 3 种可能情形。

（1）在 $[1, n/2]$ 区间内。

（2）在 $[n/2+1, n]$ 区间内。

（3）起点位于 $[1, n/2]$，终点位于 $[n/2+1, n]$ 内。

以上 3 种情形的最大者，即为所求。前两种情形符合子问题递归特性，所以递归可以求出。对于第三种情形，则需要单独处理。第三种情形必然包括了 $n/2$ 和 $n/2+1$ 两个位置，这样就可以利用第二种穷举的思路求出。

以 $n/2$ 为终点，往左移动扩张，求出和最大的一个 left_max。

以 $n/2+1$ 为起点，往右移动扩张，求出和最大的一个 right_max。

left_max+right_max 是第三种情形可能的最大值。

根据以上分析，最大子段和分治算法如下。

```
int MaxInterval(int *a, int left, int right)
{
    if(right==left)
        return a[left]>0?a[left]:0;
    int center=(left+right)/2;
    // 左边区间的最大子段和
    int leftMaxInterval=maxInterval(a,left,center);
    // 右边区间的最大子段和
```

```
int rightMaxInterval=maxInterval(a,center+1,right);
// 以下求端点分别位于不同部分的最大子段和
//center 开始向左移动
int sum=0;
int left_max=0;
for(int i=center; i>=left; -i)
{
    sum+=a[i];
    if(sum>left_max)
        left_max=sum;
}
//center+1 开始向右移动
sum=0;
int right_max=0;
for(int i=center+1; i<=right; ++i)
{
    sum+=a[i];
    if(sum>right_max)
        right_max=sum;
}
int ret=left_max+right_max;
if(ret<leftMaxInterval)
    ret=leftMaxInterval;
if(ret<rightMaxInterval)
    ret=rightMaxInterval;
return ret;
}
```

分治法的难点在于第三种情形的理解。这里应该抓住第三种情形的特点，也就是中间有两个定点，然后分别往两个方向扩张，以遍历所有属于第三种情形的子区间，求出最大的一个。如果要求得具体的区间，则对上述代码稍做修改即可。分治法的时间复杂性为 $O(n\log n)$。

3.7.3 最大子段和问题的动态规划算法

1. 最优解的结构

设 $\sum\limits_{k=i}^{j} a_k$ 是序列 $a_1, a_2, \cdots, a_n$ 的最大子段和的最优值。

若 $j \neq n$，则 $\sum\limits_{k=i}^{j} a_k$ 是序列 $a_1, a_2, \cdots, a_{n-1}$ 的最大子段和的最优值。

若 $j = n$，则 $\sum\limits_{k=i}^{j} a_k$ 是序列 $a_1, a_2, \cdots, a_n$ 包含 a_n 的最大子段和最优值。

综上所述，最优解 $\sum\limits_{k=i}^{j} a_k$ 要么是子问题 $a_1, a_2, \cdots, a_{n-1}$ 的最优值，要么是序列 $a_1, a_2, \cdots, a_n$ 包含 a_n 的最优值。

2. 递归定义最优值

设 $b[j] = \max\limits_{1 \leq i \leq j} \{\sum\limits_{k=i}^{j} a[k]\}$，$1 \leq j \leq n$，是以 a_j 为尾的最大子段和最优值，最大子段和为 $\max\limits_{1 \leq j \leq n} b[j]$。

因此，只要递归地定义 $b[j]$ 即可。

$$b[j] = \begin{cases} 0 & j = 0 \\ \max\{b[j-1] + a[j], a[j]\} & j > 0 \end{cases} \quad (3.16)$$

3. 自底向上求最优值

```c
int maxsum(int n, int *a,int *c, int * d)
{
    int *b,i,sum;
    b=(int*)malloc(sizeof(int)*(n+1));
    b[0]=0; sum=0;
    for(i=1;i<=n;i++)
    {
        if(b[i-1]>0)
        {
            b[i]=b[i-1]+a[i];
            c[i]=1;
        }
        else
        {
            b[i]=a[i];
            c[i]=0;
        }
        if(b[i]>sum)
        {
```

```
                sum=b[i];
                *d=i;
            }
        }
    return sum;
}
```

4. 构造最优解

```
void output(int *c, int d)
{
    int i=d;
    do
    {  if(i==d)
            printf("=%d",a[i]);
        else
            printf("+%d",a[i]);
    }
    while(c[i--]==1);
}
```

3.8 凸多边形最优三角剖分

凸多边形最优三角剖分

用多边形顶点的逆时针序列表示凸多边形，即 $P=\{v_0,v_1,\cdots,v_{n-1}\}$ 表示具有 n 条边的凸多边形。

若 v_i 与 v_j 是多边形上不相邻的 2 个顶点，则线段 v_iv_j 称为多边形的一条弦。弦将多边形分割成 2 个多边形 $\{v_i,v_{i+1},\cdots,v_j\}$ 和 $\{v_j,v_{j+1},\cdots v_i\}$。

多边形的三角剖分是将多边形分割成互不相交的三角形的弦的集合 T，如图 3.8 所示。

给定凸多边形 P，以及定义在由多边形的边和弦组成的三角形上的权函数 w。要求确定该凸多边形的三角剖分，使得该三角剖分中诸三角形上权之和最小。

1. 分析最优解的结构

若凸 $(n+1)$ 边形 $P=\{v_0,v_1,\cdots,v_n\}$ 的最优三角剖分 T 包含三角形 $v_0v_kv_n$，$1\leq k\leq n-1$，则 T 的权为 3 个部分权的和。

（1）三角形 $v_0v_kv_n$ 的权。

（2）子多边形 $\{v_0,v_1,\cdots,v_k\}$ 的三角剖分的权。

（3）$\{v_k, v_{k+1}, \cdots, v_n\}$ 的三角剖分的权。

由 T 所确定的这 2 个子多边形的三角剖分也是最优的。因为若有 $\{v_0, v_1, \cdots, v_k\}$ 或 $\{v_k, v_{k+1}, \cdots, v_n\}$ 的更小权的三角剖分将导致 T 不是最优三角剖分的矛盾。

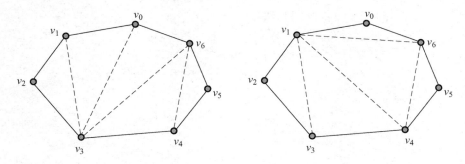

图 3.8　凸多边形的三角剖分

2. 递归定义最优值

$t[i][j]$ 为凸子多边形 $\{v_{i-1}, v_i, \cdots, v_j\}$ 的最优三角剖分值。

$t[i][j]$ 的值应为 $t[i][k]$ 的值加上 $t[k+1][j]$ 的值，再加上三角形 $v_{i-1}v_kv_j$ 的权值，其中 $i \leqslant k \leqslant j-1$。

设退化的多边形 $\{v_{i-1}, v_i\}$ 具有权值 0，要计算的凸 $(n+1)$ 边形 P 的最优权值为 $t[1][n]$。

则 $t[i][j]$ 可递归地定义为

$$t[i][j] = \begin{cases} 0 & i = j \\ \min\limits_{i \leqslant k < j}\{t[i][k] + t[k+1][j] + w(v_{i-1}v_kv_j)\} & i < j \end{cases} \tag{3.17}$$

3. 自底向上计算最优值

```
void minest_weight_val(int N, int **t, int **s)
{
    int i, r, k, j;
    int min;
    for(i=1; i<N; i++)
    {
        t[i][i]=0;
    }
    for(r=2; r<N; r++)
    {
        for(i=1; i<N-r+1; i++)
```

```
        {
            j=i+r-1;
            min=9999;                // 假设最小值
            for(k=i; k<j; k++)
            {
                t[i][j]=t[i][k]+t[k+1][j]+get_weight(i-1,k,j);
                if(t[i][j]<min)          // 判断是否是最小值
                {
                        min=t[i][j];
                        s[i][j]=k;
                }
            }
            t[i][j]=min;
            // 取得多边形 {V[i-1],V[j]} 的剖分三角最小权值
        }
    }
}
```

4. 构造最优解

```
void back_track(int a, int b)
{
    if(a==b) return;
    back_track(a,s[a][b]);
    back_track(s[a][b]+1,b);
    printf("最优三角：V%d V%d V%d.\n",a-1,s[a][b],b);
}
```

本章小结

　　本章主要讨论使用动态规划算法求解具体问题，介绍动态规划算法的基本思想和求解步骤，重点介绍能采用动态规划算法求解问题要具备的两个性质：(1) 最优化原理，如果问题的最优解所包含的子问题的解也是最优的，就称该问题具有最优子结构，即满足最优化原理；(2) 子问题重叠，即子问题之间是不独立的，一个子问题在下一阶段决策中可能被多次使用到。此外，本章还详细介绍了利用动态规划算法，通过拆分问题，定义问题状态和状态之间的关系，使得问题能够以递推的方式去解决，分析了矩阵连乘

问题和最长公共子序列问题的特征，具体说明了如何利用动态规划算法求解最大子段和问题和 0-1 背包问题。

习　　题

1. 币值问题。

给定不同面额的硬币 coins 和一个总金额 amount。编写一个函数来计算可以凑成总金额所需的最少的硬币个数。如果没有任何一种硬币组合能组成总金额，返回 -1。

示例 1 如下。

输入：coins = [1, 2, 5]，amount = 11

输出：3

解释：11 = 5 + 5 + 1

示例 2 如下。

输入：coins = [2], amount = 3

输出：-1

说明：你可以认为每种硬币的数量是无限的。

2. 堆盒子问题。

给出了一组 n 种类型的长方体，其中第 i 个长方体具有高度 h_i、宽度 w_i 和深度 D_i。希望创建一个尽可能高的盒子堆，要求下一个盒子的底部的尺寸严格大于上一个盒子的底部的尺寸。当然，可以旋转一个长方体，使任何边都作为其基部。还允许使用同一类型框的多个实例。

3. 航线问题。

美丽的莱茵河河畔，每边都有 N 个城市，并且每个城市都有唯一的对应友好城市。因为莱茵河上经常大雾，所以要制定航线，每个航线不可以交叉。现在要求出最大的航线数目。

输入：有若干组测试数据，每组测试数据第一行输入 n，接着 n 行输入 a、b 表示 a 城市与 b 城市通航。($1 \leqslant n \leqslant 1000$)。

输出：最大的航线数。

示例如下。

输入：

4

1 2

2 4

3 1

4 3

8

1 3

```
4 4
3 5
8 6
6 8
7 7
5 2
2 1
输出：
2
3
```

4. 数组均衡划分问题。

给定一组整数，任务是将其分为两组 Subset1 和 Subset2，使得它们的和之间的绝对差最小。

如果有一个集合 S 有 n 个元素，那么如果假设 Subset1 有 m 个元素，那么 Subset2 必须有 $n-m$ 个元素，abs(sum(Subset1)−sum(Subset2)) 的值应该是最小的。

示例如下。

输入：arr[] = {1,6,11,5}

输出：1

解释：s1 = {1,5,6}，sum = 12,s2 = {11}，sum = 11

5. 二项式系数问题。

设计一个高效的算法，计算二项式系数 $C(n,k)$，该算法不能利用乘法。给出算法的空间复杂性和时间复杂性。

6. 独立任务最优调度问题。

独立任务最优调度问题又称双机调度问题。用两台机器 A 和 B 处理 n 个作业。设第 i 个作业交给机器 A 处理时所需要的时间是 a_i，若由机器 B 来处理，则所需要的时间是 b_i。现在要求每个作业只能由一台机器处理，每台机器都不能同时处理两个作业。设计一个动态规划算法，使得这两台机器处理完这 n 个作业的时间最短（从任何一台机器开工到最后一台机器停工的总的时间）。

7. 编辑距离问题。

编辑距离问题是由数学家弗拉基米尔·莱文斯坦（Vladimir Levenshtein）在 1965 年提出的。它是指两个字符串之间，由一个转成另一个所需的最少编辑操作次数。许可的编辑操作包括将一个字符替换成另一个字符，插入一个字符，删除一个字符。

举例如下。

将 kitten 一字转成 sitting，步骤为：

sitten（k → s）

sittin（e → i）

sitting（ → g）

8. 石子合并问题。

有 N 堆石子，现要将石子有序地合并成一堆，规定如下：每次只能合并任意的 2 堆石子，合并花费为新合成的一堆石子的数量。求将这 N 堆石子合并成一堆的总花费最小（或最大）。

9. 数字三角问题。

有一个由非负整数组成的三角形，第一行只有一个数，除了最末行之外每个数的左下方和右下方各有一个数，如下所示。

```
        1
      3   2
    4  10   1
  4   3   2   20
```

从第一行的数开始，每次可以往左下或往右下走一格，直到走到最后一行，把沿途经过的数全部加起来，如何走才能使这个和尽量大。

10. 租用游艇问题。

长江游俱乐部在长江上设置了 n 个游艇出租站，游客可以在这些游艇出租站租用游艇，并在任何一个游艇出租站归还游艇，游艇出租站 i 到 j 之间的租金是 rent(i, j)，其中 $1 \leqslant i < j \leqslant n$。试设计一个算法使得游客租用的费用最低。

第 4 章

贪心算法

贪心算法是一种对某些最优解问题的更简单、更迅速的设计技术。贪心算法的特点是一步一步地进行，常以当前情况为基础，根据某个优化测度做出最优选择，而不考虑各种可能的整体情况，省去了为找最优解要穷尽所有可能而必须耗费的大量时间。贪心算法采用自顶向下，以迭代的方法做出相继的贪心选择，每做一次贪心选择，就将所求问题简化为一个规模更小的子问题；通过每步贪心选择，可得到问题的一个最优解。虽然每一步上都要保证能获得局部最优解，但由此产生的最终解有时不一定是整体最优的。本章建议 4 学时。

教学目标

➤ 理解贪心算法的概念；
➤ 掌握贪心算法的基本要素；
➤ 理解贪心算法与动态规划算法的差异；
➤ 了解贪心算法的正确性验证；
➤ 通过应用范例学习贪心算法的设计策略。

教学需求

知识要点	能力要求	相关知识
贪心算法的基本思想	（1）掌握贪心算法的特点； （2）了解贪心算法的基本思想	整体策略
贪心算法的基本要素和设计流程	（1）了解贪心算法的基本要素； （2）掌握贪心算法的设计流程	整体最优与局部最优
活动安排问题	（1）了解问题定义和抽象化描述； （2）掌握问题分析方法、算法描述和处理过程	贪心算法的求解是整体最优解的证明
最优装载问题	（1）了解问题定义和抽象化描述； （2）掌握问题分析方法、算法描述和处理过程	0-1 背包问题和背包问题
哈夫曼编码	（1）了解问题定义和抽象化描述； （2）掌握问题分析方法、算法描述和处理过程	最优前缀码
贪心算法的正确性验证	（1）了解贪心算法的优势； （2）了解贪心算法的证明过程	数学归纳法

思维导图

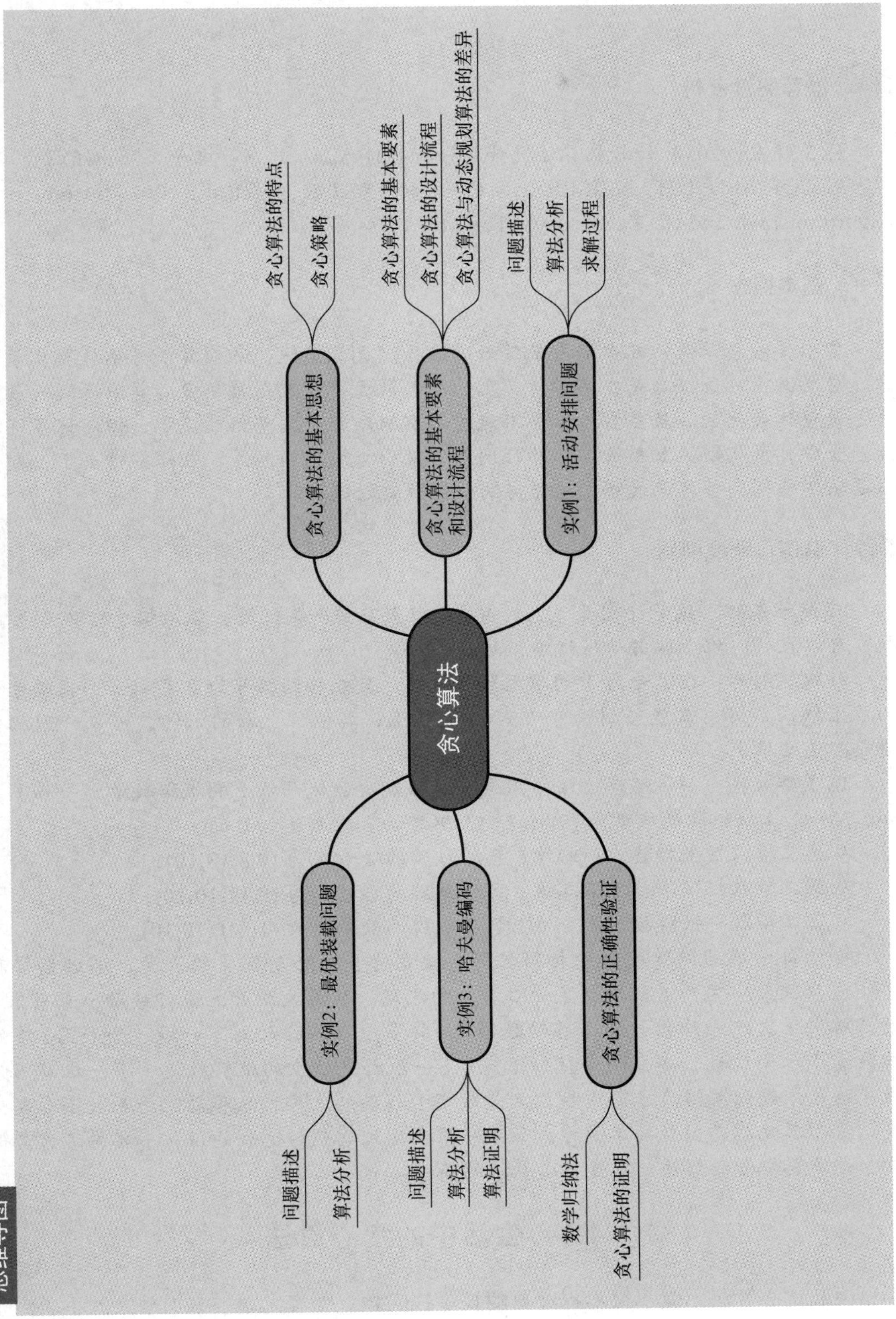

贪心算法

贪心算法的基本思想
- 贪心算法的特点
- 贪心策略

贪心算法的基本要素和设计流程
- 贪心算法的基本要素
- 贪心算法的设计流程
- 贪心算法与动态规划算法的差异

实例1：活动安排问题
- 问题描述
- 算法分析
- 求解过程

实例2：最优装载问题
- 问题描述
- 算法分析

实例3：哈夫曼编码
- 问题描述
- 算法分析
- 算法证明

贪心算法的正确性验证
- 数学归纳法
- 贪心算法的证明

推荐阅读资料

1. 王晓东，2018. 计算机算法设计与分析 [M]. 5 版 . 北京：电子工业出版社 .
2. CORMEN T H，LEISERSON C E，RIVEST R L，et al，2001. Introduction to Algorithms[M]. 2nd ed. Cambridge：The MIT Press.

 **基本概念**

贪心算法总是做出在当前看来最好的选择。也就是说，贪心算法并不从整体最优考虑，它所做出的选择只是在某种意义上的局部最优。当然，希望贪心算法得到的最终结果也是整体最优的。虽然贪心算法不能对所有问题都得到整体最优解，但对许多问题它能产生整体最优解，如单源最短路径问题、最小生成树问题等。在一些情况下，即使贪心算法不能得到整体最优解，也能得到最优解的近似解。

引例：调度问题

有 N 堆纸牌，编号分别为 $1,2,\cdots,N$，每堆上有若干张纸牌，但纸牌总数必为 N 的倍数。可以在任一堆上取若干张纸牌，然后移动。

移牌规则为：在编号为 1 的堆上取的纸牌，只能移到编号为 2 的堆上；在编号为 N 的堆上取的纸牌，只能移到编号为 $N-1$ 的堆上；其他堆上取的纸牌，可以移到相邻左边或右边的堆上。

现在要求找出一种移动方法，用最少的移动次数使每堆上的纸牌数量都一样多。例如，$N=4$，4 堆纸牌的数量为 (9,8,17,6)，则移动 3 次可达到目的：

从第三堆取四张牌放入第四堆，各堆纸牌的数量变为 (9,8,13,10)；

从第三堆取三张牌放入第二堆，各堆纸牌的数量变为 (9,11,10,10)；

从第二堆取一张牌放入第一堆，各堆纸牌的数量变为 (10,10,10,10)。

要使每一堆的纸牌数量均相同，那么就要将多的移动到少的上面。那么怎样移动才能使步骤最少呢？这就用到了贪心算法的思路，从最左端开始进行移动，如果第 i 堆的纸牌数量大于平均数，那么移动数加 1，将多出来的移动到下一堆。如果第 i 堆的纸牌数量小于平均数，那么移动数加 1，用下一堆补充缺少的纸牌数量。下一堆可以为负数，这是本题的关键。本题中我们只是改变了移动的次序，而移动的总步数不会发生改变。贪心算法就是用最简单的方式让每一堆去达到它应该达到的值，不要去考虑其他因素，这就是本题的解法，也是贪心算法的精髓。

4.1　生活中的贪心算法

说起贪心算法，就不得不提经典的找零钱问题。顾客光顾一家加拿大的小店买东西付了钱，店员需要找给他 41 分钱，抽屉里只有 25 分、10 分、5 分和 1 分 4 种硬币，怎样找钱才能达到使用最少硬币个数的目的？在开始求解前，先明确一下限制：

限制 1，抽屉里有 25 分、10 分、5 分和 1 分 4 种硬币；

限制 2，需要搭配出 41 分钱；

限制 3，使用的硬币个数要最少。

从直觉上来看，要满足限制 3，一开始就应该使用最大币值的硬币，这样一来，接下来要找的钱最少，更容易达成使用最少硬币个数的目的。贪心算法就是这么干的：

第一步，币值最大的是 25 分硬币，因此先找出一个 25 分硬币；

经过第一步，还需要找 16 分钱，符合条件的币值最大的是 10 分硬币；

经过前两步，还需要找 6 分钱，符合条件的币值最大的是 5 分硬币；

贪心算法

经过前三步，还需要找 1 分钱。

因此，贪心算法给出的找钱策略为 $41 = 25 + 10 + 5 + 1$。仔细分析一下，这样的策略也是最优解，由此可见，只考虑局部最优也是有可能带来整体最优的。而且这样的策略很简单，几乎不用动脑，凭直觉即可，对应的 C 语言代码也是极其简单的。

```c
int main()
{
    int change=41;
    int num_25=0, num_10=0, num_5=0, num_1=0;
    // 优先使用最大币值的硬币
    while(change>=25) {
        num_25++; change-=25;
    }
    while(change>=10) {
        num_10++; change-=10;
    }
    while(change>=5) {
        num_5++; change-=5;
    }
    while(change>=1) {
        num_1++; change-=1;
    }
    printf("num_25: %d, num_10: %d, num_5: %d, num_1: %d\n",
num_25, num_10, num_5, num_1);
    return 0;
}
```

编译并执行上述 C 语言代码，输出如下。

```
num_25: 1, num_10: 1, num_5: 1, num_1: 1
```

应该注意的是，贪心算法并不一定总是能够得到整体最优解。还是以找零钱为例，假设抽屉里除了 25 分、10 分、5 分和 1 分 4 种硬币外，还有一种 20 分的硬币，依然需要以最小硬币数找出 41 分的零钱。不难考证，贪心算法给出的找钱策略依然是 41＝25＋10＋5＋1，需要 4 枚硬币，但这显然不是最优解，因为 41＝20＋20＋1 的找钱策略仅需 3 枚硬币即可。

由此可见，贪心算法近乎依据直觉的求解策略虽然简单、高效，省去了找最优解可能需要的穷举操作，但是由于它"鼠目寸光"，仅追求眼前的局部最优，常常不能得到整体最优解。

4.2　贪心算法的基本思想

4.2.1　贪心算法的基本要素

贪心算法的
基本思想

作为一种算法，贪心算法是一种简单有效的方法。正如其名字一样，贪心算法在解决问题的策略上目光短浅，只根据当前已有的信息就做出选择，而且一旦做出了选择，不管将来有什么结果，这个选择都不会改变。换言之，贪心算法并不是从整体最优考虑，它所做出的选择只是在某种意义上的局部最优。这种局部最优选择并不总能获得整体最优解，但通常能获得近似最优解。如果一个问题的最优解只能用蛮力法穷举得到，则贪心算法不失为寻找问题近似最优解的一个较好的方法。

从许多可以用贪心算法求解的问题可知，这类问题一般具有两个重要的性质：最优子结构性质（optimal substructure property）和贪心选择性质（greedy selection property）。

（1）最优子结构性质。

当一个问题的最优解包含其子问题的最优解时，称此问题具有最优子结构性质，也称此问题满足最优性原理。问题的最优子结构性质是该问题可以用动态规划算法或贪心算法求解的关键特征。

在分析问题是否具有最优子结构性质时，通常先假设由问题的最优解导出的子问题的解不是最优的，然后证明在这个假设下可以构造出比原问题的最优解更好的解，从而导致矛盾。

（2）贪心选择性质。

所谓贪心选择性质，是指问题的整体最优解可以通过一系列局部最优的选择，即贪心选择来得到，这是贪心算法和动态规划算法的主要区别。在动态规划算法中，每步所做出的选择（决策）往往依赖于相关子问题的解，因而只有在求出相关子问题的解后，才能做出选择。而贪心算法仅在当前状态下做出最好选择，即局部最优选择，然后再去求解做出这个选择后产生的相应子问题的解。正是由于这种差别，动态规划算法通常以自底向上的方式求解各个子问题，而贪心算法则通常以自顶向下的方式做出一系列的贪心选择，每做一次贪心选择就将问题简化为规模更小的子问题。

对于一个具体问题，要确定它是否具有贪心选择性质，必须证明每一步所做的贪心选择最终导致问题的整体最优解。通常先考查问题的一个整体最优解，并证明可修改这个最优解，使其从贪心选择开始。做出贪心选择后，原问题简化为规模较小的类似子问题，然后，用数学归纳法证明，通过每一步的贪心选择，最终可得到问题的整体最优解。

4.2.2　贪心算法的求解过程

贪心算法通常用来求解最优化问题，它犹如登山一样，一步一步向前推进，从某一个初始状态出发，根据当前的局部最优策略，以满足约束方程为条件，以使目标函数增长最快（或最慢）为准则，在候选集合中进行一系列的选择，以便尽快构成问题的可行解。一般来说，用贪心算法求解问题应该考虑以下几个方面。

（1）候选集合 C。为了构造问题的解决方案，有一个候选集合 C 作为问题的可能解，即问题的最终解均取自于候选集合 C。例如，在付款问题中，各种面值的货币构成候选集合。

（2）解集合 S。随着贪心选择的进行，解集合 S 不断扩展，直到构成一个满足问题的完整解。例如，在付款问题中，已付出的货币构成解集合。

（3）解决函数 solution。其用于检查解集合 S 是否构成问题的完整解。例如，在付款问题中，解决函数是已付出的货币金额恰好等于应付款。

（4）选择函数 select。即贪心策略，这是贪心算法的关键。它指出哪个候选对象最有希望构成问题的解，选择函数通常和目标函数有关。例如，在付款问题中，贪心策略就是在候选集合中选择面值最大的货币。

（5）可行函数 feasible。其用于检查解集合中加入一个候选对象是否可行，即解集合扩展后是否满足约束条件。例如，在付款问题中，可行函数是每一步选择的货币和已付出的货币相加不超过应付款。

开始时解集合 S 为空，然后使用选择函数 select 按照某种贪心策略，从候选集合 C 中选择一个元素 x，用可行函数 feasible 去判断解集合 S 加入 x 后是否可行。如果可行，把 x 合并到解集合 S 中，并把它从候选集合 C 中删去；否则，丢弃 x，从候选集合 C 中根据贪心策略再选择一个元素。重复上述过程，直到找到一个满足解决函数 solution 的完整解。

贪心算法的一般过程如下。

```
greedy(C) //C 是问题的输入集合，即候选集合
{
    S={}; // 初始解集合为空集
    while(not solution(S)) // 集合 S 没有构成问题的一个解
    {
        x=select(C); // 在候选集合 C 中做贪心选择
        if feasible(S, x) // 判断集合 S 中加入 x 后的解是否可行
```

```
        S=S+{x};
        C=C-{x};
    }
    return S;
}
```

贪心算法是在少量计算的基础上做出贪心选择而不急于考虑以后的情况，这样一步一步扩充解，每一步均是建立在局部最优解的基础上，而每一步又都扩大了部分解。因为每一步所做出的选择仅基于少量的信息，因而贪心算法的效率通常很高。

设计贪心算法的困难在于证明得到的解确实是问题的整体最优解。

4.3 活动安排问题

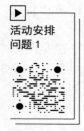
活动安排
问题 1

1. 问题描述

又到毕业季，很多大公司来学校招聘，招聘会分散在不同时间段，应聘者想知道自己最多能完整地参加多少个招聘会（参加一个招聘会的时候不能中断或离开）。

参加招聘会可以看成是个人的一个活动安排问题。

2. 问题分析

贪心算法求解活动安排问题的关键是如何选择贪心策略，使得按照一定的顺序选择相容活动，并能安排尽量多的活动。至少有两种看似合理的贪心策略。

（1）最早开始时间，这样可以增大资源的利用率。

（2）最早结束时间，这样可以使下一个活动尽早开始。

由于活动占用资源的时间没有限制，因此，后一种贪心选择更为合理。直观上，按这种策略选择相容活动可以为未安排的活动留下尽可能多的时间。也就是说，这种贪心选择的目的是使剩余时间段极大化，以便安排尽可能多的相容活动。

为了在每一次贪心选择时快速查找具有最早结束时间的相容活动，先把 n 个活动按结束时间非降序排列。这样，贪心选择时取当前活动集合中结束时间最早的活动就归结为取当前活动集合中排在最前面的活动。

活动安排
问题 2

3. 抽象描述

设有 n 个招聘活动的集合 $E=\{1,2,\cdots,n\}$，其中每个活动都要求应聘者亲自参加，而在同一时间内应聘者只能参加一个招聘活动。每个活动 i 都有一个起始时间 s_i 和一个结束时间 f_i，且 $s_i<f_i$。如果选择了活动 i，则它在半开时间区间 $[s_i,f_i)$ 内占用应聘者的时间资源。若区间 $[s_i,f_i)$ 与区间 $[s_j,f_j)$ 不

相交，则称活动 i 与活动 j 是相容的。也就是说，当 $s_i \geq f_j$ 或 $s_j \geq f_i$ 时，活动 i 与活动 j 相容。招聘活动安排问题要求在所给的活动集合中选出最大的相容活动子集。

4. 算法分析

设有 11 个活动等待安排，这些活动按结束时间的非降序排列，如表 4-1 所示。

表 4-1　11 个活动按结束时间的非降序排列

i	1	2	3	4	5	6	7	8	9	10	11
s_i	1	3	0	5	3	5	6	8	8	2	12
f_i	4	5	6	7	8	9	10	11	12	13	14

贪心算法求解活动安排问题每次总是选择具有最早结束时间的相容活动加入解集合中，具体的贪心算法求解过程如图 4.1 所示。其中，阴影长条表示该活动已加入解集合中，空白长条表示该活动是当前正在检查相容性的活动。算法首先选择活动 1 加入解集合，因为活动 1 具有最早结束时间，活动 2、活动 3 与活动 1 不相容，所以舍弃它们，而活动 4 与活动 1 相容且在剩下的活动中具有最早结束时间，因此将活动 4 加入解集合。然后在剩下的活动中找与活动 4 相容并具有最早结束时间的活动，依此类推。最终被选定的活动集合为 {1,4,8,11}。

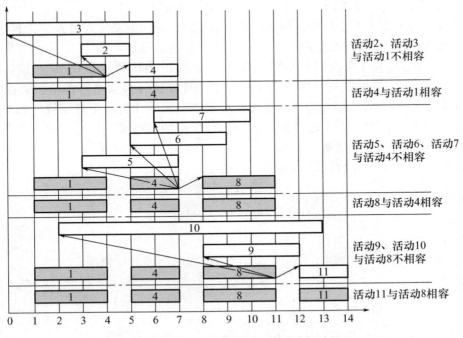

图 4.1　活动安排问题的贪心算法求解过程

设有 n 个活动等待安排，这些活动的开始时间和结束时间分别存放在数组 s[n] 和

f[n] 中，集合 B 存放问题的解，即选定的活动集合，算法框架如下。

1. 对数组 f[n] 按非降序排序，同时相应地调整 s[n]；
2. B = {1}; // 最优解中包含活动 1
3. j = 1; i = 2; // 从活动 i 开始寻找与活动 j 相容的活动
4. 当 (i≤n) 时循环执行下列操作

      如果 (s[i]>=f[j]) 则

          B=B+{j};

          j=i;

      i++;

算法的时间主要消耗在将各个活动按结束时间从小到大排序。因此，算法的时间复杂性为 $O(n\log n)$。

下面证明贪心算法求解活动安排问题得到的解是整体最优解。

设 $E=\{1,2,\cdots,n\}$ 为 n 个活动的集合，且 E 中的活动按结束时间非降序排列，所以，活动 1 具有最早的结束时间。首先证明活动安排问题有一个最优解以贪心选择开始，即该最优解中包含活动 1。设 A 是活动安排问题的一个最优解，且 A 中的活动也按结束时间非降序排列，A 中的第一个活动是活动 k。若 k=1，则 A 就是以贪心选择开始的最优解；若 k>1，则设 B=A-{k}+{1}，即在最优解 A 中用活动 1 取代活动 k。由于 $f_1 \leq f_k$，因此 B 中的活动也是相容的，且 B 中的活动个数与 A 中的活动个数相同，故 B 也是最优解。由此可见，总存在以贪心选择开始的最优活动安排方案。

进一步，在做出了贪心选择，即选择了活动 1 后，原问题简化为对 E 中所有与活动 1 相容的活动安排子问题。也就是说，若 A 是原问题的最优解，则 A′ 是活动安排子问题 $E'=\{s_i \geq f_1, s_i \in E\}$ 的最优解。如若不然，假设 B′ 是 E′ 的最优解，则 B′ 比 A′ 包含更多的活动，将活动 1 加入 B′ 中将产生 E 的一个解 B，且 B 比 A 包含更多的活动，这与 A 是原问题的最优解相矛盾。因此每一步贪心选择都将问题简化为一个规模较小的与原问题具有相同形式的子问题。对贪心选择次数应用数学归纳法可证，贪心算法求解活动安排问题最终产生原问题的最优解。

下面给出求解活动安排问题的贪心算法描述。

```
#include<stdio.h>
#include<stdbool.h>
void sort(int s[], int f[], int n)
//把各个活动的起始时间和结束时间按结束时间非降序排序
{
  int a, b;
  int i, j;
  for(i=0; i<n; i++)
  {
```

```
    for(j=i+1; j<n; j++)
    {
      if(f[i]>f[j])
      {
        a=f[i]; f[i]=f[j]; f[j]=a;
        b=s[i]; s[i]=s[j]; s[j]=b;
      }
    }
  }
}
int actionmanage(int s[], int f[], bool a[],int n)/*各活动
的起始时间和结束时间存储于数组 s 和 f 中且按结束时间非降序排列 */
{
  a[0]=1;
  int i;
  int j=1, count=1;
  for(i=1; i<n; i++)
  {
    if(s[i]>=f[j])
    {
      a[i]=1;
      j=i;
      count++;
    }
    else a[i]=0;
  }
  return count;
}
void main()
{
  int i, n;
  int p;
  int s[100], f[100];
  bool a[100];
  printf(" 输入活动数：\n");
  scanf("%d", &n);
  printf(" 请依次输入活动的开始和结束时间 \n");
```

```
for(i=0; i<n; i++)
{
  scanf("%d %d", &s[i], &f[i]);
}
sort(s,f,n);
p=actionmanage(s, f, a, n);
printf(" 安排的活动个数为 :%d\n", p);
printf(" 活动的选取情况为 (0 表示不选, 1 表示选取 ):\n");
for(i=0; i<n; i++)
  printf("%d", a[i]);
printf("\n");
}
```

4.4 最优装载问题

1. 问题描述

有一艘海盗船足够大，但载重量为 C，每件宝贝的重量为 w_i，海盗们应该如何把数量尽可能多的宝贝装上海盗船？

2. 问题分析

最优装载问题

该问题是 0-1 背包问题的一个特例问题——背包问题。集装箱相当于物品，物品重量是 w_i，价值是 v_i，轮船载重限制 C 相当于背包重量限制 b。

让我们回顾一下 0-1 背包问题和背包问题。

（1）0-1 背包问题。

给定 n 种物品和一个背包。物品 i 的重量是 w_i，其价值为 v_i，背包的容量为 C。应如何选择装入背包的物品，使得装入背包中物品的总价值最大？在选择装入背包的物品时，对每种物品 i 只有 2 种选择，即装入背包或不装入背包。不能将物品 i 装入背包多次，也不能只装入物品 i 的一部分。

（2）背包问题。

与 0-1 背包问题类似，所不同的是在选择物品 i 装入背包时，可以选择物品 i（$1 \leqslant i \leqslant n$）的一部分，而不一定要全部装入背包。

分析以上两个问题可知，这两类问题都具有最优子结构性质，极为相似，但背包问题可以用贪心算法求解，而 0-1 背包问题却不能用贪心算法求解。

因为背包问题不止限定在物品的装入和不装入两种状态，而是首先计算每种物品单位重量的价值 v_i/w_i，然后依贪心选择策略，将尽可能多的单位重量价值最高的物品装入背包。若将这种物品全部装入背包后，背包内的物品总重量未超过 C，则选择单位重量价值价值次高的物品并尽可能多地装入背包。依此策略一直地进行下去，直到背包装满为止。这样贪心算法可以确保对于背包问题使用贪心策略，从每一步的局部最优解最终得到全局最优解。

3. 抽象描述

最优装载问题的贪心算法描述如下。

（1）选择重量小的先装，所以首先需要排序。（2）不断装载，则需要循环；要输出最优装载方案，则需要进行装载记录。

设 $<x_1, x_2, \cdots, x_n>$ 表示解向量，$x_i = 0, 1$，x_i 当且仅当第 i 个集装箱装上船。

目标函数 $\max \sum_{i=1}^{n} x_i$，约束条件 $\sum_{i=1}^{n} w_i x_i \leq C$，$x_i = 0, 1$，$i = 1, 2, \cdots, n$。

4. 算法分析

对于 0-1 背包问题，贪心选择之所以不能得到最优解是因为在这种情况下，它无法保证最终能将背包装满，部分闲置的背包空间使每单位重量背包空间的价值降低了。事实上，在考虑 0-1 背包问题时，应比较选择该物品和不选择该物品所导致的最终方案，然后再做出最好选择。由此就导出许多互相重叠的子问题。这正是该问题可用动态规划算法求解的另一重要特征。

最优装载问题可用贪心算法求解，因为最优装载问题是一个背包问题。采用重量最轻者先装的贪心选择策略，可产生最优装载问题的最优解。下面是核心部分的描述。

```
void Loading(int x[],Type w[], Type c, int n)
{
  int *t=new int [n+1];
  Sort(w, t, n);
  for(int i=1; i<=n; i++) x[i]=0;
  for(int i=1; i<=n&&w[t[i]]<=c; i++)
  {
      x[t[i]]=1;
      c-=w[t[i]];
  }
}
```

最优装载问题的代码实现如下。

```
#include<stdio.h>
#include<string.h>
const int N=4;
```

```
void Swap(int *x, int *y);
void Loading(int x[], float w[], float c, int n);
void Sort(float w[], int *t, int n);
int main()
{
    float c=70;
    float w[]={ 0,20,10,26,15 };//下标从1开始
    int x[N+1];
    int i;
    printf("轮船载重为: %f\n",c);
    printf("待装物品的重量分别为: \n");
    for( i=1; i<=N; i++)
    {
        printf("%f ",w[i]);
    }
    printf("\n");
    Loading(x, w, c, N);
    printf("贪心选择结果为: \n");
    for(i=1; i<=N; i++)
    {
        printf("%d ",x[i]);
    }
    printf("\n");
    return 0;
}
void Loading(int x[], float w[], float c, int n)
{
    int *t =(int*)malloc(sizeof(int) * n+1);
    //存储排完序后w[]的原始索引
    int i;
    Sort(w, t, n);
    for( i=1; i<=n; i++)
    {
        x[i]=0;//初始化数组x[]
    }
    for( i=1; i<=n&&w[t[i]]<=c; i++)
```

```
    {
        x[t[i]]=1;
        c-=w[t[i]];
    }
    free(t);// 释放空间
}
void Sort(float w[], int *t, int n)
{
    float tempArray[N+1], temp;
    memcpy(tempArray, w,(n+1)*sizeof(float));
    // 将 w 复制到临时数组 tempArray 中
    int min;
    int i;
    int j;
    for( i=1; i<=n; i++)
    {
        t[i]=i;
    }
    for( i=1; i<n; i++)
    {
        min=i;
        for( j=i+1; j<=n; j++)
        {
            if(tempArray[min]>tempArray[j])
            {
                min=j;
            }
        }
        Swap(&tempArray[i],&tempArray[min]);
        Swap(&t[i], &t[min]);
    }
}
void Swap(int *x, int *y)
{
    int temp=*x;
    *x=*y;
```

```
    *y=temp;
}
```

4.5 哈夫曼编码

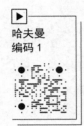

哈夫曼
编码1

1.问题描述

哈夫曼编码是广泛地用于数据文件压缩的十分有效的编码方法，其压缩率通常在 20% ~ 90%。哈夫曼编码算法用字符在文件中出现的概率表来建立一个用 0、1 串表示各字符的最优表示方式。给出现概率较高的字符以较短的编码，出现概率较低的字符以较长的编码，可以大大缩短总码长。

2.问题分析

设一字符编码表如表 4-2 所示。

表 4-2 字符编码

字符	a	b	c	d	e	f
概率	0.45	0.13	0.12	0.16	0.09	0.05
定长码	000	001	010	011	100	101
变长码	0	101	100	111	1101	1100

定长码：定长编码。表 4-2 中编码的定长码码长为

$$(0.45+0.13+0.12+0.16+0.09+0.05)\times 3=3（位）$$

变长码：给出现概率较高的字符以较短的编码，出现概率较低的字符以较长的编码，可以大大缩短总码长。表 4-2 中编码的变长码码长为

$$0.45\times 1+0.13\times 3+0.12\times 3+0.16\times 3+0.09\times 4+0.05\times 4=2.24（位）$$

哈夫曼
编码2

（1）前缀码。

对每一个字符规定一个 0、1 串作为其代码，并要求任一字符的代码都不是其他字符代码的前缀，这种编码称为前缀码。

前缀码的二叉树表示如图 4.2 所示。

前缀码：{00000,00001,0001,001,01,100,101,11}

构造树：0 代表左子树，1 代表右子树，码对应一片树叶，最大位数为树深。

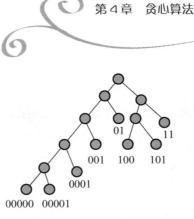

图4.2 前缀码的二叉树

（2）最优前缀码。

编码的前缀性质可以使译码方法非常简单。

表示最优前缀码的二叉树总是一棵完全二叉树，即树中任一结点都有 2 个孩子结点。

平均码长定义为

$$B(T) = \sum_{c \in C} f(c) d_T(c)$$

使平均码长达到最小的前缀码编码方案称为给定编码字符集 C 的最优前缀码。

3. 抽象描述

哈夫曼算法中，编码字符集中每一字符 c 的概率是 $f(c)$。以 f 为键值的优先队列 Q 用于在贪心选择时有效地确定算法当前要合并的 2 棵具有最小概率的树。一旦 2 棵具有最小概率的树合并后，会产生一棵新的树，其概率为合并的 2 棵树的概率之和，并将新树插入优先队列 Q。经过 $n-1$ 次的合并后，优先队列中只剩下一棵树，即所要求的树 T。

哈夫曼算法用最小堆实现优先队列 Q。初始化优先队列需要 $O(n)$ 计算时间，由于最小堆的 removeMin 和 put 运算均需 $O(\log n)$ 计算时间，$n-1$ 次的合并总共需要 $O(n\log n)$ 计算时间。因此，关于 n 个字符的哈夫曼算法的计算时间为 $O(n\log n)$。具体算法结构如下。

```
HuffmanCode(C)
输入：C={x1, x2,…, xn},f(xi), i=1,2,…,n
输出：Q  // 队列
1. n←|C|
2. Q←C  // 概率递增队列Q
3. for i←1 to n-1 do
4. z←Allocate-Node()  // 生成结点 z
5. z.left←Q 中的最小元素  // 最小元素作为 z 结点的左孩子
6. z.right←Q 中的最小元素  // 最小元素作为 z 结点的右孩子
7. f(z)←f(x)+f(y)
8. Insert(Q,z)  // 将 z 插入 Q
9. return Q
```

4. 算法分析

哈夫曼提出构造最优前缀码的贪心算法，由此产生的编码方案称为哈夫曼编码。哈夫曼算法以自底向上的方式构造表示最优前缀码的二叉树 T。

算法以 $|C|$ 个叶子结点开始，执行 $|C|-1$ 次的"合并"运算后产生最终所要求的树 T。

要证明哈夫曼算法的正确性，只要证明最优前缀码问题具有贪心选择性质和最优子结构性质即可。

令 C 为一个字符表。对任意的 $c \in C$，字符 c 在文件中出现的概率为 $f(c)$。令 x 和 y 为 C 中出现概率最小的两个字符。那么对 C 存在一个最优前缀编码。在这种编码中，x 和 y 的编码长度最长，且长度相等，只有最后一位不同。

为字符表 C 构建树型结构，如图 4.3 所示。

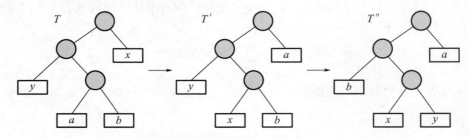

图 4.3 为字符表 C 构建的树型结构

证明：

$B(T)-B(T')=\sum f(c)d_T(c)-\sum f(c)d_{T'}(c)=f(x)d_T(x)+f(a)d_T(a)-f(x)d_{T'}(x)-f(a)d_{T'}(a)$

$=f(x)d_T(x)+f(a)d_T(a)-f(x)d_T(x)-f(a)d_T(a)$

$=(f(a)-f(x))(d_T(a)-d_T(x))$

故 $B(T')\leqslant B(T)$，又有 $B(T'')\leqslant B(T')$，则 $B(T'')\leqslant B(T)$，因为 T 为最优，故 $B(T)\leqslant B(T'')$，最后得出结论，$B(T'')=B(T)$。

此引理证明了构造最优前缀编码有贪心选择特征。下面的引理将证明构造最优前缀代码的问题具有最优子结构性质。

令 C 为一个字符表。对任意的 $c \in C$，字符 c 在文件中出现的概率为 $f(c)$。令 x 和 y 为 C 中出现概率最小的两个字符。从中删除 x 和 y 两个字符并加入新的字符 z，得到新的字符表 $C'=\{C-\{x,y\}\} \cup \{z\}$。除了 $f(z)=f(x)+f(y)$ 外，C' 中字符概率的定义同 C。树 T' 代表 C' 的最优前缀编码，对树的叶子结点 z，添加两个孩子结点 x 和 y，就可以得到树 T，则 T 代表 C 的最优前缀编码。

设 T 为 C 的一种最优前缀编码。

$f(x)d_T(x)+f(y)d_T(y)=(f(x)+f(y))(d'(z)+1)=f(z)d'(z)+(f(x)+f(y))$

故 $B(T)=B(T')+f(x)+f(y)$

若 T' 表示 C' 上的一种非最优前缀编码，则存在树 T'' 使得 $B(T'')<B(T')$。设 z 为 x、y 的父结点，且有 $f(z)=f(x)+f(y)$，则可以构造树 T'''。

$B(T''')=B(T'')+f(x)+f(y)$

因为　$B(T'') < B(T')$

所以　$B(T''') = B(T'') + f(x) + f(y) < B(T') + f(x) + f(y)$

因此　$B(T) = B(T') + f(x) + f(y)$

即　$B(T''') < B(T)$

又因为　$B(T''') = B(T'') + f(x) + f(y)$

而且　$B(T'') < B(T')$

所以　$B(T''') = B(T'') + f(x) + f(y) < B(T') + f(x) + f(y)$

因而　$B(T) = B(T') + f(x) + f(y)$

故　$B(T''') < B(T)$

这与 T 的最优性矛盾。所以 T' 表示 C' 上的一种最优前缀编码，直接可得出哈夫曼算法能产生一种最优前缀编码。

哈夫曼编码的代码实现如下。

```c
#include<stdio.h>
#include<stdlib.h>

#define MAXBIT     100
#define MAXVALUE   10000
#define MAXLEAF    30
#define MAXNODE    MAXLEAF*2 -1

typedef struct
{
    int bit[MAXBIT];
    int start;
} HCodeType;              /* 编码结构体 */
typedef struct
{
    int weight;
    int parent;
    int lchild;
    int rchild;
    int value;
} HNodeType;              /* 结点结构体 */

/* 构造一棵哈夫曼树 */
void HuffmanTree(HNodeType HuffNode[MAXNODE],  int n)
{
```

```
/* i、j 为循环变量，m1、m2 为构造哈夫曼树不同过程中两个最小权值结点
的权值，x1、x2 为构造哈夫曼树不同过程中两个最小权值结点在数组中的
序号。*/
int i, j, m1, m2, x1, x2;
/* 初始化存放哈夫曼树数组 HuffNode[] 中的结点 */
for(i=0; i<2*n-1; i++)
{
    HuffNode[i].weight=0;// 权值
    HuffNode[i].parent=-1;
    HuffNode[i].lchild=-1;
    HuffNode[i].rchild=-1;
    HuffNode[i].value=i; // 实际值，可根据情况替换为字母
} /* end for */


/* 输入 n 个叶子结点的权值 */
for(i=0; i<n; i++)
{
    printf("Please input weight of leaf node %d: \n", i);
    scanf("%d", &HuffNode[i].weight);
} /* end for */


/* 循环构造哈夫曼树 */
for(i=0; i<n-1; i++)
{
    m1=m2=MAXVALUE;
    /* m1、m2 中存放两个无父结点且结点权值最小的两个结点 */
    x1=x2=0;
    /* 找出所有结点中权值最小、无父结点的两个结点，并合并成为一棵二
    叉树 */
    for(j=0; j<n+i; j++)
    {
        if(HuffNode[j].weight<m1&&HuffNode[j].parent==-1)
        {
            m2=m1;
            x2=x1;
            m1=HuffNode[j].weight;
```

```
                x1=j;
            }
            else if(HuffNode[j].weight<m2&&HuffNode[j].parent==-1)
            {
                m2=HuffNode[j].weight;
                x2=j;
            }
        } /* end for */
        /* 设置找到的两个子结点 x1、x2 的父结点信息 */
        HuffNode[x1].parent=n+i;
        HuffNode[x2].parent=n+i;
        HuffNode[n+i].weight=HuffNode[x1].weight+
HuffNode[x2].weight;
        HuffNode[n+i].lchild=x1;
        HuffNode[n+i].rchild=x2;

        printf("x1.weight and x2.weight in round %d:
%d,%d\n", i+1, HuffNode[x1].weight, HuffNode[x2].weight);
/* 用于测试 */
        printf("\n");
    } /* end for */
  /*  for(i=0;i<n+2;i++)
    {
        printf(" Parents:%d,lchild:%d,rchild:%d,value:%d,we
ight:%d\n",HuffNode[i].parent,HuffNode[i].lchild,HuffNode[i].
rchild,HuffNode[i].value,HuffNode[i].weight);
    }*///测试
} /* end HuffmanTree */


// 解码
void decodeing(char string[],HNodeType Buf[],int Num)
{
    int i,tmp=0,code[1024];
    int m=2*Num-1;
    char *nump;
```

```
    char num[1024];
    for(i=0;i<strlen(string);i++)
    {
        if(string[i]=='0')
            num[i]=0;
        else
            num[i]=1;
    }
    i=0;
    nump=&num[0];

    while(nump<(&num[strlen(string)]))
    {
        tmp=m-1;
        while((Buf[tmp].lchild!=-1)&&(Buf[tmp].rchild!=-1))
        {

            if(*nump==0)
            {
                tmp=Buf[tmp].lchild;
            }
            else tmp=Buf[tmp].rchild;
            nump++;

        }
        printf("%d",Buf[tmp].value);
    }
}

int main(void)
{
    HNodeType HuffNode[MAXNODE];    /* 定义一个结点结构体数组 */
    HCodeType  HuffCode[MAXLEAF],cd;        /* 定义一个编码结
    构体数组，同时定义一个临时变量来存放求解编码时的信息 */
    int i, j, c, p, n;
    char pp[100];
    printf("Please input n:\n");
```

```
scanf("%d", &n);
HuffmanTree(HuffNode, n);


for(i=0; i<n; i++)
{
    cd.start=n-1;
    c=i;
    p=HuffNode[c].parent;
    while(p!=-1)      /* 父结点存在 */
    {
        if(HuffNode[p].lchild==c)
            cd.bit[cd.start]=0;
        else
            cd.bit[cd.start]=1;
        cd.start--;              /* 求编码的低一位 */
        c=p;
        p=HuffNode[c].parent;      /* 设置下一循环条件 */
    } /* end while */

    /* 保存求出的每个叶子结点的哈夫曼编码和编码的起始位 */
    for(j=cd.start+1; j<n; j++)
    {
      HuffCode[i].bit[j]=cd.bit[j];
    }
    HuffCode[i].start=cd.start;
} /* end for */

/* 输出已保存好的所有存在编码的哈夫曼编码 */
for(i=0; i<n; i++)
{
    printf("%d 's Huffman code is: ", i);
    for(j=HuffCode[i].start+1; j<n; j++)
    {
        printf("%d", HuffCode[i].bit[j]);
    }
    printf(" start:%d",HuffCode[i].start);
```

```
        printf("\n");

    }
/*  for(i=0;i<n;i++)
    {
        for(j=0;j<n;j++)
        {
            printf("%d", HuffCode[i].bit[j]);
        }
        printf("\n");
    }*/
    printf("Decoding?Please Enter code:\n");
    scanf("%s",&pp);
    decodeing(pp,HuffNode,n);
    getch();
    return 0;
}
```

4.6 贪心算法的正确性验证

4.6.1 贪心算法的特点

（1）贪心算法适用于组合优化问题。

（2）求解过程是多步判断过程，最终的判断序列对应于问题的最优解。

（3）依据某种"短视的"贪心选择性质判断，性质好坏决定算法的成败。

（4）贪心算法必须进行正确性证明。

（5）证明贪心算法不正确的技巧是举反例。

贪心算法的优势是算法简单，时间和空间复杂性低。

4.6.2 贪心算法的证明

贪心算法的
证明

1. 证明步骤

（1）叙述一个有关自然数 n 的命题，该命题断定该贪心策略的执行最终将导致最优解。其中自然数 n 可以代表算法步数或问题规模。

（2）证明命题对所有的自然数为真。

2. 以活动安排问题为例证明

（1）命题。

算法 Select 执行到第 k 步，选择 k 项活动 $i_1=1$, i_2, $\cdots$, i_k，则存在最优解 A 包含活动 $i_1=1, i_2, \cdots, i_k$。

根据上述命题，对于任何 k，算法前 k 步的选择都将得到最优解，至多到第 n 步将得到问题实例的最优解。

（2）归纳证明。

令 $S=\{1,2,\cdots,n\}$ 是活动集，且 $f_1 \leqslant \cdots \leqslant f_n$，归纳基础 $k=1$，证明存在最优解包含活动 1。

证明：任取最优解 A，A 中活动按截止时间递增排列，如果 A 的第一个活动为 $j(j \neq 1)$，用 1 替换 A 的活动 j 得到解 A'，即 $A'=(A-\{j\}) \cup \{1\}$，由于 $f_1 \leqslant f_j$，因此 A' 也是最优解，且含有 1。

（3）归纳步骤。

证明：算法执行到第 k 步，选择了活动 $i_1=1, i_2, \cdots, i_k$，根据归纳假设存在最优解 A 包含 $i_1=1, i_2, \cdots, i_k$，A 中剩下活动选自集合 S'

$$S'=\{\, i \mid i \in S, s_i \geqslant f_k \,\}$$
$$A=\{\, i_1, i_2, \cdots, i_k \,\} \cup B$$

B 是 S' 的最优解；否则，S' 的最优解为 B^*，B^* 的活动比 B 多，那么 $B^* \cup \{1, i_2, \cdots, i_k\}$ 是 S 的最优解，且比 A 的活动多，与 A 的最优性矛盾。将 S' 看成子问题，根据归纳基础，存在 S' 的最优解 B'，B' 有 S' 中的第一个活动 i_{k+1}，且 $|B'| = |B|$，于是

$$\{\, i_1, i_2, \cdots, i_k \,\} \cup B' = \{\, i_1, i_2, \cdots, i_k, i_{k+1} \,\} \cup (B'-\{i_{k+1}\})$$

也是原问题的最优解。

本章小结

本章主要讨论使用贪心算法求解具体问题，介绍贪心算法的基本思想和数学证明，重点介绍能采用贪心算法求解问题要具备的基本性质。必须注意的是，贪心算法不是对所有问题都能得到整体最优解，选择的贪心策略必须具备无后效性。此外，本章还详细介绍了利用贪心算法求解最优装载问题和活动安排问题，分析如何利用数学归纳法做贪心算法的正确性证明，具体说明如何利用贪心算法求解哈夫曼编码问题并证明其正确性。

习　　题

1. 基于 prim 算法，编写一个程序产生一个随机的迷宫。

2. 对于用邻接链表示的有向无环图，设计一个解单起点最短路径问题的线性算法。

3. 摇摆序列问题。

一个整数序列，如果两个相邻元素的差恰好正负（负正）交替出现，则该序列称为摇摆序列。一个少于 2 个元素的序列直接为摇摆序列。给一个随机序列，求这个序列满足摇摆序列定义的最长子序列的长度。

举例如下。

序列 [1,7,4,9,2,5]，相邻元素的差为 (6,–3,5,–7,3)，该序列是摇摆序列。

序列 [1,4,7,2,5]，相邻元素的差为 (3,3,–5,3)，该序列不是摇摆序列。

4. 均分纸牌问题。

有 N 堆纸牌，编号为 1,2,…,n。每堆上有若干张，但纸牌总数必为 n 的倍数，可以在任一堆上取若干张纸牌，然后移动。移牌的规则是：在编号为 1 的堆上取的纸牌，只能移到编号为 2 的堆上；在编号为 n 的堆上取的纸牌，只能移到编号为 n–1 的堆上；其他堆上取的纸牌，可以移到相邻左边或右边的堆上。现在要求找出一种移动方法，用最少的移动次数使每堆中的纸牌数量都一样多。例如，n=4，4 堆纸牌的数量分别为 9、8、17、6，则移动 3 次可以达到目的，即从编号为 3 的堆上取 4 张牌放到编号为 4 的堆上，再从编号为 3 的堆上取 3 张牌放到编号为 2 的堆上，最后从编号为 2 的堆上取 1 张牌放到编号为 1 的堆上。

举例如下。

输入：4

9 8 17 6

输出：3

5. 小船过河问题。

N 个人过河，船每次只能坐两个人，船载每个人过河的所需时间 t[i] 不同，每次过河的时间为船上的人速度较慢的那个，求最快的过河时间。（注意，船划过去要有一个人划回来。）

最优选择是先将所有人过河所需的时间按照升序排序。优先把速度慢的人带到对岸，返回由速度快的人来完成，节省时间。在剩余人数大于 3 时，有两种方式：一是最快的和次快的过河，最快的将船划回来，然后次慢的和最慢的过河，次快的将船划回来，所需时间为 t[0]+2t[1]+t[n–1]；二是最快的和最慢的过河，最快的将船划回来，然后最快的和次慢的过河，最快的将船划回来，所需时间为 2t[0]+t[n–2]+t[n–1]。最后还需处理一下人数小于等于 3 的边界问题。

6. 字典序最小问题。

给定长度为 N 的字符串 S，要构造一个长度为 N 的字符串 T。T 是一个空串，反复执行下列任意操作。

（1）从 S 的头部删除一个字符，加到 T 的尾部。

（2）从 S 的尾部删除一个字符，加到 T 的尾部。

其目标是要构造字典序尽可能小的字符串 T。

字典序是指从前到后比较两个字符串的大小的方法。首先比较第 1 个字符，如果不同则第 1 个字符较小的字符串更小，如果相同则继续比较第 2 个字符，如此反复继续，比较整个字符串的大小。请给出问题分析和代码。

7. 区间调度问题。

有 n 项工作，每项工作分别在 S_i 开始，T_i 结束。例如，$S=\{1,2,4,6,8\}$，$T=\{3,5,7,8,10\}$。对每项工作，你都可以选择是否参加，若选择参加，则必须自始至终全程参与，且参与工作的时间段不能有重叠。请给出问题分析和代码。

8. 设有 n 个顾客同时等待一项服务，顾客 i 需要的服务时间为 $t_i(1 \leqslant i \leqslant n)$，应如何安排 n 个顾客的服务次序才能使顾客总的等待时间达到最少？

9. 设 e 是无向图 $G=(V,E)$ 中具有最小代价的边，证明边 e 一定在图 G 的某个最小生成树中。

10. Dijkstra 算法是求解有向图最短路径的一个经典算法，也是应用贪心算法的一个成功实例。请描述 Dijkstra 算法的贪心策略。

第 5 章

回溯法

　　对于某些计算问题而言，回溯法是一种可以找出所有（或一部分）解的一般性算法，尤其适用于约束补偿问题（在解决约束满足问题时，我们逐步构造更多的候选解，并且在确定某一部分候选解不可能补全成正确解之后放弃继续搜索这个部分候选解本身及其可以拓展出的子候选解，转而测试其他的部分候选解）。

　　回溯法采用试错的思想，它尝试分步地去解决一个问题。在分步解决问题的过程中，当它通过尝试发现，现有的分步解答不能得到有效的正确答案时，它将取消上一步甚至是上几步的计算，再通过其他的可能的分步解答再次尝试寻找问题的答案。本章建议 6 学时。

教学目标

➤ 掌握回溯法的基本思想；
➤ 重点了解回溯法的算法框架；
➤ 通过实例了解回溯法的基本应用。

教学需求

知识要点	能力要求	相关知识
回溯法的算法框架	（1）掌握解空间树的动态搜索； （2）掌握回溯法的求解过程	解空间树
解空间的两种表示方法	了解回溯法的解空间	子集树和排列树
回溯法的典型应用范例	（1）掌握解空间的深度优先实现； （2）掌握剪枝函数的确定	装载问题，批处理作业调度问题，符号三角形问题，0-1 背包问题，最大团问题，旅行商问题，连续邮资问题

思维导图

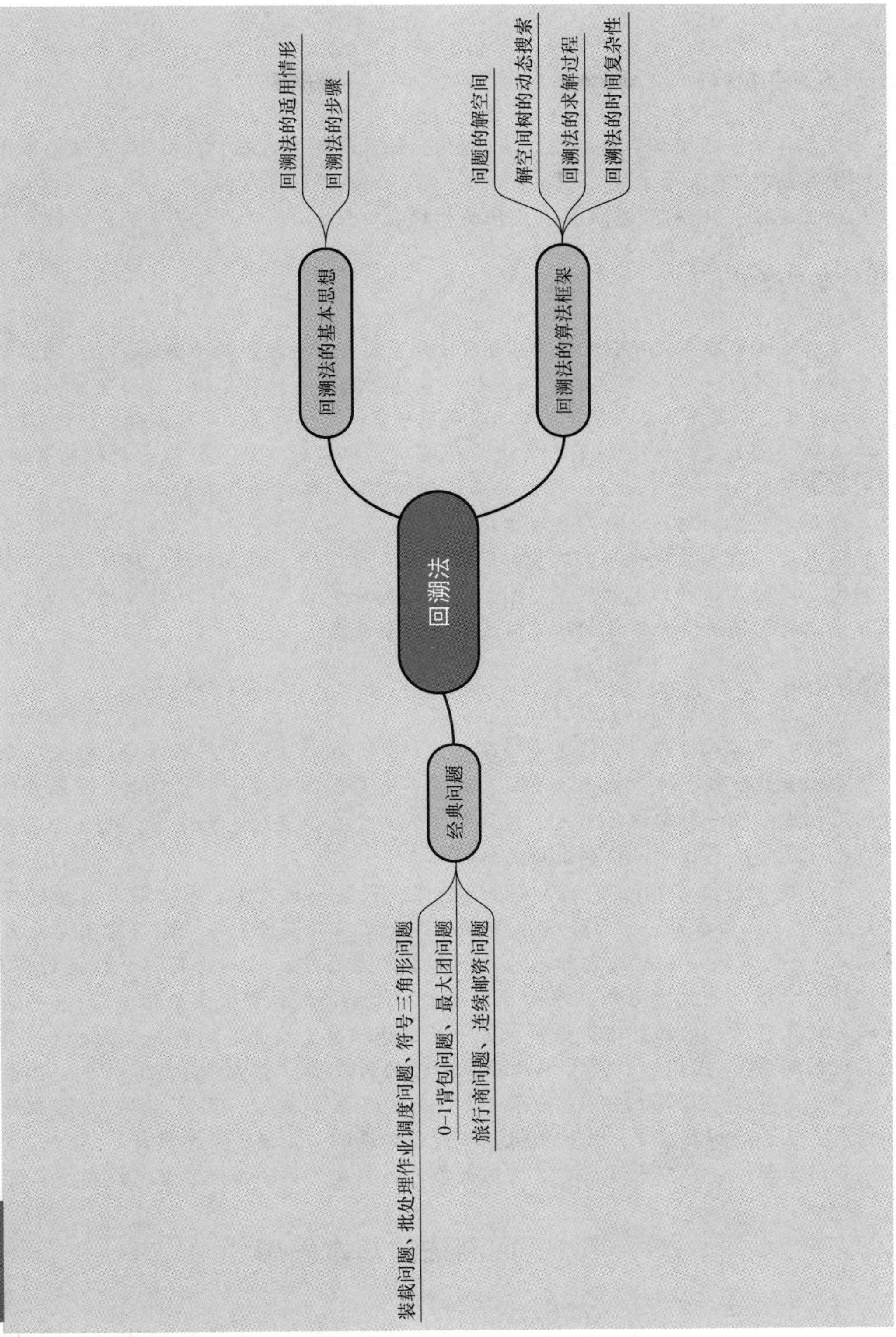

回溯法

回溯法的基本思想
- 回溯法的适用情形
- 回溯法的步骤

回溯法的算法框架
- 问题的解空间
- 解空间树的动态搜索
- 回溯法的求解过程
- 回溯法的时间复杂性

经典问题
- 装载问题、批处理作业调度问题、符号三角形问题
- 0-1背包问题、最大团问题
- 旅行商问题、连续邮资问题

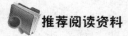 **推荐阅读资料**

1. 余祥宣，崔国华，邹海明，等，2006. 计算机算法基础 [M].3 版 . 武汉：华中科技大学出版社 .

2. 王晓东，2018. 计算机算法设计与分析 [M].5 版 . 北京：电子工业出版社 .

 **基本概念**

当所给的问题是从 n 个元素的集合 S 中找出满足某种性质的子集时，相应的解空间称为子集树。例如，0–1 背包问题所相应的解空间树就是一棵子集树。这类子集问题通常有 2^n 个叶子结点，其结点总个数为 $2^{(n+1)}-1$。遍历子集树的任何算法均需要 $O(2^n)$ 的计算时间。

当所给问题是确定 n 个元素满足某种性质的排列时，相应的解空间树称为排列树。排列树通常有 $n!$ 个叶子结点。因此遍历排列树需要 $O(n!)$ 的计算时间。

递归是重复调用函数自身实现循环。

迭代是函数内某段代码实现循环。而迭代与普通循环的区别是：循环代码中参与运算的变量同时是保存结果的变量，当前保存的结果作为下一次循环计算的初始值。递归循环中，遇到满足终止条件的情况时逐层返回来结束。

 **引例**：老鼠走迷宫

老鼠从迷宫入口出发，任选一条路线向前走，在到达一个岔路口时，任选一个路线走下去，如此继续，直到前面没有路可走时，老鼠退回到上一个岔路口，重新在没有走过的路线中任选一条路线往前走。按这种方式走下去，直到走出迷宫，或一直退回到起点，也即迷宫不存在从入口到出口的路径。

上述搜索过程可表述为：每次从一个部分解集合出发（从入口到当前岔路口的路径），选择一个新成员（一条路线），并验证它是否满足某个约束条件（这条路线是否可继续走）；如果满足，就把它加入原来的部分解集合中，从而得到一个更大的部分解；继续这个过程，直到部分解扩展为原问题的一个解（找到通往出口的通路）。若新成员不满足约束条件，则去掉这个成员，并重新选择一个没被选过的新成员加入（另选一条没走过的路线）。若这一步没有满足约束条件的新成员，则从部分解集合中去掉最后加入的一个成员，回溯到上一个部分解（上一个岔路口），继续。用简单的一句话描述这一过程是：从部分解往前走，能进则进，不能进则退回来，换一条路再试。

显然，回溯法在搜索过程中通过约束条件的判定，排除错误答案，提高搜索效率。

5.1　回溯法的基本思想

回溯法（backtracking）是一种用来寻找问题所有解的通用算法（general algorithm）。

当问题的解答是由一系列的选择所组成时，回溯法运用递归递增地建立所有可能的组合方案，并在建立过程中去除不可能的组合，最终得到所要的答案。

回溯法的思想是：能进则进，进不了退，换条路再试。

回溯法在问题的解空间树中，按深度优先策略，从根结点出发搜索解空间树。算法搜索至解空间树的任意一点时，先判断该结点是否包含问题的解。如果肯定不包含，则跳过对该结点为根的子树的搜索，逐层向其祖先结点回溯；否则，进入该子树，继续按深度优先策略搜索。

回溯法的步骤如下。

（1）针对所给问题，定义问题的解空间。

（2）确定易于搜索的解空间结构。

（3）以深度优先方式搜索解空间，并在搜索过程中用剪枝函数避免无效搜索。

通常采用两种策略避免无效搜索：①用约束条件剪去得不到可行解的子树；②用目标函数剪去得不到最优解的子树。

5.2　回溯法的算法框架

5.2.1　问题的解空间

复杂问题常常有很多的可能解，这些可能解构成了问题的解空间。解空间是进行穷举的搜索空间，所以，解空间应该包括所有的可能解。确定正确的解空间很重要，如果没有确定正确的解空间就开始搜索，可能会增加很多重复解，或者根本就搜索不到正确的解。

解空间的定义：问题的解空间至少应包含问题的一个最优解。

解空间的组织：对于问题的解空间结构通常以树或图的形式表示，常用的两类典型的解空间树是子集树和排列树。

当所给的问题是从 n 个元素的集合 S 中找到 S 满足某种性质的子集时，相应的解空间树称为子集树。例如，n 个物品的 0-1 背包问题所对应的解空间树是一棵子集树，这类子集树通常有 2^n 个叶子结点，遍历子集树的算法需要 $O(2^n)$ 的计算时间。

当所给问题是确定 n 个元素满足某种性质的排列时，相应的解空间树称为排列树。排列树通常有 $n!$ 个叶子结点。因此，排列树需要 $O(n!)$ 的计算时间。当问题的解空间确定后，便可用不同的剪枝函数和最优解表示方法来获得最终结果。

5.2.2　解空间树的动态搜索

回溯法从根结点出发，按照深度优先策略遍历解空间树，搜索满足约束条件的解。在搜索至树中任一结点时，先判断该结点对应的部分解是否满足约束条件，或者是否超出目标函数的界，也就是判断该结点是否包含问题的（最优）解，如果肯定不包含，则跳过对以该结点为根的子树的搜索，即所谓剪枝（pruning）；否则，进入以该结点为根的子树，继续按照深度优先策略搜索。

例如，对于 $n=3$ 的 0-1 背包问题，3 个物品的重量为 {20, 15, 10}，价值为 {20, 30, 25}，背包容量为 25。从图 5.1 所示的解空间树的根结点开始搜索，搜索过程如下。

（1）从结点 1 选择左子树到达结点 2，由于选取了物品 1，故在结点 2 处背包剩余容量是 5，获得的价值为 20。

（2）从结点 2 选择左子树到达结点 3，由于结点 3 需要背包容量为 15，而现在背包仅有容量 5，因此结点 3 导致不可行解，对以结点 3 为根的子树实行剪枝。

（3）从结点 3 回溯到结点 2，从结点 2 选择右子树到达结点 6，结点 6 不需要背包容量，获得的价值仍为 20。

（4）从结点 6 选择左子树到达结点 7，由于结点 7 需要背包容量为 10，而现在背包仅有容量 5，因此结点 7 导致不可行解，对以结点 7 为根的子树实行剪枝。

（5）从结点 7 回溯到结点 6，在结点 6 选择右子树到达叶子结点 8，而结点 8 不需要容量，构成问题的一个可行解（1, 0, 0），背包获得价值 20。

按此方式继续搜索，得到的搜索空间如图 5.1 所示。

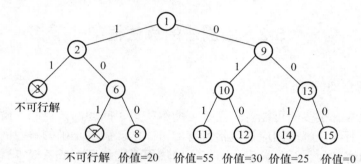

图 5.1　0-1 背包问题的搜索空间

从上述例子可以看出，回溯法的搜索过程涉及的结点（称为搜索空间）只是整个解空间树的一部分，在搜索过程中，通常采用两种策略避免无效搜索：①用约束条件剪去得不到可行解的子树；②用目标函数剪去得不到最优解的子树。这两类函数统称为剪枝函数。

5.2.3　回溯法的求解过程

回溯法对解空间做深度优先搜索，一般情况下可以用递归函数实现回溯法，递归函数模板如下。

```
void BackTrace(int t)
{
    if(t>n)
        Output(x);
    else
        for(int i=f(n, t); i<=g(n, t); i++)
```

```
    {
        x[t]=h(i);
        if(Constraint(t)&&Bound(t))
            BackTrace(t+1);
    }
}
```

其中，t 表示递归深度，即当前扩展结点在解空间树中的深度；n 用来控制递归深度，即解空间树的高度。当 t>n 时，算法已搜索到一个叶子结点，此时由函数 Output(x) 对得到的可行解 x 进行记录或输出处理。用 f(n, t) 和 g(n, t) 分别表示在当前扩展结点处未搜索过的子树的起始编号和终止编号；h(i) 表示在当前扩展结点处 x[t] 的第 i 个可选值；函数 Constraint(t) 和 Bound(t) 分别表示当前扩展结点处的约束函数和限界函数。若函数 Constraint(t) 的返回值为真，则表示当前扩展结点处 x[1:t] 的取值满足问题的约束条件；否则不满足问题的约束条件。若函数 Bound(t) 的返回值为真，则表示在当前扩展结点处 x[1:t] 的取值尚未使目标函数越界，还需由 BackTrace(t+1) 对其相应的子树做进一步地搜索；否则，在当前扩展结点处 x[1:t] 的取值已使目标函数越界，可剪去相应的子树。调用一次 BackTrace(1) 即可完成整个回溯搜索过程。

回溯法的算法框架

采用迭代的方式也可实现回溯法，迭代回溯法的模板如下。

```
void IterativeBackTrace(void)
{
  int t=1;
  while(t>0)
  {
    if(f(n, t) <= g(n, t))
    for(int i=f(n, t); i<=g(n, t); i++)
    {
      x[t]=h(i);
      if(Constraint(t)&&Bound(t))
      {
        if(Solution(t))
          Output(x);
        else
          t++;
      }
    }
    else t--;
```

```
    }
  }
```

在上述迭代算法中，用 Solution(t) 判断在当前扩展结点处是否已得到问题的一个可行解，若其返回值为真，则表示在当前扩展结点处 x[1:t] 是问题的一个可行解；否则表示在当前扩展结点处 x[1:t] 只是问题的一个部分解，还需要向纵深方向继续搜索。用回溯法解题的一个显著特征是问题的解空间是在搜索过程中动态生成的，在任何时刻算法只保存从根结点到当前扩展结点的路径。如果在解空间树中，从根结点到叶子结点的最长路径长度为 $h(n)$，则回溯法所需的计算空间复杂性为 $O(h(n))$，而显式地存储整个解空间复杂性则需要 $O(2^{h(n)})$ 或 $O(h(n)!)$。

5.2.4　回溯法的时间复杂性

一般情况下，在问题的解向量 $X=(x_1, x_2, \cdots, x_n)$ 中，分量 $x_i(1 \leqslant i \leqslant n)$ 的取值范围为某个有限集合 $S_i=\{a_{i1}, a_{i2}, \cdots, a_{in}\}$，因此，问题的解空间由笛卡儿积 $A=S_1 \times S_2 \times \cdots \times S_n$ 构成，并且第 1 层的根结点有 $|S_1|$ 棵子树，则第 2 层共有 $|S_1|$ 个结点，第 2 层的每个结点有 $|S_2|$ 棵子树，则第 3 层共有 $|S_1| \times |S_2|$ 个结点，依此类推，第 n+1 层共有 $|S_1| \times |S_2| \times \cdots \times |S_n|$ 个结点，它们都是叶子结点，代表问题的所有可能解。在用回溯法求解问题时，常常遇到两种典型的解空间树。

子集树与排列树

1. 子集树（subset trees）

当所给问题是从 n 个元素的集合中找出满足某种性质的子集时，相应的解空间树称为子集树。在子集树中，$|S_1|=|S_2|=\cdots=|S_n|=c$，即每个结点有相同数目的子树，通常情况下 $c=2$，所以，子集树中共有 2 个叶子结点，因此，遍历子集树需要 $\Omega(2^n)$ 时间。例如，0-1 背包问题的解空间树是一棵子集树。

用回溯法搜索子集树的一般算法可描述如下。

```
void backtrack(int t)
{
  if(t>n) output(x);
  else
    for(int i=0;i<=1;i++)
    {
      x[t]=i;
      if(legal(t))  backtrack(t+1);
    }
}
```

2. 排列树（permutation trees）

当所给问题是确定 n 个元素满足某种性质的排列时，相应的解空间树称为排列树。在排列树中，通常情况下，$|S_1|=n$，$|S_2|=n-1,\cdots,|S_n|=1$，所以，排列树中共有 $n!$ 个叶子结点，因此，遍历排列树需要 $\Omega(n!)$ 时间。例如，旅行商问题的解空间树是一棵排列树。

用回溯法搜索排列树的一般算法可描述如下。

```
void backtrack(int t)
{
  if(t>n) output(x);
  else
    for(int i=t;i<=n;i++)
    {
      swap(x[t], x[i]);
      if(legal(t)) backtrack(t+1);
      swap(x[t], x[i]);
    }
}
```

在调用 backtrack(1) 执行回溯搜索之前，先将变量数组 x 初始化为单位排列 $\{1,2,\cdots,n\}$。

5.3　装载问题

1. 问题描述

有一批共 n 个集装箱要装上 2 艘载重量分别为 c_1 和 c_2 的轮船，其中集装箱 i 的重量为 w_i，且 $\sum_{i=1}^{n} w_i \leqslant c_1+c_2$，装载问题要求确定是否有一个合理的装载方案可将这些集装箱装上这 2 艘轮船。如果有，找出一种装载方案。

装载问题描述与分析

2. 解决方案

容易证明，如果一个给定装载问题有解，则采用下面的策略可得到最优装载方案。

装载问题算法设计

（1）将第一艘轮船尽可能装满。

（2）将剩余的集装箱装上第二艘轮船。

将第一艘轮船尽可能装满等价于选取全体集装箱的一个子集，使该子集中集装箱重量之和最接近。由此可知，装载问题等价于以下特殊的 0-1

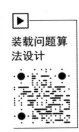

127

背包问题。

$$\max \sum_{i=1}^{n} w_i x_i$$

$$\text{s.t.} \sum_{i=1}^{n} w_i x_i \leqslant c_1, \quad x_i \in \{0,1\}, \quad 1 \leqslant i \leqslant n$$

其中，s.t. 是 subject to 的缩写，表示"服从"或"满足"下述条件。

解空间是一棵子集树。

可行性约束函数（选择当前元素）的计算式为

装载问题算法实现

$$\sum_{i=1}^{n} w_i x_i \leqslant c_1$$

上界函数（不选择当前元素）的计算式为

当前载重量（cw）＋剩余集装箱的重量（r）≤当前最优载重量（bestw）

回溯法解决装载问题的代码实现如下。

```
#include<stdio.h>
#define M 100
int n=3; // 装载问题的深度
int x[]={0,0,0}; // 用来标记是否放入第一艘轮船
int c1=50; // 第一艘轮船剩余容量
int w[]={10,40,40}; // 货物重量
int x1[]={0,0,0}; // 标记最优解

int Constrain(int t)
{
    int i;
    int sum=0;
    static int sum1=0; // 最优解

    for(i=0;i<=t;i++)
    {
      if(x[i]==1)
          sum+=w[i];
    }
    printf("--------------->%d\n",sum);
    for(i=0;i<n;i++)
    {
```

```
          printf("%d",x1[i]);
      }
      printf("\n");

      if(sum>c1)  // 如果超载返回否
      {
        x[t]=0;
        return 0;
      }
      else  // 否则记录最优解
      {
        if(sum1<sum)
        {
          for(i=0;i<=t;i++)
          {
            if(x[i]==1)  x1[i]=1;
            else x1[i]=0;
          }
        }
        return 1;
      }
}


int Bound(int t)
{
    if(t<n)
        return 1;
    else return 0;  // 如果越界返回否
}
void Backtrack(int t)
{
    int i;
    if(t<n)
    {
        for(i=0;i<=1;i++)
        {
            x[t]=i;
```

```
            if(Constrain(t)&&Bound(t))   // 如果没有越界且问题可能有解
                Backtrack(t+1);
        }
    }
}
int main()
{
    int i;
    int sum=0;
    Backtrack(0);
    for(i=0;i<n;i++)  // 检查第二艘轮船是否满足条件
    {
      if(x1[i]==0)
            sum+=w[i];
    }
    if(sum>c1)
    {
      printf(" 无解 ");
      return 0;
    }
    for(i=0;i<n;i++)  // 打印最优解，1 代表放入第一艘轮船，0 代表不放入
    {
      if(x1[i]==1)
        printf("%d  ",w[i]);
    }
}
```

5.4　批处理作业调度问题

批处理作业
调度问题描
述与分析

1. 问题描述

n 个作业 $\{1,2,\cdots,n\}$ 要在两台机器上处理，每个作业必须先由机器 1 处理，再由机器 2 处理，机器 1 处理作业 i 所需时间为 a_i，机器 2 处理作业 i 所需时间为 $b_i(1 \leqslant i \leqslant n)$。批处理作业调度问题要求确定这 n 个作业的最优处理顺序，使得从第 1 个作业在机器 1 上处理开始，到最后一个作业在机器 2 上处理结束所需时间最少。

2. 解决方案

批处理作业调度问题的一个常见例子是在计算机系统中完成一批作业，每个作业都要先完成计算，然后打印计算结果这两项任务。计算任务由计算机的中央处理器完成，打印任务由打印机完成。在这种情形下，计算机的中央处理器是机器 1，打印机是机器 2。

显然，批处理作业的一个最优调度应使机器 1 没有空闲时间，且机器 2 的空闲时间最小。可以证明，存在一个最优作业调度使得在机器 1 和机器 2 上作业以相同次序完成。

例如，有 3 个作业 {1,2,3}，这 3 个作业在机器 1 上所需的处理时间为 (2,3,2)，在机器 2 上所需的处理时间为 (1,1,3)，则这 3 个作业存在 6 种可能的调度方案 (1,2,3)、(1,3,2)、(2,1,3)、(2,3,1)、(3,1,2)、(3,2,1)，相应的完成时间为 10、8、10、9、8、8，如图 5.2 所示。显然，最佳调度方案是 (1,3,2)、(3,1,2)、(3,2,1)，其完成时间为 8。

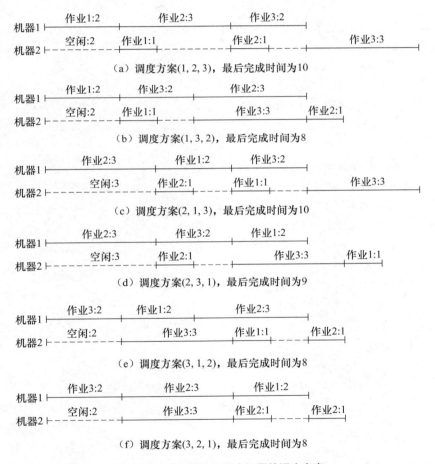

图 5.2 $n=3$ 时批处理调度问题的调度方案

对于批处理作业调度问题，由于要从 n 个作业的所有排列中找出具有最早完成时间的作业调度，因此，批处理作业调度问题的解空间是一棵排列树。

设数组 a[n] 存储作业在机器 1 上的处理时间，b[n] 存储作业在机器 2 上的处理时间，回溯法求解批处理作业调度问题的算法如下。

```
void BatchJob(int n,int a[], int b[],int &bestTime)
{ // 数组 x 存储具体的作业调度，下标从 1 开始
  // 数组 sum1 存储机器 1 的作业时间，下标从 0 开始
  // 数组 sum2 存储机器 2 的作业时间，下标从 0 开始
  for(i=1;i<=n;i++)
  {
    x[i]=0;
    sum1[i]=0;
    sum2[i]=0;
  }
  sum1[0]=0;sum2[0]=0; // 初始迭代使用
  k=1;bestTime=∞;
  while(k>=1)
  {
      x[k]=x[k]+1;while(x[k]<=n)
      if(Ok(k))
      {
        sum1[k]=sum1[k-1]+a[x[k]];
        sum2[k]=max(sum1[k],sum2[k-1])+b[x[k]];
        if(sum2[k]<bestTime) break;
        else x[k]=x[k]+1;
      }
      else x[k]=x[k]+1;
      if(x[k]<=n&&k<n)
        k=k+1; // 安排下一个作业
      else
      {
      if(x[k]<=n&&k==n) // 得到一个作业安排
        if(bestTime>sum2[k]) bestTime=sum2[k];
      x[k]=0; // 重置 x[k]，回溯
      k=k-1;
      }
  }
}
bool Ok(int k) // 作业 k 与其他作业是否发生冲突（重复）
{
```

```
for(i=1;i<k;i++)
  if(x[i]==x[k])  return false;
return true;
}
```

5.5　符号三角形问题

1. 问题描述

图 5.3 所示为由 14 个 "+" 和 14 个 "-" 组成的符号三角形，2 个同号下面都是 "+"，2 个异号下面都是 "-"。

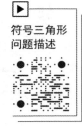
符号三角形
问题描述

$$- + + - + + +$$
$$- + - - + +$$
$$- - + - +$$
$$+ - - -$$
$$- + +$$
$$- +$$
$$-$$

图 5.3　符号三角形

在一般情况下，符号三角形的第一行有 n 个符号，符号三角形问题要求对于给定的 n，计算有多少个不同的符号三角形，使其所含的 "+" 和 "-" 的个数相同。

2. 解决方案

（1）不断改变第一行每个符号，搜索符合条件的解，可以使用递归回溯。为了便于运算，设 + 为 0，- 为 1，这样可以使用异或运算符表示符号三角形的关系，++ 为 + 即 0^0=0，-- 为 + 即 1^1=0，+- 为 - 即 0^1=1，-+ 为 - 即 1^0=1。

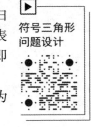
符号三角形
问题设计

（2）因为两种符号个数相同，可以对题解树剪枝，当所有符号总数为奇数时无解，当某种符号超过总数一半时无解。

具体代码如下。

```
#include<stdio.h>
#include<conio.h>
#define MAX 100

// 全局变量
int count=0; //the number of '-'
```

```
int sum=0;  //the number of the result
int p[MAX][MAX]={0};           //1为 '-', 0为 '+'
int n=0;
int half=0;  //half=n*(n+1)/4

void back_triangle(int t);

int main()
{
    printf("Please input n:");
    scanf("%d",&n);
    half=n*(n+1)/2;
    if(half%2!=0)
    {
        printf("The number that you input is not meaningful for
this problem!");
        getch();
        return 1;
    }
    half/=2;
    back_triangle(1);
    printf("The result is %d",sum);
    getch();
    return 0;
}

void back_triangle(int t)
{
    if(count>half||t*(t-1)/2-count>half) //因为这条语句，"count==half"
                                          //非必要
        return;
    if(t>n)    // "count==half" 非必要
    {
        sum++;
        for(int temp=1;temp<=n;temp++)
        {
            for(int tp=1;tp<=n;tp++)
```

```
        {
            printf("%d ",p[temp][tp]);
        }
        printf("\n");
    }
    printf("\n");
}
else
{
    int i;
    for(i=0;i<2;i++)
    {
        p[1][t]=i;
        count+=i;
        int j;
        for(j=2;j<=t;j++)
        {
            p[j][t-j+1]=(p[j-1][t-j+1]^p[j-1][t-j+2]);
            count+=p[j][t-j+1];
        }
        back_triangle(t+1);
        for(j=2;j<=t;j++)
            count-=p[j][t-j+1];
        count-=i;
    }
}
}
```

算法效率分析：计算可行性约束需要 $O(n)$ 时间，在最坏情况下有 $O(2^n)$ 个结点需要计算可行性约束，故解符号三角形的回溯法所需的计算时间为 $O(2^n n)$。

5.6　0-1 背包问题

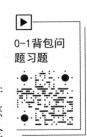

0-1背包问题习题

1. 问题描述

　　一位旅行者准备旅行，所以决定挑选一些物品放入背包之中。每一件物品有一个体积和价值，而背包的总容量也是固定的，问该旅行者应该怎样挑选物品，使得总的价值为最大值？注意物品不能分割，即只能要么全部选中，要么不选。

2. 解决方案

使用回溯法最重要的是要确定约束函数和限界函数，只有这样才能确定需要剪去哪些枝节，否则解空间太大，根本无法解决。

在此问题中，首先可以看出，该问题的约束函数如下。

如果当前背包中的物品的总体积是 c，前面的 $k-1$ 件物品都已经决定好是否要放入包中，那么第 k 件物品是否放入包中取决于不等式

$$c + w_k \leqslant M$$

其中，w_k 为第 k 件物品的体积，M 为背包的容量。此即约束条件。

然后寻找限界函数，这个问题比较麻烦，可以回忆一下背包问题的贪心算法，即物品按照"物品的价值/物品的体积"来从大到小排列，得到最优解为 $(1,1,1,\cdots,1,t,0,0,\cdots)$，其中 $0 \leqslant t \leqslant 1$。

因此，在确定第 k 个物品到底要不要放入的时候（在前 $k-1$ 个物品已经确定的情况下），可以考虑能够达到的最大价值，即可以通过计算只放入一部分的 k 物品来计算最大价值。确保当前选择的路径的最大价值要大于已经选择的路径的价值。这就是该问题的限界条件。通过该条件，可以剪去很多的枝条，大大节省了运行时间。

具体代码如下。

```c
#include<stdio.h>
#define max 100
int weight[max];
int value[max];
int n,max_weight,max_value;
int best_answer[max],answer[max];
void print()
{
    int i,j,k,l;
    printf("%d\n",max_value);
    for(i=1;i<=n;i++)
        printf("%d ",best_answer[i]);
    printf("\n");
}
void DFS(int level,int current_weight,int current_value)
{
    if(level>=n+1)
    {
```

```
        if(current_value>max_value)
        {
            int i;
            max_value=current_value;
            for(i=1;i<=n;i++)
                best_answer[i]=answer[i];
        }
    }

    else
    {

        if(current_weight>=weight[level+1])
        {
            current_weight=current_weight-weight[level+1];
            current_value=current_value+value[level+1];
            answer[level+1]=1;
            DFS(level+1,current_weight,current_value);
            answer[level+1]=0;
            current_weight=current_weight+weight[level+1];
            current_value=current_value-value[level+1];
        }
        if(Bound(i+1)>max_level)
            DFS(level+1,current_weight,current_value);


    }
}
void init() // 初始化
{
    int i,j,k,l;
    max_value=0;
    for(i=1;i<=n;i++)
        answer[i]=0;
}
int main()
{
    int i,j,k,l;
    scanf("%d %d",&max_weight,&n);
```

```
for(i=1;i<=n;i++)
    scanf("%d",&weight[i]);
for(j=1;j<=n;j++)
    scanf("%d",&value[j]);
init();
DFS(0,max_weight,0);
print();
return 0;
}
```

5.7 最大团问题

1. 问题描述

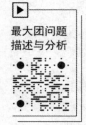
最大团问题
描述与分析

最大团问题（Maximum Clique Problem，MCP）是图论中一个经典的组合优化问题，也是一类多项式复杂程度的非确定性（Non-deterministic Polynomial，NP）完全问题。最大团问题又称最大独立集问题（maximum independent set problem）。目前，求解最大团问题的算法主要分为两类：确定性算法和启发式算法。确定性算法有回溯法、分支限界法等，启发式算法有蚁群算法、顺序贪婪算法和智能搜索算法等。

给定无向图 $G=(V, E)$，其中，V 是非空集合，称为顶点集；E 是 V 中元素构成的无序二元组的集合，称为边集，无向图中的边均是顶点的无序对，无序对常用圆括号 "()" 表示。如果 $U \subseteq V$，且对任意两个顶点 $u,v \in U$ 有 $(u,v) \in E$，则称 U 是 G 的完全子图（完全子图 G 就是指图 G 的每个顶点之间都有连边）。G 的完全子图 U 是 G 的团当且仅当 U 不包含在 G 的更大的完全子图中。G 的最大团是指 G 中所含顶点数最多的团。

如果 $U \subseteq V$ 且对任意顶点 $u,v \in U$ 有 (u,v) 不属于 E，则称 U 是 G 的空子图。G 的空子图 U 是 G 的独立集当且仅当 U 不包含在 G 的更大的空子图中。G 的最大独立集是 G 中所含顶点数最多的独立集。

对于任一无向图 $G=(V,E)$，其补图 $G'=(V',E')$ 定义为 $V'=V$，且 $(u,v) \in E'$ 当且仅当 $(u,v) \notin E$。

如果 U 是 G 的完全子图，则它也是 G' 的空子图，反之亦然。因此，G 的团与 G' 的独立集之间存在一一对应的关系。特殊地，U 是 G 的最大团当且仅当 U 是 G' 的最大独立集。

例如，如图 5.4(a) 所示，给定无向图 $G=\{V,E\}$，其中 $V=\{1,2,3,4,5\}$，$E=\{(1,2), (1,4), (1,5),(2,3), (2,5), (3,5), (4,5)\}$。根据最大团定义，子集 {1, 2} 是图 G 的一个大小为 2 的完全子图，但不是一个团，因为它包含于 G 的更大的完全子图 {1, 2, 5} 之中。{1, 2, 5} 是 G 的一个最大团。{1, 4, 5} 和 {2, 3, 5} 也是 G 的最大团。图 5.4（b）是无向图 G 的

补图 G'。根据最大独立集定义，{2,4} 是 G 的一个空子图，同时也是 G 的一个最大独立集。虽然 {1,2} 也是 G' 的空子图，但它不是 G' 的独立集，因为它包含在 G' 的空子图 {1,2,5} 中。{1,2,5} 是 G' 的最大独立集。{1,4,5} 和 {2,3,5} 也是 G' 的最大独立集。

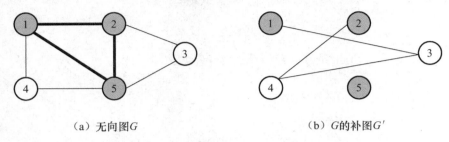

（a）无向图 G　　　　　　　　　　　（b）G 的补图 G'

图 5.4　无向图 G 和 G 的补图 G'

2. 解决方案

　　无向图 G 的最大团和最大独立集问题都可以用回溯法在 $O(2^n n)$ 的时间内解决。图 G 的最大团和最大独立集问题都可以看成是图 G 的顶点集 V 的子集选取问题。因此可以用子集树来表示问题的解空间。首先设最大团为一个空团，往其中加入一个顶点，然后依次考虑每个顶点，查看该顶点加入团之后仍然构成一个团，如果可以，考虑将该顶点加入团或舍弃两种情况，如果不行，直接舍弃，然后递归判断下一个顶点。对于无连接或直接舍弃两种情况，在递归前，可采用剪枝策略来避免无效搜索。为了判断当前顶点加入团之后是否仍是一个团，只需要考虑该顶点和团中顶点是否都有连接。程序中采用了一个比较简单的剪枝策略，即如果剩余未考虑的顶点数加上团中顶点数不大于当前解的顶点数，可停止继续深度搜索，否则继续深度递归。当搜索到一个叶子结点时，即可停止搜索，此时更新最优解和最优值。

　　解最大团问题的回溯法可描述如下。

```cpp
#include<iostream>
#include<stdio.h>
#include<stdlib.h>
#include<string.h>
/*最大团：从无向图的顶点集中选出 k 个并且 k 个顶点之间任意两点之间都相邻（完
全图），最大的 k 就是最大团
- 约束函数，顶点 i 到已选入的顶点集中每一个顶点都有边相连
- 限界函数，有足够多的可选择顶点使得算法有可能在右子树中找到更大的团 */
using namespace std;
int n; // 有 n 个结点
int m[100][100]; // 邻接矩阵
int count=0; // 计算最大团里的结点个数
int bestcount=0;
```

```
int x[100]; //x[i]=1 代表第 i 个结点被加入已选择点集
int bestx[100]; // 最大团里的结点选择情况
void dfs(int i)
{
    int j;
    if(i>n) // 退出条件：遍历抵达叶子结点
    {
        bestcount=count;
        for(j=1;j<=n;j++)
        {
            bestx[j]=x[j];
        }
        return;
    }
    else
    {
        int ok=1; //ok 为标志位，ok=1 代表遍历左子树（i 加入已选择的点集）
        for(j=1;j<=n;j++)
        {
            if((x[j]==1)&&(m[i][j]==0))
            //(x[j]==1) 说明 j 在当前被选择的点集中
            //m[i][j]==0 说明 i、j 不相连，则不能把 i 加入点集
            {
                ok=0;
                break;
            }
        }
        if(ok==1)        // 说明第 i 个点可以被加进去，遍历左子树
        {
            x[i]=1;
            count++;
            dfs(i+1);
            count--;   // 回溯到原点
            x[i]=0;
        }
        else             // 说明第 i 个点不能被加进去，遍历右子树
        {
```

```
            x[i]=0;
            if(count+n-i>bestcount)
            {
                dfs(i+1);
            }
        }
    }
}
int main()
{
    int i,j;
    scanf("%d",&n);
    for(i=1;i<=n;i++)
    {
        for(j=1;j<=n;j++)
        {
            scanf("%d",&m[i][j]);
        }
    }
    dfs(1);
    printf("%d\n",bestcount);
    for(i=1;i<=n;i++)
    {
        if(bestx[i]==1)
        {
            printf("%d ",i);
        }
    }
    printf("\n");

    return 0;
}
```

5.8　旅行商问题

旅行商问题（Traveling Salesman Problem，TSP）是组合优化中研究较多的问题之一。

1. 问题描述

一个推销员要找到一条通过 n 个城市的最短巡回。因为推销员问题的约束条件是每个城市都要走到，而且每个城市都只能走一次，因而是一个城市的排列问题。如果把每种可能都计算一次，那么计算量将随 n 的增加而增加，是一个 NP 完全问题。

2. 解决方案

旅行商问题的解空间树是一个排列树，图 5.5 给出了一个具体旅行商问题和对应的解空间树。

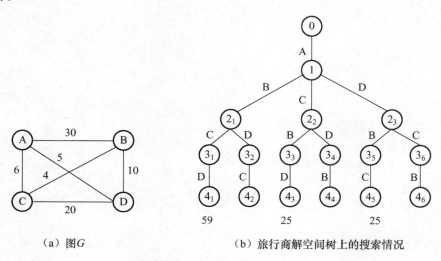

（a）图 G （b）旅行商解空间树上的搜索情况

图 5.5　旅行商问题的解空间树

具体代码如下。

```c
#include<stdio.h>
#define N 4                          // 城市数目
#define NO_PATH -1                    // 没有通路
#define MAX_WEIGHT 4000
int City_Graph[N+1][N+1];             // 保存图信息
int x[N+1];                           //x[i]保存第 i 步遍历的城市
int isIn[N+1];                        // 保存城市 i 是否已经加入路径
int bestw;                            // 最优路径总权值
int cw;                               // 当前路径总权值
int bw;                               // 深度搜索完成总权值
int bestx[N+1];                       // 最优路径
//------------------------------------------------------------
void Travel_Backtrack(int t)
```

```
{                  // 递归法
    int  i,j;
    if(t>N)
    {                                    // 走完了，输出结果
        for(i=1;i<=N;i++)          // 输出当前的路径
            printf("%d ",x[i]);
        printf("\n");
        bw=cw+City_Graph[x[N]][1]; // 计算总权值（非最优）
        if(bw<bestw) // 挑选出最优总权值
        {                          // 判断当前路径是不是更优解
            for(i=1;i<=N;i++)
            {
                bestx[i]=x[i];
            }
            bestw=bw;
        }
        return;
    }
    else
    {
        for(j=2;j<=N;j++)  /* 因为出发点为 1 号，所以后面回溯时 1 号不满足
        之后的 if 条件 */
        {                        // 找到第 t 步能走的城市
            if(City_Graph[x[t-1]][j]!=NO_PATH&&!isIn[j]  /*&&
cw<bestw*/)
            /* 剪枝条件：可达且未加入到路径中且当前总权值小于最优权值 */
            {
                isIn[j]=1;
                x[t]=j;
                cw+=City_Graph[x[t-1]][j];
                Travel_Backtrack(t+1);
                isIn[j]=0;
                x[t]=0;
                cw -= City_Graph[x[t-1]][j];
            }
        }
    }
```

```
    }
void main()
{
    int i;
    // 建立图（邻接矩阵）
    /*
        0           30      6       4

        30          0       5       10

        6           5       0       20

        4           10      20      0

    */
    City_Graph[1][1]=NO_PATH;
    City_Graph[1][2]=30;
    City_Graph[1][3]=6;
    City_Graph[1][4]=4;

    City_Graph[2][1]=30;
    City_Graph[2][2]=NO_PATH;
    City_Graph[2][3]=5;
    City_Graph[2][4]=10;

    City_Graph[3][1]=6;
    City_Graph[3][2]=5;
    City_Graph[3][3]=NO_PATH;
    City_Graph[3][4]=20;

    City_Graph[4][1]=4;
    City_Graph[4][2]=10;
    City_Graph[4][3]=20;
    City_Graph[4][4]=NO_PATH;

    // 测试递归法，初始化
    for(i=1;i<=N;i++)
    {
```

```
        x[i]=0;              // 表示第 i 步还没有解
        bestx[i]=0;          // 还没有最优解
        isIn[i]=0;           // 表示第 i 个城市还没有加入到路径中
    }

    x[1]=1;                  // 第一步走城市 1
    isIn[1]=1;               // 第一个城市加入路径
    bestw=MAX_WEIGHT;
    cw=0;
    Travel_Backtrack(2);     // 从第二步开始选择城市
    printf(" 最优值为 %d\n",bestw);
    printf(" 最优解为 :\n");
    for(i=1;i<=N;i++)
    {
        printf("%d ",bestx[i]);
    }
    printf("\n");
}
```

算法效率分析：如果不考虑更新 bestx 所需的计算时间，则 Backtrack 需 $O((n-1)!)$ 计算时间；由于算法 Backtrack 在最坏情况下可能需要更新当前最优解 $O((n-1)!)$ 次，每次更新 bestx 需 $O(n)$ 计算时间，从而整个算法的时间复杂性为 $O(n!)$。

5.9　连续邮资问题

1. 问题描述

假设某国家发行了 n 种不同面值的邮票，并且规定每张信封上最多只允许贴 m 张邮票。要求对于给定的 m 和 n 的值，给出邮票面值的最佳设计，使得可以在一张信封上贴出从邮资 1 开始，增量为 1 的最大连续邮资区间。

2. 解决方案

（1）对于连续邮资问题，由于开始时仅给出面值的数量，而面值的具体值是未知的，而且邮资需要从 1 开始，因此，面值具体值中必然有 1。可以考虑建立一个数组用于存储具体的面值。$x[1:n]$ 表示从小到大存储具体面值。

（2）当面值为 1 时，可形成的连续邮资区间为 $1 \sim m$；在此基础上，若要增加面值，为保证区间连续，第 2 个面值必然要在 $2 \sim m+1$ 中取（第 2 个面值不能为 1，并且若为 $m+2$ 或更大时，只用一个就变为 $m+2$，此时不连续）；第 3 个面值则需要根据前两个面值能达到的最大值来确定；第 i 个面值 $x[i]$ 的连续区间若为 $1 \sim r$ 时，则第 $x[i+1]$ 个面值的取值必然为 $x[i]+1 \sim r+1$。因此从第 1 个面值开始，接下来的各个面值的取值都由上一个面值以及能形成的最大值来取。

（3）但是为了求解最大连续区间，需要将面值的所有情况进行考虑，则对面值可能取值的语法树进行递归遍历，即回溯。递归到叶子结点时，将当前情况的最大值进行记录并与之前的进行比较，若更大则保存最大值，之后回溯到上一层继续求解，直到将所有情况计算完成。

（4）为了在第 n 层得到最大连续邮资区间，则在前几层进行计算时，必须要达到既保证连续，又要保证每个邮资值尽量使用比较少的邮票张数，即多使用面值大的邮票。这就要求每引进一个新的邮票的时候，需要对当前邮资值数组进行更新，以保证达到的每个邮资值使用的是最少的邮票数。

具体代码如下。

```c
#include<stdio.h>
#define maxl 1000              // 表示最大连续值
#define maxint 32767
int n,m;                       //n 为邮票种类数，m 为能贴的最大张数
int maxvalue;                  // 表示最大连续值
int bestx[100];                // 表示最优解
int y[maxl];                   //y[k] 存储表示到 k 值所使用的最少邮票数
int x[100];                    // 存储当前解
void backtrace(int i,int r);


int main()
{
    printf(" 请输入邮票面值数：");
    scanf("%d",&n);
    printf(" 请输入能张贴邮票的最大张数：");
    scanf("%d",&m);
    for(int i=0;i<=n;i++)
    {
        x[i]=0;
        bestx[i]=0;
    }
    for(int i=0;i<maxl;i++)
    {
        y[i]=maxint;
```

```
    }
    x[1]=1;
    y[0]=0;
    maxvalue=0;
    backtrace(1,0);
    printf(" 当前最优解为: ");
    for(int i=1;i<=n;i++)
    {
        printf("%d ",bestx[i]);
    }
    printf("\n 最大邮资为: ");
    printf("%d",maxvalue);
    return 1;
}


void backtrace(int i,int r)
{
    for(int j=0;j<=x[i-1]*m;j++)
    // 对上一层的邮资值数组进行更新，上限是 x[i-1]*m
    {
        if(y[j]<m)
        {
            for(int k=1;k<=m-y[j];k++)
            {/* 从只使用一个 x[i] 到使用 m-y[i] 个，即使用最多的最大值，
降低邮票数 */
                if(y[j]+k<y[j+x[i]*k])
                {
                    y[j+x[i]*k]=y[j]+k;
                    /* 如果前面的某一个情况加上 k 个 x[i]，所达到邮资值使用
的邮票数少于原来的邮票数则更新 */
                }
            }
        }
    }
    while(y[r]<maxint)        // 向后寻找最大邮资值
    {
        r++;
```

```
        }
        if(i==n)                    //i=n 表示到达叶子结点
        {
            if(r-1>maxvalue)     // 若大于最大值，则更新最优值与最优解
            {
                for(int k=1;k<=n;k++)
                {
                    bestx[k]=x[k];
                }
                maxvalue=r-1;
            }
            return;
        }
        int z[maxl];
        for(int k=0;k<maxl;k++)     /* 由于每一层需要对多种情况进行运算，
因此需要将上一层的邮资值数组保留 */
        {
            z[k]=y[k];
        }
        for(int j=x[i]+1;j<=r;j++)  // 对下一层进行运算
        {
            x[i+1]=j;
            backtrace(i+1,r-1);
            for(int k=0;k<maxl;k++)
                y[k]=z[k];
        }
    }
```

5.10 回溯法的效率分析

回溯法的效率在很大程度上依赖于以下因素。

（1）产生状态点 x[k] 的时间。

（2）满足显约束的状态点 x[k] 的个数。

（3）计算约束函数 constrain 的时间。

（4）计算上界函数 bound 的时间。

（5）满足约束函数和上界函数约束的所有 x[k] 的个数。

解空间的结构一旦确定，前 3 个因素就可以确定，剩下的就是考虑回溯过程中生成

的结点个数。

好的约束函数能显著地减少所生成的结点数。但这样的约束函数往往计算量较大。因此，在选择约束函数时通常存在生成结点数与约束函数计算量之间的折中。

重排原理，确定解空间树的结构，可以决定前 3 个因素。对于许多问题而言，在搜索试探时选取 $x[i]$ 值的顺序是任意的。在其他条件相当的前提下，让可取值最少的 $x[i]$ 优先将较有效。

估算回溯法产生的结点数目。在解空间树上产生一条随机的路径，然后沿此路径估算解空间树中满足约束条件的结点个数。

本章小结

本章主要讨论回溯法的基本理论和应用范例，介绍了回溯法的基本思想、步骤及子集树和排列树的定义，并重点介绍了回溯法的算法框架。此外，本章还详细介绍了如何用回溯法求解应用范例，具体说明了如何利用回溯法求解装载问题、批处理作业调度问题、符号三角形问题、0-1 背包问题、最大团问题、旅行商问题和连续邮资问题。

习　　题

1. 请设计一个函数，用来判断在一个矩阵中是否存在一条包含某字符串所有字符的路径。路径可以从矩阵中的任意一个格子开始，每一步可以在矩阵中向左、向右、向上、向下移动一个格子。如果一条路径经过了矩阵中的某一个格子，则之后不能再次进入这个格子。例如，下面的 3×4 矩阵中包含一条字符串 "bcced" 的路径，但是矩阵中不包含 "abcb" 路径，因为字符串的第一个字符 b 占据了矩阵中的第一行第二个格子之后，路径不能再次进入该格子。

a　b　c　e

s　f　c　s

a　d　e　e

2. 已知一个数组，保存了 N 根火柴棍，是否可以使用这 N 根火柴棍摆成一个正方形？

（1）如何设计回溯法解决该问题？

（2）如何设计递归函数解决该问题？递归的回溯搜索何时返回真，何时返回假？

（3）普通的回溯搜索是否可以解决该问题？如何对深度搜索进行优化？

3. 数字 n 代表生成括号的对数，请设计一个函数，用于生成所有可能的并且有效的括号组合。

示例 1 如下。

输入：n=3

输出：["((()))","(()())","(())()","()(())","()()()"]

示例 2 如下。

输入：n=1

输出：["()"]

4. 给定一个仅包含数字 2～9 的字符串，返回所有它能表示的字母组合。答案可以按任意顺序返回。给出数字到字母的映射，如图 5.6 所示（与电话按键相同）。注意，数字"1"不对应任何字母。

图 5.6 数字到字母的映射

示例 1 如下。

输入：digits="23"

输出：["ad","ae","af","bd","be","bf","cd","ce","cf"]

示例 2 如下。

输入：digits=""

输出：[]

5. 给定一个无重复元素的数组 candidates 和一个目标数 target，找出 candidates 中所有可以使数字和为 target 的组合。candidates 中的数字可以无限制重复被选取。

说明：所有数字（包括 target）都是正整数。解集不能包含重复的组合。

示例 1 如下。

输入：candidates=[2,3,6,7], target=7

输出：[[7], [2,2,3]]

6. 给定一个没有重复数字的序列，返回其所有可能的全排列。

示例如下。

输入：[1,2,3]

输出：[[1,2,3],[1,3,2],[2,1,3],[2,3,1],[3,1,2],[3,2,1]]

7. 给定一个可包含重复数字的序列 nums，按任意顺序返回所有不重复的全排列。

示例 1 如下。

输入：nums=[1,1,2]

输出：[[1,1,2],[1,2,1],[2,1,1]]

示例 2 所示。

输入：nums=[1,2,3]

输出：[[1,2,3],[1,3,2],[2,1,3],[2,3,1],[3,1,2],[3,2,1]]

8. 给出集合 $[1,2,3,\cdots,n]$，其所有元素共有 $n!$ 种排列。

按大小顺序列出所有排列情况，并一一标记，当 $n=3$ 时，所有排列如下。

1."123"

2."132"

3."213"

4."231"

5."312"

6."321"

给定 n 和 k，返回第 k 个排列。

示例 1 如下。

输入：n=3, k=3

输出："213"

示例 2 如下。

输入：n=4, k=9

输出："2314"

9. 给定两个整数 n 和 k，返回 $1 \sim n$ 中所有可能的 k 个数的组合。

示例如下。

输入：n=4, k=2

输出：[[2,4],[3,4],[2,3],[1,2],[1,3],[1,4],]

10. 给出一个整数数组 nums，数组中的元素互不相同。返回该数组所有可能的子集（幂集）。

解集中不能包含重复的子集，可以按任意顺序返回解集。

示例 1 如下。

输入：nums=[1,2,3]

输出：[[],[1],[2],[1,2],[3],[1,3],[2,3],[1,2,3]]

示例 2 如下。

输入：nums=[0]

输出：[[],[0]]

11. 给定一个 $m \times n$ 二维字符网格 board 和一个字符串单词 word。如果 word 存在于网格中，返回 true，否则返回 false。

单词必须按照字母顺序，通过相邻的单元格内的字母构成。其中相邻单元格是指那些水平相邻或垂直相邻的单元格。同一个单元格内的字母不允许被重复使用。

示例如下（图 5.7）。

输入：board=[["A","B","C","E"],["S","F","C","S"],["A","D","E","E"]], word="ABCCED"

输出：true

A	B	C	E
S	F	C	S
A	D	E	E

图 5.7　习题 11 示例

12. 格雷编码是一个二进制数字系统，在该系统中，两个连续的数值仅有一个位数的差异。给定一个代表编码总位数的非负整数 n，打印其格雷编码序列。即使有多个不同答案，也只需要返回其中一种。格雷编码序列必须以 0 开头。

示例 1 如下。

输入：2

输出：[0,1,3,2]

解释：

00 - 0

01 - 1

11 - 3

10 - 2

对于给定的 n，其格雷编码序列并不唯一。

例如，[0,2,3,1] 也是一个有效的格雷编码序列。

00 - 0

10 - 2

11 - 3

01 - 1

13. 给定一个只包含数字的字符串，用以表示一个 IP 地址，返回所有可能从 s 获得的有效 IP 地址。可以按任何顺序返回答案。

有效 IP 地址正好由 4 个整数（每个整数位于 0 到 255 之间，且不能含有前导 0），整数之间用"."分隔。例如，0.1.2.201 和 192.168.1.1 是有效 IP 地址，但是 0.011.255.245、192.168.1.312 和 192.168@1.1 是无效 IP 地址。

示例如下。

输入：s="25525511135"

输出：["255.255.11.135","255.255.111.35"]

14. 给出一个字符串 s，请将 s 分割成一些子串，使每个子串都是回文串。返回 s 所有可能的分割方案。回文串是正着读和反着读都一样的字符串。

示例如下。

输入：s="aab"

输出：[["a","a","b"],["aa","b"]]

15. 找出所有相加之和为 n 的 k 个数的组合。组合中只允许含有 $1 \sim 9$ 的正整数，并且每种组合中不存在重复的数字。

说明：所有数字都是正整数，解集不能包含重复的组合。

示例如下。

输入：k=3, n=7

输出：[[1,2,4]]

16. 累加数是一个字符串，组成它的数字可以形成累加序列。一个有效的累加序列必须至少包含 3 个数。除了最开始的两个数以外，字符串中的其他数都等于它之前两个数相加的和。给定一个只包含数字 '0' ~ '9' 的字符串，编写一个算法来判断给定输入是不是累加数。

说明：累加序列里的数不会以 0 开头，所以不会出现 "1, 2, 03" 或 "1, 02, 3" 的情况。

示例如下。

输入："112358"

输出：true

解释：累加序列为 1, 1, 2, 3, 5, 8 。1 + 1=2，1 + 2=3，2 + 3=5，3 + 5=8。

17. 给定一个非负整数 n，计算各位数字都不同的数字 x 的个数，其中 $0 \leqslant x < 10^n$。

示例如下。

输入：2

输出：91

解释：答案应为除 11、22、33、44、55、66、77、88、99 外，在 [0,100) 区间内的所有数字。

18. 假设有从 1 到 N 的 N 个整数，如果从这 N 个数字中成功构造出一个数组，使得数组的第 i 位 $(1 \leqslant i \leqslant N)$ 满足以下两个条件中的一个，就称这个数组为一个优美的排列。

（1）第 i 位的数字能被 i 整除。

（2）i 能被第 i 位上的数字整除。

现在给定一个整数 N，请问可以构造多少个优美的排列？

示例如下。

输入：2

输出：2

解释：

第 1 个优美的排列是 [1, 2]：第 1 个位置（i=1）上的数字是 1，1 能被 i（i=1）整除；第 2 个位置（i=2）上的数字是 2，2 能被 i（i=2）整除。

第 2 个优美的排列是 [2, 1]：第 1 个位置（i=1）上的数字是 2，2 能被 i（i=1）整除；第 2 个位置（i=2）上的数字是 1，i（i=2）能被 1 整除。

第 6 章

分支限界法

　　有些问题, 如优化问题和搜索问题, 它们的解分布在一个解空间里, 求解这些搜索问题的算法就是一种遍历搜索解空间的系统方法, 所以解空间又称搜索空间。回溯法就是一种对解空间进行搜索的算法, 该算法通常将解空间组织成树形结构, 采用深度优先搜索的方式搜索解空间。在深度优先搜索的过程中, 回溯法没有考虑所有孩子结点的优劣, 采用一种随机的方式生成孩子结点, 然后按照生成孩子结点的先后顺序进行搜索, 这是一种盲目的搜索方式。是否存在其他的搜索方式能考虑孩子结点的性能, 根据性能启发式地进行搜索呢? 具体如何搜索呢? 本章就主要研究以上问题。本章建议 8 学时。

教学目标

➤ 掌握分支限界法的基本思想及搜索方式;
➤ 理解分支限界法的算法框架;
➤ 具备用分支限界法解决实际问题的能力。

教学需求

知识要点	能力要求	相关知识
分支限界法的基本思想	(1) 掌握分支限界法的基本思想; (2) 掌握分支限界法与回溯法的区别	解空间, 回溯法
分支限界法的算法框架	(1) 掌握队列式分支限界法的算法框架; (2) 掌握优先队列式分支限界法的算法框架	队列, 堆
装载问题	(1) 理解装载问题的描述; (2) 掌握装载问题的队列式分支限界法实现; (3) 掌握装载问题的优先队列式分支限界法实现	装载问题, 优先级
布线问题	(1) 理解布线问题的描述; (2) 掌握布线问题的分支限界法实现	布线问题
0-1 背包问题	(1) 理解 0-1 背包问题的描述; (2) 掌握 0-1 背包问题的分支限界法实现	0-1 背包问题
最大团问题	(1) 理解最大团问题的描述; (2) 掌握最大团问题的分支限界法实现	完全子图, 团, 最大团
旅行商问题	(1) 理解旅行商问题的描述; (2) 掌握旅行商问题的分支限界法实现	路径, 旅行商问题

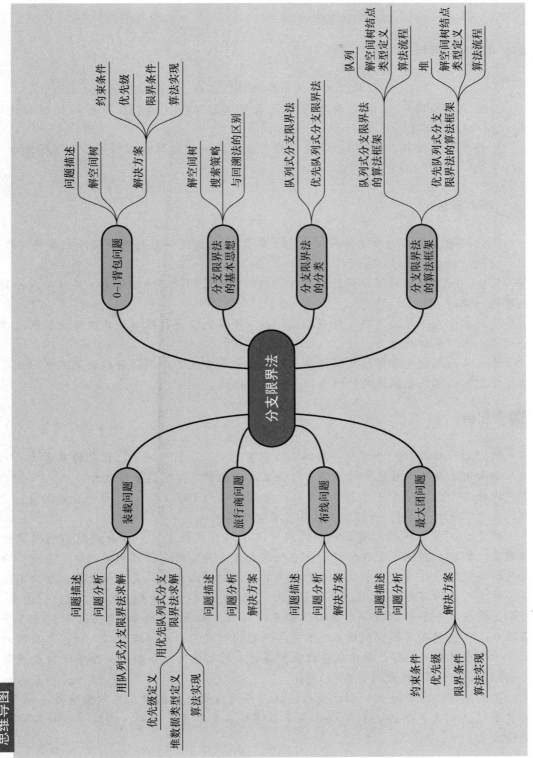

推荐阅读资料

1. 王晓东，2018. 计算机算法设计与分析 [M]. 5 版. 北京：电子工业出版社.

2. 陈涛，张思发，2009. 分支限界法求解实际 TSP 问题 [J]. 计算机工程与设计，30(10)：2431–2434.

3. 周建军，詹芹，2009. 回溯法与分支限界法的用法取向探讨 [J]. 九江学院学报，28(3)：18–20.

基本概念

优化问题一般指需要选择一组参数（变量），在满足一系列有关的限制条件（约束）下，使设计指标（目标）达到最优值。

解空间树是依据待解决问题的特性，用树结构表示问题的解结构、用叶子表示问题的解的一棵树。

队列式分支限界法是将活结点表组织成一个队列，并按队列的先进先出原则选择下一个结点为当前扩展结点。

优先队列式分支限界法是将活结点表组织成一个优先队列，并按优先队列中规定的结点优先级选取优先级最高的结点为当前扩展结点。

引例：0-1 背包问题

给定 n 种物品和一个背包。物品 i 的重量为 w_i，其价值为 v_i，背包的容量为 C。请问应该如何选择装入背包中的物品，使得装入背包中物品的总价值最大？

设物品个数 n 等于 3，这 3 个物品的重量分别为 16、15、15，价值分别为 45、25、25，背包容量 C 为 30，如何求解该 0-1 背包问题？

对于 0-1 背包问题，前面章节已经学习了两种求解方法，分别是动态规划算法和回溯法。其中，回溯法是在解空间上进行深度优先搜索进而得到问题的解。首先，分析问题的解空间，对于物品个数为 3 的 0-1 背包问题，每个物品要么被选择，要么不被选择，所有可能的解为 (0, 0, 0)、(0, 0, 1)、(0, 1, 0)、(0, 1, 1)、(1, 0, 0)、(1, 0, 1)、(1, 1, 0) 和 (1, 1, 1)。将这 8 个解组织成一个树形结构进行表示，如图 6.1 所示。图 6.1 称为有 3 个物品的 0-1 背包问题的解空间树。0-1 背包问题的解空间树是一棵满二叉树，二叉树的每个叶子结点对应一个解，解由从根结点到该结点的路径的数字组成，如字母 H 代表的解为 (1, 1, 1)，字母 I 代表的解为 (1, 1, 0)。

将问题解空间表示成树形结构后，接下来对该树进行搜索，当搜索到叶子结点时，该叶子结点就是一个解，判断该结点是否可行，是不是最优解，应该如何对解空间树进行搜索？

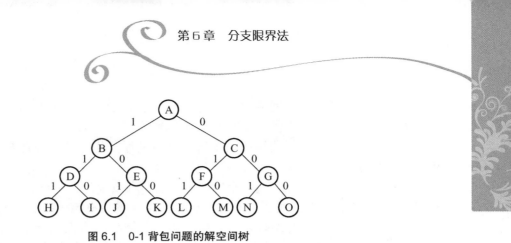

图 6.1　0-1 背包问题的解空间树

与回溯法的深度优先搜索不同，分支限界法采用广度优先进行搜索。对于一个当前扩展结点，一次性生成该结点的所有孩子结点，然后再分别生成这些孩子结点的孩子结点，以此类推，最后生成所有的叶子结点。例如，对图 6.1 进行广度优先搜索，从根结点 A 开始进行搜索，按照从左到右的顺序生成孩子结点，对该解空间树进行广度优先搜索的顺序是 A, B, C, D, E, F, G, H, I, J, K, L, M, N, O。

6.1　分支限界法的基本思想

分支限界法常以广度优先或以最小耗费（最大效益）优先的方式搜索问题的解空间树。在分支限界法中，每一个活结点只有一次机会成为扩展结点。活结点一旦成为扩展结点，就一次性产生其所有孩子结点。在这些孩子结点中，导致不可行解或导致非最优解的孩子结点被舍弃，其余孩子结点被加入活结点表中。此后，从活结点表中取下一结点成为当前扩展结点，并重复上述结点扩展过程。这个过程一直持续到找到所需的解或活结点表为空时为止。

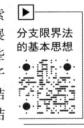

依据从活结点表中选择下一个扩展结点的方式不同，分支限界法分为两种方式：队列式分支限界法和优先队列式分支限界法。队列式分支限界法将活结点表组织成一个队列，并按队列的先进先出原则选择下一个结点作为当前扩展结点。优先队列式分支限界法将活结点表组织成一个优先队列，并按优先队列中规定的结点优先级选取优先级最高的结点作为当前扩展结点。

分支限界法的搜索策略是：在扩展结点处，先生成其所有的孩子结点（分支），然后再从当前的活结点表中选择下一个扩展对点。为了有效地选择下一个扩展结点，以加速搜索的进程，在每一活结点处，计算一个函数值（限界），并根据这些已计算出的函数值，从当前活结点表中选择一个最有利的结点作为扩展结点，使搜索朝着解空间树上有最优解的分支推进，以便尽快地找出一个最优解。

分支限界法与回溯法的区别如下。

（1）求解目标不同。回溯法的求解目标是找出解空间树中满足约束条件的所有解，而分支限界法的求解目标则是找出满足约束条件的一个解，或是在满足约束条件的解中找出在某种意义下的最优解。

（2）搜索方式不同。回溯法以深度优先的方式搜索解空间树，而分支限界法则以广度优先或以最小耗费优先的方式搜索解空间树。

下面通过引例说明分支限界法求解问题的过程，其解空间树如图 6.1 所示。采用队列式分支限界法求解该问题的过程如下。

0-1背包问题实例

（1）从结点 A 开始搜索，活结点表中只有结点 A，从活结点表中取出结点 A，A 是当前扩展结点。生成 A 的所有孩子结点 B 和 C，结点 B 表示将第 1 个物品装入背包中，第 1 个物品的重量是 16，背包容量是 30，显然可以将第 1 个物品装入背包中，结点 B 是可行的；结点 C 表示第 1 个物品不装入背包中，显然是可行的。因此 B 和 C 都是可行结点且都不是叶子结点，将 B 和 C 加入活结点表中，此时活结点表中有结点 B 和 C。

（2）按照先进先出原则，从活结点表中取出结点 B，B 是当前扩展结点，生成 B 的所有孩子结点 D 和 E。结点 D 表示将第 1 个和第 2 个物品都装入背包中，第 1 个和第 2 个物品的重量分别是 16 和 15，这两个物品的重量和超过了背包容量 30，因此结点 D 不是可行结点，将结点 D 剪枝掉，结点 D 不加入活结点表中。结点 E 表示第 1 个物品加入背包，第 2 个物品不加入背包，显然结点 E 是可行的，且不是叶子结点，因此将结点 E 加入活结点表中，此时活结点表中包含结点 C、E。

（3）按照先进先出原则，从活结点表中取出结点 C，C 是当前扩展结点，生成 C 的所有孩子结点 F 和 G，结点 F 表示第 1 个物品不装入背包，第 2 个物品装入背包，第 2 个物品的重量是 15，背包容量是 30，因此结点 F 是可行的，结点 G 表示第 1 个和第 2 个物品都不装入背包，也是可行的。此时 F 和 G 都不是叶子结点且可行，将 F 和 G 加入活结点表中，此时活结点表中包含结点 E、F、G。

（4）按照先进先出原则，选择结点 E 为当前扩展结点，生成 E 的所有孩子结点 J 和 K，其中 J 结点表示第 2 个物品不装入背包，第 1 个和第 3 个物品同时装入背包，此时结点 J 是不可行的，结点 J 被剪掉。结点 K 表示将第 1 个物品装入背包，第 2 个和第 3 个物品都不装入背包，显然 K 是可行的。结点 K 还是叶子结点，此时结点 K 不加入活结点表中，记录结点 K 的价值，K 对应的价值是 45，用 45 更新当前最优值，此时当前最优值是 45，当前最优解是 [1, 0, 0]。此时活结点表中包含结点 F 和 G。

（5）按照先进先出原则，选择结点 F 为当前扩展结点，生成 F 的所有孩子结点 L 和 M，L 和 M 都是可行结点且都是叶子结点，L 对应的最优值是 50，对应的最优解为 [0, 1, 1]。结点 L 的最优值 50 大于当前最优值 45，因此更新当前最优值为 50，更新当前最优解为 [0, 1, 1]。结点 M 对应的最优值为 25，小于当前最优值，因此 M 结点的最优值和最优解直接舍弃。此时活结点表中只包含结点 G。

（6）选择 G 为当前扩展结点，生成 G 的所有孩子结点 N 和 O，N 对应的最优值为 25，O 对应的最优值为 0，N 和 O 都是叶子结点，不加入活结点表中。N 和 O 的最优值也都小于当前最优值 50，也不用于更新当前最优值和最优解，直接舍弃结点 N 和 O。此时活结点表为空，算法结束。最终获得的最优值为 50，最优解为 [0, 1, 1]，对应图 6.1 中的结点 L。

从这个例子可以看出，队列式分支限界法搜索解空间树方式类似于对解空间树进行广度优先搜索。与回溯法的区别仅在于队列式分支限界法在搜索的过程中要判断结点是否可行，只将可行结点加入活结点表中（也就是队列），不可行结点被剪掉（也就是不加入活结点表中）。

队列式分支限界法采用广度优先的方式搜索解空间树，按照结点生成的先后顺序成为扩展结点，先生成的结点先成为扩展结点。在选择扩展结点时，没有考虑结点的性能，没有考虑哪个活结点更有可能扩展生成最优解。与队列式分支限界法不同，优先队列式分支限界法为每个结点设定一个优先级，根据优先级选择最有希望生成最优解的结点进行扩展。下面以引例说明优先队列式分支限界法的求解过程。在使用优先队列式分支限界法求解问题之前，要为每个结点设定优先级。这里简单设定优先级为已装入背包中物品的价值。采用优先队列式分支限界法求解该问题的过程如下。

（1）从结点 A 开始搜索，活结点表中只有结点 A，A 结点的优先级是 0，从活结点表中取出结点 A，A 是当前扩展结点。生成 A 的所有孩子结点 B 和 C，B 结点表示将第 1 个物品装入背包中，第 1 个物品的重量是 16，背包容量是 30，显然可以将第 1 个物品装入背包中，结点 B 是可行的，结点 B 的优先级为第 1 个物品的价值 45。结点 C 表示第 1 个物品不装入背包中，显然是可行的，结点 C 的优先级为 0。因此 B 和 C 都是可行结点且都不是叶子结点，将 B 和 C 加入活结点表中，此时活结点表中有结点 B 和 C。

（2）按照优先级选择结点，现在可选结点是 B 和 C，B 的优先级是 45，C 的优先级是 0，因此从活结点表中取出结点 B，B 是当前扩展结点，生成 B 的所有孩子结点 D 和 E，结点 D 表示将第 1 个和第 2 个物品都装入背包中，第 1 个和第 2 个物品的重量分别是 16 和 15，这两个物品的重量和超过了背包容量 30，因此结点 D 不是可行结点，将结点 D 剪掉，结点 D 不加入活结点表中。结点 E 表示第 1 个物品加入背包，第 2 个物品不加入背包，显然结点 E 是可行的，且不是叶子结点，因此将结点 E 加入活结点表中，E 结点的优先级是 45，此时活结点表中包含结点 C 和 E。

（3）按照优先级选择结点，现在可选结点是 C 和 E，C 的优先级是 0，E 的优先级是 45，因此从活结点表中取出结点 E，E 是当前扩展结点。生成 E 的所有孩子结点 J 和 K，其中 J 结点表示第 2 个物品不装入背包，第 1 个和第 3 个物品同时装入背包，此时结点 J 是不可行的，结点 J 被剪掉。结点 K 表示将第 1 个物品装入背包，第 2 个和第 3 个物品都不装入背包，显然 K 是可行的。结点 K 还是叶子结点，此时结点 K 不加入活结点表中，记录结点 K 的价值，K 对应的价值是 45，用 45 更新当前最优值，此时当前最优值是 45，当前最优解是 $[1, 0, 0]$。当前活结点表中只有 C 结点。

（4）从活结点表中取出结点 C，C 是当前扩展结点，生成 C 的所有孩子结点 F 和 G，结点 F 表示第 1 个物品不装入背包，第 2 个物品装入背包，第 2 个物品的重量是 15，背包容量是 30，因此结点 F 是可行的，结点 F 的优先级为第 2 物品的价值，也就是 25，结点 G 表示第 1 个和第 2 个物品都不装入背包，也是可行的，结点 G 的优先级为 0。当前活结点表中只有结点 F 和 G，结点 F 的优先级是 25，结点 G 的优先级是 0。

（5）按照优先级选择原则，选择结点 F 为当前扩展结点，生成 F 的所有孩子结点 L 和 M，L 和 M 都是可行结点且都是叶子结点，L 对应的最优值是 50，对应的最优解为 $[0, 1, 1]$。结点 L 的最优值 50 大于当前最优值 45，因此更新当前最优值为 50，更新

当前最优解为 [0, 1, 1]。结点 M 对应的最优值为 25，小于当前最优值，因此 M 结点的最优值和最优解直接舍弃。此时活结点表中只包含结点 G。

（6）选择 G 为当前扩展结点，生成 G 的所有孩子结点 N 和 O，N 对应的最优值为 25，O 对应的最优值为 0，N 和 O 都是叶子结点，不加入活结点表中。N 和 O 的最优值都小于当前最优值 50，不用于更新当前最优值和最优解，直接舍弃 N 和 O。此时活结点表为空，算法结束。最终获得的最优值为 50，最优解为 [0, 1, 1]，对应图 6.1 中的结点 L。

队列式分支限界法采用先生成先扩展的原则搜索解空间树，当搜索到叶子结点时不再扩展，因此叶子结点不加入活结点表中。当活结点表为空时，算法结束。活结点表采用队列数据结构实现，队列式分支限界法的算法框架如算法 6.1 所示。

算法 6.1 队列式分支限界法的算法框架。

（1）初始化解空间树的根结点（第一个活结点）和一个空队列；

（2）根结点入队列；

（3）若队列不为空，则循环执行以下各步

　　　　出队一个结点 P（当前扩展结点）；

　　　　while（P 的所有满足约束条件的孩子结点 T）

　　　　{

　　　　　　若 T 不是叶子结点

　　　　　　　则将 T 加入队列；

　　　　　　否则用于更新最优值及记录该叶子结点；

　　　　}

（4）根据记录的叶子结点构造最优解。

队列式分支限界法的算法框架

从算法 6.1 可以看出，首先初始化一个空队列，并将解空间树的根结点加入队列中，然后开始循环，直到队列为空。循环过程为：出队一个结点，这个结点就是当前扩展结点，在选择扩展结点时依据的是先生成先扩展的原则，因此直接出队一个元素作为当前扩展结点；然后生成当前扩展结点的所有孩子结点，判断每个孩子结点的可行性，不可行结点直接剪掉；对每个可行孩子结点，判断其是不是叶子结点，若是叶子结点则用于更新最优值，否则加入队列中；当队列为空时，循环结束，构造最优解。

不同于队列式分支限界法，优先队列式分支限界法根据结点优先级选择当前扩展结点。因此，优先队列式分支限界法的活结点表不能用队列表示。本章选择堆作为活结点表的数据结构，优先队列式分支限界法的算法框架如算法 6.2 所示。

算法 6.2 优先队列式分支限界法的算法框架。

（1）初始化解空间树的根结点（当前扩展结点）P 和一个空堆；

（2）while(当前扩展结点 P 不是叶子结点)

　　　　{

　　　　while(P 的所有满足约束条件的孩子结点 T)

　　　　{

　　　将 T 插入堆；
　　}
　　　堆顶元素赋值给 P；
　}

（3）根据当前扩展结点 P 求最优值并构造最优解。

优先队列式
分支限界法
的算法框架

从算法 6.2 可以看出，首先初始化一个空堆和解空间树的根结点（也就是当前扩展结点），然后开始循环，直到当前扩展结点不是叶子结点。循环过程为：生成当前扩展结点的所有孩子结点，判断孩子结点是否可行，若不可行则直接剪掉，若可行则加入堆中；取堆顶元素成为新的扩展结点；当外层循环结束时，根据当前扩展结点构造最优解。

我们直接选择堆顶元素作为扩展结点，因为堆顶元素就是优先级最高的元素，堆中元素依据优先级进行排序。若求解最小值，则选用最小堆。若求解最大值，则选用最大堆。若当前扩展结点是叶子结点，则算法终止。这里我们假定当一个叶子结点是当前扩展结点时，该叶子结点就是最优解。这个假定是否一定成立呢？答案是否定的。既然这个假定不一定成立，那么什么时候成立，这个算法框架是否有效呢？这个问题主要取决于优先级的定义，当叶子结点的优先级等于该结点的最优值时，算法 6.2 的框架就一定成立。一般情况下，优先队列式分支限界法求解问题时，希望优先级的定义满足叶子结点的优先级等于该结点的最优值，因此本章优先队列式分支限界法采用算法 6.2 的框架。

有了上面两个算法框架，用分支限界法求解问题时的基本步骤如下。

（1）问题分析。分析解的形式，根据解的形式，构建解空间树。要在解空间树上进行搜索，因此首先构建出问题的解空间树。

（2）解决方案。在解空间树的基础上，定义约束函数和限界函数。约束函数一般根据问题的约束条件得到，限界函数一般分析一定不能产生最优解的情况。若采用优先队列式分支限界法解决问题，还需要定义结点的优先级，定义优先级时要保证叶子结点的优先级等于该结点的最优值。然后按照队列式分支限界法或优先队列式分支限界法的算法框架给出算法伪码。

（3）复杂性分析。分析算法的时间和空间复杂性。

6.2　装载问题

装载问题描述及解空间树

1. 问题描述

有一批共 n 个集装箱要装上 2 艘载重量分别为 C_1 和 C_2 的轮船，其中集装箱 i 的重量为 w_i，且 $\sum w_i \leq C_1 + C_2$，装载问题要求确定是否有一个合理的装载方案可将这些集装箱装上这 2 艘轮船。如果有，找出一种装载方案。

容易证明，如果一个给定装载问题有解，则采用下面的策略可得到最优装载方案。

（1）将第一艘轮船尽可能装满。

（2）将剩余的集装箱装上第二艘轮船。

该问题实际上就是一个特殊的0-1背包问题，特殊性在于物品的价值和重量是一样的。

2. 用队列式分支限界法求解装载问题

依据6.1节给出的用分支限界法求解问题的基本步骤，对装载问题进行分析。

（1）问题分析。在求解之前，首先分析解的形式。装载问题就是要确定哪些集装箱装入轮船，哪些集装箱不装入轮船，也就是说，每个集装箱要么装入，要么不装入。因此解的形式可以用一个 n 维向量 $(x_1, x_2, \cdots, x_n)$ 表示，其中 x_i 的取值要么是1，要么是0。x_i 等于1表示将第 i 个集装箱装入轮船，x_i 等于0表示第 i 个集装箱不装入轮船。例如，对于 $n=4$ 的装载问题，其解的形式一共有16种，分别是 (0, 0, 0, 0), (0, 0, 0,1), (0,0, 1, 0), (0, 0, 1, 1), (0, 1, 0, 0), (0, 1, 0, 1), (0, 1, 1, 0), (0, 1, 1, 1), (1, 0, 0, 0), (1, 0, 0,1), (1,0, 1, 0), (1, 0, 1, 1), (1, 1, 0, 0), (1, 1, 0, 1), (1, 1, 1, 0), (1, 1, 1, 1)。将这些解的形式组织成树形结构，也就是问题的解空间树，如图6.2所示。

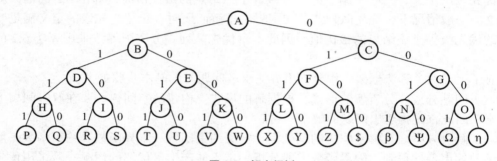

图6.2　解空间树

（2）解决方案。由图6.2可见，每个结点都有两个孩子结点，左孩子结点表示将一个集装箱装入轮船，这个时候需要判断轮船是否能装入该集装箱，因此生成左孩子结点之前要先判断待装入集装箱是否能装入轮船中，也就是约束函数。假设双亲结点的轮船里集装箱的重量为weight，当前要装入的集装箱的重量是w，则需要判断weight+w的值是否小于船的载重量，若小于则表示满足约束函数，可以生成左孩子结点。这里暂时不考虑限界函数，因此右孩子结点不进行判断，直接生成右孩子结点。

解空间树并不提前生成，在搜索的过程中动态生成，每个结点需要记录当前的最优值及最优解等信息。结点数据结构定义如下。

队列式分支限界法求解装载问题数据结构定义

```
typedef struct node
{
    int LChild;
```

```
    int weight;
    int level;
    struct node *parent;
}Node;
```

结点的数据类型是 Node；数据域 weight 表示当前装入轮船中集装箱的重量；level 表示结点的层数；LChild 表示该结点是不是左孩子，其取值为 0 或 1，0 表示不是左孩子，1 表示是左孩子；parent 是指向双亲结点的指针。

例如，给定集装箱个数 $n=4$，集装箱重量分别是 10、18、12、25，轮船载重量是 40，其解空间树如图 6.2 所示，则结点 D 的各个数据域信息为：weight=28，LChild=1，level=3，parent 指向 B 结点。

每个结点生成后要入队列，队列中存放结点指针，因此队列中元素的数据类型为 Node。这里我们使用循环队列，则循环队列的数据类型定义如下。

```
#define Maxsize 100
typedef struct Qnode
{
    Node *data[Maxsize];
    int front, rear;
}Queue;
```

本章会用到队列的基本运算，包括初始化一个空队列、入队、出队、判队空等操作。具体代码实现如下。

```
int InitQueue(Queue &Q)     // 初始化一个空队列
{
    Q.front=Q.rear=0;
    return 1;
}
int EnQueue(Queue &Q, Node *p)   // 入队
{
    if((Q.rear-Q.front+Maxsize)%Maxsize==Maxsize-1)
        return 0;
    Q.data[Q.rear]=p;
    Q.rear=(Q.rear+1)%Maxsize;
    return 1;
}
int DeQueue(Queue &Q, Node *&p)    // 出队
{
```

```
        if(Q.rear==Q.front)
            return 0;
        p=Q.data[Q.front];
        Q.front=(Q.front+1)%Maxsize;
        return 1;
}
int empty(Queue &Q)      // 判队空
{
        if(Q.front==Q.rear)
            return 1;
        else
            return 0;
}


int MaxLoading(int *w, int c, int n, int *bestx)
{
        int j;
        int bestw=0;
        Node *bestE;
        Queue Q;
        InitQueue(Q);
        Node *p;
        p=new Node;
        p->weight=0;
        p->level=1;
        p->parent=NULL;
        EnQueue(Q, p);           // 入队
        while(!empty(Q))      // 队列不为空
        {
            DeQueue(Q, p);
            int wt=p->weight+w[p->level]; // 生成左孩子
            if(wt<=c)          // 左孩子结点可行
            {
                if(wt>bestw) bestw=wt;
                Node *left;      left=new Node;
                left->weight=wt; left->level=p->level+1;
                left->parent=p;  left->LChild=1;
```

```
        if(left->level==n+1)    // 叶子结点
        {
            if(left->weight==bestw)    bestE=left;
        }
        else
            EnQueue(Q,left);
    }
    Node *right;           right=new Node;
    right->weight=p->weight;
    right->level=p->level+1;
    right->parent=p;
    right->LChild=0;
    if(right->level==n+1)    // 叶子结点
    {
        if(right->weight==bestw)
            bestE=right;
    }
    else
      EnQueue(Q,right);
}
for(j=n;  j>0;  j--)
{
    bestx[j]=bestE->LChild;
    bestE=bestE->parent;
}
return bestw;
}
```

MaxLoading 函数是队列式分支限界法的核心算法。首先初始化一个空队列，初始化一个结点 p，此时 p 结点表示解空间树中的根结点 A，p 的 level 为 1，weight 为 0，parent 是 null。也就是说，若某结点的 parent 是 null 时，该结点是根结点，将 p 结点加入队列中。开始当队列不空的外层循环，在循环内，生成左孩子结点 left，右孩子结点 right，将可行结点入队列。外层循环结束时，根据 bestE 指针构造最优解。

装载问题队列式分支限界法算法

（3）复杂性分析。算法 MaxLoading 的时间和空间复杂性均为 $O(2^n)$。最坏情况下需搜索 $2^{n+1}-2$ 个结点，需 $O(2^n)$ 个空间存储结点，则算法空间复杂性为 $O(2^n)$。最坏情况下需搜索 $2^{n+1}-2$ 个结点，对每个结点都用 $O(1)$ 时间进行处理，则算法时间复杂性为 $O(2^n)$。

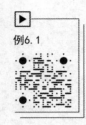

例6.1

例 6.1 已知装载问题的一个实例，$n=3$，$C=30$，$W=\{16,15,15\}$，试回答以下问题。

（1）画出该问题的解空间树。

（2）给出队列式分支限界法解该实例时，活结点表的变化过程。描述方式：$[A,B,C]F,G \Rightarrow F$，其中 [A,B,C] 是活结点表，带下画线的结点 A 是当前扩展结点，由 A 生成 F 和 G，其中 G 不满足约束条件被剪掉。

（3）给出该实例的最优值和最优解。

解答如下。

（1）解空间树如图 6.3 所示。每个集装箱要么被选择，要么不被选择，这是一棵子集树。

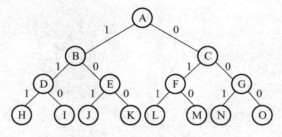

图 6.3　例 6.1 解空间树

（2）活结点表的变化过程如下。

[<u>A</u>] B, C => B, C

[<u>B</u>, C] D, E => E

[<u>C</u>, E] F, G => F, G

[<u>E</u>, F, G] J, K => K(16) [1,0,0]

[<u>F</u>, G] L, M =>L(30) [0, 1, 1] M(15)

[<u>G</u>] N, 0 =>N(25), O(0)

（3）最优值是 30，最优解是 [0,1,1]。

3. 优先队列式分支限界法求解装载问题

（1）问题分析。利用优先队列式分支限界法求解问题时，仍然需要分析问题，构建解空间树。装载问题的解空间树在上面已经分析过了，这部分就不进行分析了。问题的约束函数和前面分析也一样。

（2）解决方案。优先队列式分支限界法需要定义一个优先级，其数据结构定义如下。

```
typedef struct node
{
    int LChild;
    int weight;
    int uweight;
```

```
    int level;
    struct node * parent;
}Node,*Heapnode;
```

该数据结构比队列式分支限界法多了一个数据域 uweight，该数据域表示优先级，是该结点能够得到的最优值上界，也就是能够装入轮船中的重量的上界。其他数据域的含义和队列式分支限界法的含义是一样的。Node 是解空间树的结点类型，Heapnode 是结点指针，后面会说明 Heapnode 也是堆元素类型。

结点的优先级（uweight）等于轮船里当前集装箱的重量加上未考虑的集装箱重量之和。这里假定所有未考虑的集装箱都可以装入轮船，这样来定义上界。显然不一定都能装入轮船，所以是上界。例如，给定集装箱个数 $n=4$，集装箱重量分别是 10、18、12、25，轮船载重量是 40，其解空间树如图 6.2 所示，则结点 E 的各个数据域信息为：weight=10，LChild=0，level=3，parent 指向 B 结点，uweight=10+37=47，其中数字 10 是已经装入轮船的集装箱重量和，数字 37 是未考虑的两个集装箱（第 3 个和第 4 个集装箱）的重量和。

为了计算 uweight，这里定义数组 r，$r[i]$ 表示第 $i+1$ 层结点的未考虑集装箱的重量和，其定义如下。

$$r[i]=\sum_{j=i+1}^{n} w[j]$$

设 x 是第 i 层结点，且 x 当前的载重量为 wt，则 x 的右孩子的上界为 uweight=wt+$r[i]$，因为右孩子表示不装入当前集装箱，右孩子的载重量和双亲结点的载重量相同，右孩子的未考虑的集装箱的重量是 $r[i]$。

优先队列式分支限界法要使用堆数据结构存放结点，堆里元素的数据类型是结点指针，也就是上面定义的 Heapnode 类型。堆的数据类型定义如下。

```
#define MAXSIZE 100
typedef struct node
{
    Heapnode data[MAXSIZE];
    int length;
}Heap;
```

其中，数据域 data 存放堆中元素，length 表示堆中元素个数。

用到的堆操作主要是入堆和出堆。下面给出最大堆的入堆和出堆代码，堆中元素依据数据域 uweight 排序。

```
int HeapInsert(Heap &h, Heapnode x)    // 入堆操作
```

```
{
    int i, j;
    Heapnode tmp;
    if(h.length>=MAXSIZE)
    {
        printf("dui full "); return 0;
    }
    i=h.length+1; h.data[i]=x; h.length++;
    j=i/2;     //j 是 i 的双亲
    while(i>1)
    {
        if(h.data[j]->uweight<h.data[i]->uweight)
        {
            tmp=h.data[j];
            h.data[j]=h.data[i];
            h.data[i]=tmp;
            i=j;
            j=i/2;
        }
        else
            break;
    }
    return 1;
}

int HeapDelete(Heap &h, Heapnode &x)     // 出堆操作
{
    int i,j;     Heapnode tmp;
    if(h.length<1)
    {
        printf("dui kong"); return 0;
    }
    x=h.data[1];
    h.data[1]=h.data[h.length]; h.length--;
    i=1;   j=2*i;   // 从第 1 个元素开始调整，j 是 i 的左孩子
    while(j<=h.length)
    {
```

```
        if((j<h.length)&&(h.data[j]->uweight<h.data[j+1]-
>uweight))    j++;
        if(h.data[i]->uweight<h.data[j]->uweight)
        {
            tmp=h.data[i];
            h.data[i]=h.data[j];
            h.data[j]=tmp;
            i=j;
            j=2*i;
        }
        else
            break;
    }
}

int MaxLoading(int *w, int c, int n, int *bestx)
{
    int i,j;
    int bestw=0;
    Heap h;
    h.length=0;
    int *r=new int[n+1];
    r[n]=0;
    for(i=n-1;i>0;i--)
        r[i]=r[i+1]+w[i+1];
    Node *p,*q;
    p=new Node;    p->weight=0; p->level=1;
    p->parent=NULL;    i=p->level;
    while(i!=n+1)    // 碰到第一个叶子结点就停
    {
        if(p->weight+w[i]<=c)        // 进入左子树
        {
            q=new Node;
            q->LChild=1;
            q->level=p->level+1;
            q->parent=p;
            q->weight=p->weight+w[i];
```

```
        q->uweight=q->weight+r[i];
        HeapInsert(h,q);
    }
    // 右子树
    q=new Node;
    q->LChild=0;
    q->level=p->level+1;
    q->parent=p;
    q->weight=p->weight;
    q->uweight=q->weight+r[i];
    HeapInsert(h,q);
    HeapDelete(h,p);        // 取堆顶元素
    i=p->level;
}
bestw=p->weight;
for(j=n;j>0;j--)
{
    bestx[j]=p->LChild;
    p=p->parent;
}
return bestw;
}
```

优先队列式
分支限界法
求解装载问
题代码

MaxLoading 函数是优先队列式分支限界法的核心算法。首先初始化一个空堆，初始化一个结点 p，此时 p 结点表示解空间树中的根结点 A，p 的 level 为 1，weight 为 0，parent 是 null。也就是说，若某结点的 parent 是 null 时，该结点是根结点。p 是当前扩展结点。只要当前扩展结点不是叶子结点，就执行外层循环。在外层循环内，生成当前扩展结点的左孩子和右孩子结点。在生成左孩子结点时，要进行一个是否满足约束条件的判断。孩子结点的信息可以通过双亲结点信息获得。外层循环结束时，根据 p 指针构造最优解。

（3）复杂性分析。最坏的情况下所有结点都入堆，最后一个结点才是最优解，此时时间和空间复杂性为 $O(2^n)$。最好的情况是只装单位重量最大的物品，其余分支都不符合条件被剪掉，此时时间和空间复杂性为 $O(1)$。

例 6.2 已知装载问题的一个实例，$n=3$，$C=30$，$W=\{16,15,15\}$，试回答以下问题。

（1）画出该问题的解空间树。

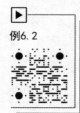

例6.2

（2）给出优先队列式分支限界法解该实例时，活结点表的变化过

程（优先级为当前轮船中集装箱重量加上未考虑集装箱重量之和）。描述方式：[A,B,C] F,G ⇒ F(40)，其中 [A,B,C] 是活结点表，带下画线的结点 A 是当前扩展结点，由 A 生成 F 和 G，其中 G 不满足约束条件被剪掉，40 表示结点 F 的优先级。

（3）给出该实例的最优值和最优解。

解答如下。

（1）解空间树如图 6.4 所示。每个集装箱要么被选择，要么不被选择，这是一棵子集树。

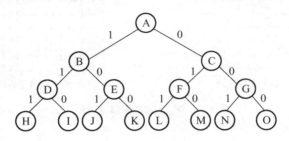

图 6.4　例 6.2 解空间树

（2）活结点表的变化过程如下。

[A] B, C => B(46), C(30)

[B, C] D, E => E(31)

[E, C] J, K => K(16)

[C, K] F, G => F(30),G(15)

[F, K,G] L, M =>L(30), M(15)

[L,K,G,M] 当前扩展结点 L 是叶子结点，算法结束。

（3）最优值是 30，最优解是 [0,1,1]。

6.3　布线问题

1. 问题描述

印制电路板将布线区域划分为 $n \times m$ 个方格阵列，如图 6.5（a）所示。精确的印制电路板布线问题要求确定连接方格 a 的中点到方格 b 的中点的最短布线方案。布线时电路只能沿直线或直角布线，如图 6.5(b) 所示。为避免线路相交，已布线方格做上封闭标记，其他线路布线不允许穿过封闭区域。为讨论方便，假定印制电路板外面的区域为已加封闭标记的方格。

布线问题描述和求解思路

2. 求解思路

用队列式分支限界法求解布线问题。布线问题的解空间是一个图，则从起始位置 a 开始将它作为第一个扩展结点。与该扩展结点相邻并且可达的方格成为可行结点被加入活结点队列中，并且将这些方格标记为1，即从起始方格a到这些方格的距离为1。然后，算法从活结点队列中取出队首结点作为下一个扩展结点，并将与当前扩展结点相邻且未标记过的方格标记为2，并存入活结点队列。这个过程一直继续到算法搜索到目标方格b或活结点队列为空时为止。

（a）布线区域

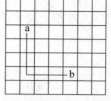

（b）沿直线或直角布线

图 6.5　印制电路板布线方格阵列

3. 算法思路

实现用队列式分支限界法求解布线问题，需要定义一些数据结构。用二维数组 grid 表示方格阵列，也就是印制电路板。初始时，grid[i][j]=−2，表示该方格允许布线，而 grid[i][j]=−1 表示该方格被封锁，不允许布线。定义印制电路板上方格位置数据结构 Position，具体定义如下。

```
typedef struct
{
    int row;
    int col;
}Position;
```

数据类型 Position 的数据域 row 表示方格所在的行，数据域 col 表示方格所在的列。

在印制电路板的任何一个方格处，布线可沿右、下、左、上 4 个方向进行。沿这 4 个方向的移动分别记为 0、1、2、3。定义一维数组 offset，具体定义形式如下。

```
Position offset[4];
```

offset[i].row 和 offset[i].col(i=0,1,2,3) 分别给出沿右、下、左、上 4 个方向前进 1 步相对于当前方格的相对位移，如表 6-1 所示。

表 6-1　移动方向的相对位移

移动 i	方向	offset[i].row	offset[i].col
0	右	0	1
1	下	1	0
2	左	0	−1
3	上	−1	0

算法从 start 位置开始，标记所有标记距离为 1 的方格并存入活结点表中，然后依次标记所有标记距离为 2, 3…的方格，直至到达目标方格 finish 或活结点表为空为止。

分支限界法求解布线问题的算法框架如下。

（1）判断 start 和 finish 是否相同；

（2）初始化 grid 和 offset；

（3）while(队列不为空 && 没有找到路径)

      {

         扩展当前扩展结点；

         将生成的活结点加入队列；

         在队列中取一个路径最短的活结点作为扩展结点；

      }

（4）生成路径。

具体算法代码实现如下。

```
#define n 10
#define m 10
int grid[n+2][m+2];
typedef struct
{
    int row;
    int col;
}Position;
int FindPath(Position start, Position finish, int& PathLen,
Position *&path);
int main()
{
    int PathLen;
    Position start, finish, *path;
    start.row=3;
    start.col=2;
    finish.row=4;
    finish.col=6;
    cout<<" 布线起点 "<<endl;
    cout<<start.col<<" "<<start.row<<endl;
    cout<<" 布线结束点 "<<endl;
    cout<<finish.col<<" "<<finish.row<<endl;
    FindPath(start,finish,PathLen,path);
```

```
        cout<<" 布线长度为 :"<<PathLen<<endl;
        cout<<" 布线路径如下: "<<endl;
        for(int i=0; i<PathLen; i++)
        {
            printf("%d %d\n", path[i].row, path[i].col);
        }
        return 0;
}
int FindPath(Position start,Position finish,int& PathLen,Position
*&path)
{
    // 计算从起始位置 start 到目标位置 finish 的最短布线路径
    if((start.row==finish.row) &&(start.col==finish.col))
    {
        PathLen=0;
        return 1;
    }
    // 设置方格阵列 " 围墙 "
    for(int i=0; i<= m+1; i++)
    {
        grid[0][i]=grid[n+1][i]=-1; // 顶部和底部
    }
    for(int i=0; i<= n+1; i++)
    {
        grid[i][0]=grid[i][m+1]=-1; // 左翼和右翼
    }
    // 初始化相对位移
    Position offset[4];
    offset[0].row=0;
    offset[0].col=1; // 右
    offset[1].row=1;
    offset[1].col=0; // 下
    offset[2].row=0;
    offset[2].col=-1; // 左
    offset[3].row=-1;
    offset[3].col=0; // 上
    int NumOfNbrs=4; // 相邻方格数
```

```
Position here, nbr;
here.row=start.row;
here.col=start.col;
grid[start.row][start.col]=0;  // 标记可达方格位置
Queue Q;    // 定义队列 Q, Q 的元素数据类型为 Position
do {  // 标记相邻可达方格
        for(int i=0; i<NumOfNbrs; i++)
        {
            nbr.row=here.row+offset[i].row;
            nbr.col=here.col+offset[i].col;
            if(grid[nbr.row][nbr.col]==-2)  // 该方格未被标记
            {
                grid[nbr.row][nbr.col]=grid[here.row][here.col]+1;
                if((nbr.row==finish.row)&&(nbr.col==finish.col))
                {
                    break;  // 完成布线
                }
                EnQueue(Q, nbr);
            }
        }
        // 是否到达目标位置 finish?
        if((nbr.row==finish.row)&&(nbr.col==finish.col))
        {
            break;  // 完成布线
        }
        // 活结点队列是否非空?
        if(IsEmpty(Q))
        {
            return false;  // 无解
        }
        DeQueue(Q, here);  // 取下一个扩展结点
}while(true);
// 构造最短布线路径
PathLen=grid[finish.row][finish.col];
path=new Position[PathLen];  // 从目标位置 finish 开始向起始位置回溯
here=finish;
for(int j=PathLen-1; j>=0; j--)
```

```
{
    path[j]=here; // 找前驱位置
    for(int i=0; i<NumOfNbrs; i++)
    {
        nbr.row=here.row+offset[i].row;
        nbr.col=here.col+offset[i].col;
        if(grid[nbr.row][nbr.col]==j)
        {
            break;
        }
    }
    here=nbr; // 向前移动
}
return true;
}
```

布线问题求解实例

　　图 6.6 是在 7×7 方格阵列中布线的例子。起始位置是 a=(3,2)，目标位置是 b=(4,6)，阴影方格表示被封锁的方格。当算法搜索到目标方格 b 时，将目标方格 b 标记为从起始位置 a 到 b 的最短距离。此例中，a 到 b 的最短距离是 9。要构造出与最短距离相应的最短路径，从目标方格 b 开始向起始方格 a 回溯，逐步构造出最优解。每次向标记距离比当前方格标记距离少 1 的相邻方格移动，直至达到起始方格为止。在图 6.6（a）的例子中，从目标方格 b 移到 (5,6)，然后移到 (6,6)……最终移到起始方格 a，得到相应的最短路径，如图 6.6（b）所示。

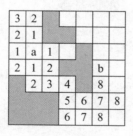

（a）标记距离

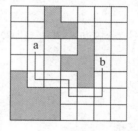

（b）最短布线路径

图 6.6　布线算法示例

　　由于每个方格成为活结点进入活结点队列最多 1 次，故活结点队列最多只处理 $O(mn)$ 个活结点。扩展每个结点需 $O(1)$ 处理时间，因此算法共耗时 $O(mn)$。构造相应的最短路径需要 $O(L)$ 时间，其中 L 是最短布线路径的长度。

6.4 0-1 背包问题

1. 问题描述

0-1背包问题
算法思想

有一个小偷在一家商店偷窃时，发现有 n 件物品，第 i 件物品价值 v_i 元，重 w_i 磅，此处 v_i 与 w_i 都是整数。他希望带走的东西越值钱越好，但他的背包中至多只能装下 C 磅的东西，C 为一整数。他应该带走哪几样东西？这个问题之所以称为 0-1 背包问题，是因为每件物品或被带走，或被留下，小偷不能只带走某个物品的一部分或带走同一物品两次。

此问题的形式化描述为：给定 $C > 0$，$w_i > 0$，$v_i > 0$，$1 \leqslant i \leqslant n$，要求找出一个 n 元 0-1 向量 $(x_1, x_2, \cdots, x_n)$，$x_i \in \{0,1\}$，$1 \leqslant i \leqslant n$，使得 $\sum_{i=1}^{n} w_i x_i \leqslant C$，而且 $\sum_{i=1}^{n} v_i x_i$ 达到最大。因此 0-1 背包问题是一个特殊的整数规划问题。

$$\max \sum_{i=1}^{n} v_i x_i$$

$$\text{s.t.} \sum_{i=1}^{n} w_i x_i \leqslant C, \quad x_i \in \{0,1\}, \quad 1 \leqslant i \leqslant n$$

2. 优先队列式分支限界法求解 0-1 背包问题

依据优先队列式分支限界法求解问题的基本步骤，我们首先分析问题的解空间。

（1）问题分析。搜索树是子集树，解 $<x_1, x_2, \cdots, x_n>$，其中，$x_i = 0$ 或 1，$1 \leqslant i \leqslant n$。结点 $<x_1, x_2, \cdots, x_k>$ 表示考虑过 k 个物品，其中 $x_i = 1$ 表示第 i 个物品被装入背包。当 $n = 3$ 时的解空间树如图 6.1 所示。

（2）解决方案。

①约束条件。对解空间树进行搜索的过程中，要考虑生成的孩子结点是否可行。左孩子结点表示将一个物品放入背包中，此时需要考虑背包容量是否够用。右孩子结点表示不装入物品，因此右孩子没有约束条件。

②优先级。为了保证优先级的性能，对输入数据进行预处理，将各物品依其单位重量价值从大到小排序。在数据排序的基础上，结点的优先级由两部分组成，一部分是已装入的物品价值，另一部分是剩余背包容量和未考虑的物品组成的背包问题的最优值（最大价值）。

③限界条件。限界条件就是判断新生成结点是否可能产生最优解。若双亲结点满足限界条件则左孩子结点也一定满足限界条件，因此左孩子结点不进行限界条件判断。对于右孩子结点，需要判断是否满足限界条件，这里限界条件是该结点可能产生的最优值是否大于当前最优值，若不大于则不满足限界条件，剪掉该结点。本节中结点可能产生的最优值等于该结点的优先级。

算法设计与分析

假设一个 0–1 背包问题实例，*n*=3，背包容量为 20，现有 3 个物品（水果）分别是苹果、榴莲和香蕉。其中苹果的重量是 15，价值是 16，榴莲的重量是 7，价值是 14，香蕉的重量是 4，价值是 2。这里关于各个水果的重量和价值只是为了说明问题，不具有实际意义。按照上文提到的，对输入数据进行预处理，将各物品依其单位重量价值从大到小排序，则排序后的水果顺序是榴莲、苹果、香蕉。也就是说，现在第 1 个物品是榴莲，第 2 个物品是苹果，第 3 个物品是香蕉。对排序后的物品构建解空间树，解空间树的形式如图 6.1 所示。依据该实例说明约束条件和优先级。

①约束条件。假定当前扩展结点是 B 结点，则表示当前背包里包含第 1 个物品，也就是榴莲。这里需要注意的是，物品顺序是排序后的顺序。现在要生成 B 的左孩子结点 D，是否将 D 加入活结点表中，要判断 D 是否满足约束条件，D 的意思是将第 2 个物品（苹果）加入背包中，当前背包里物品重量是 7，新加入物品重量是 15，显然 15+7 大于 20，因此 D 不满足约束条件。

②优先级。假设求结点 B 的优先级，现在背包中包含第 1 个物品（榴莲），当前背包物品的价值是 14，背包剩余容量是 20−7=13。未考虑的物品有苹果和香蕉。背包容量是 13，物品是苹果和香蕉的背包问题的最优值是 $13 \times (16/15) \approx 13.86$，结点 B 的优先级为 14+13.86=27.86。接下来计算结点 E 的优先级，当前背包物品的价值是 14，剩余容量是 13，未考虑物品只有香蕉。背包容量是 13，物品是香蕉的背包问题的最优值是 2，结点 E 的优先级是 14+2=16。

结点的数据类型定义如下。

```
typedef struct node
{
    int LChild;
    int weight;
    int profit;
    double uprofit;
    int level;
    struct node *parent;
}Node,*Heapnode;
```

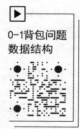

0-1背包问题
数据结构

其中，LChild 表示该结点是否是左孩子，取值范围是 1 或 0，1 表示是左孩子，0 表示不是左孩子；parent 指针域指向双亲结点，LChild 和 parent 这两个数据域用于根据叶子结点（当然该叶子结点应该是和最优值对应的叶子结点）指针构造最优解；weight 和 profit 分别是结点的当前重量和当前价值，也就是当前装入到背包里的物品的重量和价值；level 是结点的层数；uprofit 是结点的优先级。还是以上面提到的榴莲、苹果和香蕉这 3 个物品的例子说明，B 结点的各个数据域的值的情况为：B.LChild=1，B.weight=7，B.profit=14，B.uprofit=27.86，B.level=2，B.parent=A。

优先队列式分支限界法在实现过程中需要用到堆数据类型，堆中元素是结点指针，也就是上面定义的 Heapnode 类型，具体堆的类型定义如下。

```
#define MAXSIZE 100
typedef struct
{
    Heapnode data[MAXSIZE+1];
    int length;
}Heap;
```

关于堆的操作，入堆和出堆参见 6.2 节，这里唯一的区别在于堆中元素排序的依据不同。本节需要依据数据域 uprofit 进行排序。

在整个程序设计过程中，优先级是一个难点，这里单独介绍一下，其本质是计算背包剩余容量和未考虑物品组成的背包问题的最优值。具体代码实现如下。

```
double bound(int n, int c, int *w, int *v, Node *q)  // 根据结点
q 的 weight 和 profit 计算 uprofit
{
    int cleft;
    cleft=c-q->weight;    double b=q->profit;    int i=q->level;
    while(i<=n&&w[i]<=cleft)
    {
        cleft=cleft-w[i];
        b=b+v[i];
        i++;
    }
    if(i<=n)
        b=b+1.0*v[i]/w[i]*cleft;
    return b;
}
```

函数的返回值是 double 类型，与 uprofit 类型相同，bound 函数返回某结点的优先级。参数 n 是要求解的 0-1 背包问题的物品个数，参数 c 是 0-1 背包问题的背包容量，参数 w 和 v 存放的是 0-1 背包问题各个物品的重量和价值，参数 q 是指向待求解优先级的结点的指针。例如，上面的榴莲、苹果、香蕉的例子，要求解 B 结点的优先级，各个参数情况为 n=3，c=20，w={7,15,4}，v={14,16,2}，q=B。程序中变量 cleft 等于背包剩余容量，它等于背包容量 c 减去 q 的 weight 数据域。参数 b 是函数返回值，它

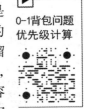

0-1背包问题
优先级计算

的初始值为 q 的 profit 数据域。i 的初始值等于 q 的 level 值，也就是未考虑的物品编号是 $i,i+1,\cdots,n$，并且这些物品已经按照单位重量价值排好序了。只要还有物品未装入背包且背包能装下这个物品就一直循环，将物品装入背包，背包容量减少。最后将部分物

0-1背包问题
排序代码

品装入背包。bound 函数返回了结点 q 的最大上界。

在用优先队列式分支限界法求解 0-1 背包问题时，需要对物品按照单位重量价值进行排序，排序后各个物品顺序就改变了。为了能够知道排序后的第 i 个物品在未排序前的序号，在排序程序中用数组 t 记录排序前后物品序号的对应关系。t[i]=j 表示排序后的第 i 个物品是排序前的第 j 个物品。具体排序代码如下。

```
void mysort(int n, int w[], int v[],int t[])
{
    int i, j;int temp;
    for(i=1; i<=n; i++)
        t[i]=i;
    for(i=1; i<n; i++)
        for(j=1;j<=n-i;j++)
        {
            double a=1.0*v[j]/(double)w[j];
            double b=1.0*v[j+1]/(double)w[j+1];
            if(a<b)
            {
                temp=v[j];     v[j]=v[j+1];     v[j+1]=temp;
                temp=w[j];     w[j]=w[j+1];     w[j+1]=temp;
                temp=t[j];     t[j]=t[j+1];     t[j+1]=temp;
            }
        }
}
```

mysort 函数采用冒泡算法进行排序，在进行重量和价值交换时也交换物品的编号。例如，上面提到的榴莲、苹果和香蕉的实例，排序后数组 t[]={2, 1, 3}。

算法核心函数 MaxLoading 的代码如下。

```
int MaxLoading(int *w, int *v, int c, int n, int * bestx)
{
    int i,j;   int bestp=0;   Heap h;   h.length=0;   Node * p,*q;
    p=new Node;     p->weight=0;p->level=1;
    p->parent=NULL;     i=p->level; p->profit=0;
    while(i!=n+1)     // 碰到第一个叶子结点就停
    {
        if(p->weight+w[i]<=c)     // 进入左子树
        {
```

```
                q=new Node;      q->LChild=1;     q->level=p->level+1;
                q->parent=p;     q->weight=p->weight+w[i];
                q->profit=p->profit+v[i];     q->uprofit=bound(n,c,w,v,q);
                HeapInsert(h,q);
                if(q->profit>bestp)  bestp=q->profit;
            }
        q=new Node;                    // 右孩子
        q->LChild=0;    q->level=p->level+1;     q->parent=p;
        q->weight=p->weight;     q->profit=p->profit;
        q->uprofit=bound(n,c,w,v,q);
        if(q->uprofit>=bestp)         HeapInsert(h,q);
        if(HeapDelete(h,p)==0) return 0;        // 取堆顶元素
        i=p->level;
    }
    for(j=n;j>0;j--)
    {
        bestx[j]=p->LChild;
        p=p->parent;
    }
    return bestp;
}
int main()
{
    int *w;  int j;  int *v;  int *t;  int c;  int n;  int value;
    int *bestx;
    printf("input n,c:"); scanf("%d%d",&n,&c);
    w=new int[n];  v=new int[n];  t=new int[n];  bestx=new int[n];
    printf("weight&profit:");
    for(int i=1;i<=n;i++)
    {
        scanf("%d%d",&w[i],&v[i]);
    }
    mysort(n,w,v,t);
    value=MaxLoading(w,v,c,n,bestx);
    printf("value=%d",value);    printf("\nbestx is:");
    for(int i=1;i<=n;i++)
    {
```

```
    for(j=1;j<=n; j++)
    if(t[j]==i) break;    // 第 j 个元素是原来的第 i 个元素
    printf("%d ",bestx[j]);
    }
}
```

MaxLoading 函数依据优先队列式分支限界法的算法框架给出了求解算法。首先从根结点开始，不断地生成左孩子和右孩子结点，对左孩子结点进行约束条件判断，对右孩子进行限界条件判断，直到某个叶子结点成为扩展结点，循环结束。结束后根据 LChild 和 parent 域构建最优解。

0-1背包问题
算法实现

6.5　最大团问题

1. 问题描述

（1）团。团就是一个无向图的完全子图。给定无向图 $G(V,E)$，若 $U \subseteq V$，且对任意 $u,v \in U$ 有 $(u, v) \in E$，则称 U 是 G 的完全子图。

（2）极大团。如果一个团不被其他任一团所包含，即它不是其他任一团的真子集，则称该团为图 G 的极大团。

（3）最大团。最大团是结点数最多的极大团。

已知无向图 G 如图 6.7 所示，子集 {1,2},{1,2,5},{1,2,4,5},{2,3,5},{2,3} 都是团，但 {1,2},{1,2,5},{2,3} 都不是极大团，因为它们都被更大的团包含，G 的极大团有 {1,2,4,5},{2,3,5}。最大团则只有一个 {1,2,4,5}。

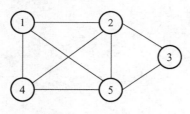

图 6.7　无向图 G

2. 优先队列式分支限界法求解最大团问题

依据优先队列式分支限界法求解问题的基本步骤，首先分析问题的解空间。

（1）问题分析。给定一个无向图 G，G 包含 n 个顶点，G 的最大团是 n 个顶点的一个子集，每个顶点要么被选择，要么不被选择，最大团的解的形式为 $<x_1,x_2,\cdots,x_n>$，其中 $x_i=0$ 或 1，$1 \le i \le n$。显然，最大团的解空间树是子集树。当 $n=4$ 时其解空间树如图 6.8 所示。每个分支表示某个顶点是否选择，左孩子分支表示顶点被选择，右孩子分支表示顶点不被选择。例如，叶子顶点 R 表示的解为 {1,1,0,1}，即第 1 个顶点，第 2 个和第 4 个顶点包含在最大团中，第 3 个顶点不包含在最大团中。解结点 $<x_1,x_2,\cdots,x_k>$ 表示考虑过 k 个顶点，其中 $x_i=1$ 表示第 i 个顶点包含在最大团中。

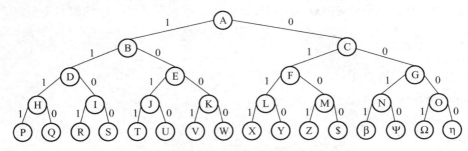

图 6.8　最大团问题的解空间树（$n=4$）

（2）解决方案。

①约束条件。对解空间树进行搜索的过程中，要考虑生成的孩子结点是否可行。左孩子结点表示将一个顶点加入最大团中，此时需要考虑该新加入顶点与当前团内每个顶点是否都有边相连，若都有边相连，则满足约束条件，否则不满足约束条件，将被剪枝。右孩子结点表示该分支对应的顶点不加入最大团中，则不需要约束条件判断。

②优先级。结点的优先级 un 是以当前的团为基础扩展为极大团的顶点数的上界。设 cn 为目前形成的团的顶点数（初始为 0），level 为目前检索的子集树的结点的层数，则已经检索过的顶点数为 level−1，剩下的未检索的顶点数为 n−level+1，在某结点处所能达到的极大团最多是将剩下的顶点全部加入已有的团中（条件是这样能形成团），这样的团的顶点数不会超过已有的团的顶点数与剩下顶点数的和，即

$$un=cn+n-level+1$$

③限界条件。限界条件就是判断新生成结点是否可能产生最优解。若双亲结点满足限界条件，则左孩子结点也一定满足限界条件，因此左孩子结点不进行限界条件判断。对于右孩子结点，需要判断是否满足限界条件，这里限界条件是该结点可能产生的最优值是否大于当前最优值，若不大于则不满足限界条件，剪掉该结点。本节用结点的 un 是否大于当前图中已检索到的极大团的顶点数来判断。

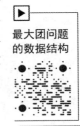

结点的数据类型定义如下。

```
typedef struct node
{
    int cn;      // 当前已选顶点数
    int un;      // 上界，优先级
    int level;
    int LChild;
    struct node *parent;
}Node,*Heapnode;
```

结点的数据类型是 Node，其中，cn 表示当前结点包含的顶点个数；un 是优先级；level 是结点层数；LChild 是该结点是不是左孩子，LChild=1 表示是左孩子，LChild=0 表示不是左孩子；parent 指向结点双亲。Heapnode 是堆元素类型，堆的数据类型定义如下。

```
#define MAXSIZE 100
typedef struct
{
    Heapnode data[MAXSIZE+1];
    int length;
}Heap;
```

求解最大图问题的核心函数 MaxClique 的代码如下。

```
int MaxClique(int **a, int n, int *bestx)
{
    int i,j;
    int bestn=0;
    Heap h;
    h.length=0;
    Node * p,*q;
    p=new Node;  p->cn=0;p->level=1;
    p->parent=NULL;  i=p->level;
    while(i!=n+1)   // 碰到第一个叶子结点就停
    {
        ok=1;B=p;
        for(int j=i-1; j>0; B=B->parent, j--)
        // 判断左子树是否满足约束条件
            if(B->Lchild&&a[i][j]==0)
            {   ok=0; break; }
        if(ok)    // 进入左子树
        {
            if(p->cn+1>bestn)  bestn=p->cn+1;
            q=new Node;  q->LChild=1;  q->level=p->level+1;
            q->parent=p;  q->cn=p->cn+1;
            q->un=q->cn+n-q->level+1;
            HeapInsert(h,q);
        }
        // 右子树
        if(p->cn+n-i>=bestn)        // 右子树可能存在最优解
```

```
    {
        q=new Node;
        q->LChild=0;
        q->level=p->level+1;
        q->parent=p;
        q->cn=p->cn;
        q->un=q->cn+n-q->level+1;
        HeapInsert(h,q);
    }
    HeapDelete(h,p);      // 取堆顶元素
    i=p->level;
}
bestn=p->cn;
for(j=n;j>0;j--)
{
    bestx[j]=p->LChild;
    p=p->parent;
}
return bestn;
}
```

最大团问题
的算法实现

6.6　旅行商问题

1. 问题描述

设有一个售货员从城市 1 出发，到城市 2, 3,…, n 去推销货物，最后回到城市 1。假定任意两个城市 i 和 j 间的距离 $d_{ij}(d_{ij}=d_{ji})$ 是已知的，问他应沿着什么样的路线走，才能使走过的路线最短？

旅行商问题可以抽象成一个图形式描述，其中顶点表示城市，边表示两个城市之间有道路，边上的权值表示两个城市之间的距离。如图 6.9 所示，一共有 5 个城市，城市名分别是 a、b、c、d、e，任何两个城市之间都有道路，如城市 a 到城市 d 的距离是 7，城市 b 到城市 d 的距离是 6。旅行商问题可描述为：有个商人住在城市 a，他要到 b、c、d、e 卖货，卖完货后再回到城市 a，按照哪个顺序能够保证整体路线最短？

2. 优先队列式分支限界法求解旅行商问题

依据优先队列式分支限界法求解问题的基本步骤，首先分析问题的解空间。

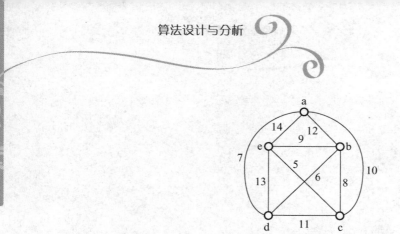

图 6.9　旅行商问题的图形式

（1）问题分析。

对于一个有 n 个城市的旅行商问题，其解的形式是对 $n-1$ 个城市进行排列，一共有 $(n-1)!$ 个解，显然解空间树是一棵排列树。图 6.10 给出了一个旅行商实例和对应的解空间树。该旅行商问题一共有 4 个城市，商人从城市 1 出发，经过其他 3 个城市最后回到

旅行商问题
分析

城市 1。例如，1–2–3–4–1 表示从城市 1 出发到达城市 2，再到城市 3，再到城市 4，最后从城市 4 回到城市 1，这个路线长度为 30+5+20+4=59。所有可能的路线一共有 3!=6 条，分别为 1–2–3–4–1、1–2–4–3–1、1–3–2–4–1、1–3–4–2–1、1–4–2–3–1、1–4–3–2–1。将这 6 条路线组织成解空间树形式，如图 6.10（b）所示。图中每个叶子结点对应一条路线，如结点 N 代表路线 1–3–2–4–1，每条路线的起始城市和终止城市都是城市 1。

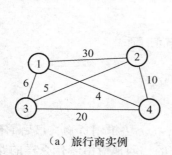

（a）旅行商实例

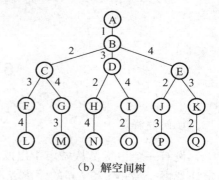

（b）解空间树

图 6.10　旅行商实例及解空间树

（2）解决方案。

① 约束条件。从当前结点生成其孩子结点的过程就是从一个城市进入另一个城市的过程，此时需要保证两个城市之间有道路。例如，从 D 生成孩子结点 H 和 I，孩子结点 H 表示从城市 3 进入城市 2，若城市 3 到城市 2 有道路，则结点 H 是可行的，否则不可行；孩子结点 I 表示从城市 3 进入城市 4，若城市 3 到城市 4 有道路，则结点 I 是可行的，否则不可行。

② 优先级。旅行商问题是求最短路径，这里选用最小堆，选择优先级 lcost 值最小的结点作为当前扩展结点。优先级应该包含已经花费的路径长度加上将来需要的路径长

度，已经走过的路径长度是固定的，将来需要的路径长度要进行预估。

计算出图中每个顶点的最小费用出边并用 Minout 记录。如果所给的有向图中某个顶点没有出边，则该图不可能有回路，算法结束。如果每个顶点都有出边，则根据计算出的 Minout 进行算法初始化。例如，图 6.10（a）中，城市 1 有 3 条出边，城市 1 到达城市 2 的出边权值是 30，城市 1 到城市 3 的出边权值是 6，城市 1 到城市 4 的出边权值是 4，因此城市 1 的 Minout 是 4。同样的，城市 2、3、4 的 Minout 分别是 5、5、4，Minout 数组的值为 {4, 5, 5, 4}。

排列树中某个结点将来需要的路径长度的最小值等于当前所在城市与所有剩余城市的最小出边和。例如，图 6.10（b）所示的解空间树的结点 D，结点 D 表示从城市 1 出发到达城市 3，当前所在城市是城市 3，剩余未到达的城市是城市 2 和城市 4，将来无论如何选择路线，都必须从城市 3、城市 2 和城市 4 出发一次，那么将来最短路径等于城市 3、城市 2、城市 4 的最小出边和，即等于 5+5+4=14。结点 D 已经花费的路径长度是城市 1 到城市 3 的路径，其长度为 6。综上所述，结点 D 的优先级为 6+14=20。

旅行商问题数据类型

③ 限界条件。限界条件就是判断新生成结点是否可能产生最优解。若某结点的优先级大于当前获得的最优值，则该结点不会产生最优解，剪掉。

旅行商问题定义采用邻接矩阵存储结构，求解 Minout 代码如下。

```
for(int i=1; i<=n; i++)
{
    int Min=NoEdge;
    for(int j=1; j<=n; j++)
        if(a[i][j]!=NoEdge&&(a[i][j]<Min||Min==NoEdge))
            Min=a[i][j];
        if(Min==NoEdge) return NoEdge;        // 无回路
    MinOut[i]=Min;
}
```

上述代码中二维数组 a[][] 是图的邻接矩阵，n 是顶点个数，NoEdge 表示两个顶点之间没有边。

结点的数据类型定义如下。

```
typedef struct node
{
    int cc;            // 当前已走路径长度
    int lcost;         // 优先级
    int s;             // 根结点到当前结点的路径为 x[0:s]
    *x;                // 需要进一步搜索的顶点为 x[s+1:n-1]
```

```
    rcost;            //x[s:n-1] 中顶点最小出边费用和
}Node,*Heapnode;
```

Node 是结点类型，Heapnode 是堆里元素的数据类型，cc 是已经走过的路径长度，rcost 是当前城市和剩余城市的最小出边和，显然 lcost=cc+rcost。

求解旅行商问题的核心函数 BBTSP 的代码如下。

```
int BBTSP(int v[])        // 返回最优解
{
    MinHeapNode E;
    int Minsum=0;
    for(int i=1; i<=n; i++)
        Minsum=Minsum+MinOut[i];
    E.x=new int[n];
    for(int i=0; i<n; i++)
        E.x[i]=i+1;
    E.s=0;
    E.cc=0;
    E.rcost=Minsum;
    int bestc=NoEdge;
    while(E.s<n-1)      // 非叶子结点
    {
        if(E.s==n-2)
        {
            if(a[E.x[n-2]][E.x[n-1]]!=NoEdge&&a[E.x[n-1]]
[1]!=NoEdge&&(E.cc+a[E.x[n-2]][E.x[n-1]]+a[E.x[n-1]]
[1]<bestc||bestc==NoEdge))
            {
                // 费用最小的回路
                bestc=E.cc+a[E.x[n-2]][E.x[n-1]]+a[E.x[n-1]][1];
                E.cc=bestc; E.lcost=bestc;  E.s++; H.insert(E);
            }
            else delete[] E.x;    // 舍弃扩展结点
        }                            // if(E.s==n-2)
        else// 产生当前扩展结点的孩子
        {
            for(int i=E.s+1;i<n;i++)
                if(a[E.x[E.s]][E.x[i]]!=NoEdge)    // 可行孩子
```

```
                {
                    int cc=E.cc+a[E.x[E.s]][E.x[i]];
                    int rcost=E.rcost-MinOut[E.x[E.s]];
                    int b=cc+rcost;                //下界
                    if(b<bestc||bestc==NoEdge)
                    //子树可能包含最优解，插入最小堆中
                    {
                        MinHeapNode N;
                        N.x=new int[n];
                        for(int j=0; j<n; j++)  N.x[j]=E.x[j];
                        N.x[E.s+1]=E.x[i];
                        N.x[i]=E.x[E.s+1];
                        N.cc=cc;N.s=E.s+1;
                        N.lcost=b;N.rcost=rcost;
                        H.insert(N);
                    }
                }    //是否可能包含最优解
            }        //是否有可行解
        delete[] E.x
            //else 结束，已经生成了 E 的所有孩子结点，E 可以删除了
        }
        H.deleteMin(E);// while(E.s<n-1)
    }
    if(bestc==NoEdge) return NoEdge;   //无回路
    //将最优解复制到 v[1:n]
    for(int i=0;i<n;i++)
        v[i+1]=E.x[i];
    return bestc;
}
```

本章小结

　　本章主要讨论分支限界法的基本理论和应用范例，介绍了分支限界法的基本思想和分类，分支限界法与回溯法的区别，并重点介绍了队列式分支限界法和优先队列式分支限界法的算法框架。此外，本章还详细介绍了如何用分析限界法求解应用范例，具体说明了如何利用分支限界法求解装载问题、布线问题、0-1背包问题、最大团问题和旅行商问题。

习 题

一、单选题

1. 分支限界法与回溯法都是在问题的解空间树 T 上搜索问题的解，二者（　　　）。

   A. 求解目标不同，搜索方式相同　　　B. 求解目标不同，搜索方式也不同

   C. 求解目标相同，搜索方式不同　　　D. 求解目标相同，搜索方式也相同

2. 下面不是分支限界法搜索方式的是（　　　）。

   A. 广度优先　　　B. 最小耗费优先　　　C. 最大效益优先　　　D. 深度优先

3. 优先队列式分支限界法解最大团问题时，活结点表的组织形式是（　　　）。

   A. 最小堆　　　　B. 最大堆　　　　C. 栈　　　　D. 数组

4. 常见的两种分支限界法为（　　　）。

   A. 广度优先分支限界法与深度优先分支限界法

   B. 队列式分支限界法与堆栈式分支限界法

   C. 排列树法与子集树法

   D. 队列式分支限界法与优先队列式分支限界法

5. 优先队列式分支限界法解旅行商问题时，活结点表的组织形式是（　　　）。

   A. 最小堆　　　　B. 最大堆　　　　C. 栈　　　　D. 数组

二、填空题

1. 分支限界法根据从活结点表中选择下一个扩展结点的方式的不同可分为 _____、_____。

2. 下面是用队列式分支限界法求解装载问题的代码，请在横线处填上适当的代码。

```
int MaxLoading(int *w, int c, int n)
{
    Queue Q;
    Q.front=Q.rear=0;
    Q.data[Q.rear]=-1;
    Q.rear=(Q.rear+1)%100;
    int i=1;  int Ew=0,  bestw=0;
    while(true)
    {
        if(_____①_____)
            EnQueue(&Q,Ew+w[i],&bestw,i,n);
        EnQueue(&Q,Ew,&bestw,i,n);  // 右孩子结点总是可行的
        Ew=DeQueue(&Q);  // 取下一个扩展结点
        if(Ew==-1)    // 同层结点尾部
```

```
            {
                if(_____②_____)                    return bestw;
                Q.data[Q.rear]=-1;
                Q.rear=(Q.rear+1)%100;
                Ew=DeQueue(&Q);
                _____③_____;
            }
        }
    }
```

三、判断题

1. 在分支限界法中，活结点一旦成为扩展结点，就一次性产生其所有孩子结点。
（   ）

2. 队列式分支限界法依据结点的优先级选择一个结点成为当前扩展结点。（   ）

3. 分支限界法利用深度优先搜索方法搜索解空间树。（   ）

4. 优先队列式分支限界法解决最大团问题，定义的优先级 un 为 un=cn+n−level+1。其中，cn 为该结点相应的团的顶点数，n 为当前无向图的顶点数，level 为结点在子集空间树中所处的层次。当叶子结点成为当前扩展结点时，该叶子结点是该问题的最优解。
（   ）

5. 利用队列式分支限界法解决布线问题，从起始位置 a 开始将它作为第一个扩展结点。与该扩展结点相邻并且可达的方格成为可行结点被加入活结点队列中。（   ）

6. 分支限界法与回溯法不同，不是在问题的解空间树上搜索问题解的算法。（   ）

7. 优先队列式分支限界法依据结点的优先级选择一个结点成为当前扩展结点。（   ）

8. 在队列式分支限界法中，一旦叶子结点成为扩展结点，则该结点就是最优值。
（   ）

四、解答题

1. 最优装载问题。有一批 n 个集装箱要装上一艘载重量为 C 的轮船，其中集装箱 i 的重量为 w_i，在不考虑集装箱体积的情况下，如何选择装入轮船的集装箱，使得装入轮船中集装箱的总重量最大。已知最优装载问题的一个实例，$n=3$，$C=32$，$W=\{18,15,16\}$，试回答以下问题。

（1）画出该问题的解空间树。

（2）给出优先队列式分支限界法解该实例时，活结点表的变化过程（优先级为当前轮船中集装箱重量加上剩余集装箱重量之和）。描述方式为：[A,B,C]F,G ⇒ F(40)，其中，[A,B,C] 是活结点表，A 是当前扩展结点，由 A 生成 F 和 G，其中 G 不满足约束条件被剪掉，40 表示结点 F 的优先级。

（3）给出该实例的最优值和最优解。

2.最优装载问题。有一批 n 个集装箱要装上一艘载重量为 C 的轮船，其中集装箱 i 的重量为 w_i，在不考虑集装箱体积的情况下，如何选择装入轮船的集装箱，使得装入轮船中集装箱的总重量最大。已知最优装载问题的一个实例，$n=3$，$C=39$，$W=\{19,18,18\}$，试回答以下问题。

（1）画出该问题的解空间树。

（2）给出队列式分支限界法解该实例时，活结点表的变化过程。描述方式为：[A,B,C]F,G ⟹ F，其中，[A,B,C]是活结点表，A 是当前扩展结点，由 A 生成 F 和 G，其中 G 不满足约束条件被剪掉。

（3）给出该实例的最优值和最优解。

3.已知在图 6.11 所示的印制电路板中，阴影部分是已作了封锁标记的方格，请按照队列式分支限界法在图中确定 a 到 b 的最短布线方案，要求布线时只能沿直线或直角进行，在图中标出求得最优解时各方格的情况。a 所在方格标号为 0。

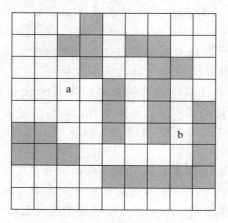

图 6.11　印制电路板

4.简述回溯法和分支限界法的区别。

五、算法设计题

1.农场问题。一个农场养了一群奶牛，每头奶牛的重量不同，每头奶牛的月产奶量也不同，现有一辆车，车的载重量为 C，要拉走一群奶牛，在车能装下的前提下，保证车内奶牛的总月产奶量最大。

输入：奶牛的数量 n，每头奶牛的重量 w_i，每头奶牛的月产奶量 v_i，车的载重量 C。

输出：选择哪些奶牛装入车中。

试给出用优先队列式分支限界法解决农场问题的伪代码。

2.最优装载问题。有一批 n 个集装箱要装上一艘载重量为 C 的轮船，其中集装箱 i 的重量为 W_i。要求在装载体积不受限制的情况下，将船尽可能装满，即要求装入船中的集装箱的重量和最大。试给出解决该问题的优先队列式分支限界法的伪代码，要求给出最优值和最优解。

第 7 章

随机算法

前面各章讨论的算法都是确定性算法，即算法步骤都是确定的，给定一个输入算法会按照确定步骤一步一步执行，给出确定性的输出。随机算法对"对于所有的合理的输入都会给出正确的输出"这个求解问题的条件放宽，允许算法在执行过程中随机选择下一步该如何进行，同时允许结果以较小的概率出现错误，并以此为代价，获得算法运行时间的大幅度减少。本章建议 6 学时。

教学目标

➤ 掌握随机算法的基本思想及定义；
➤ 掌握数值随机算法的设计思路；
➤ 具备用随机算法解决实际问题的能力。

教学要求

知识要点	能力要求	相关知识
随机算法的设计思想	（1）掌握随机算法的基本思想； （2）掌握随机算法与确定性算法的区别； （3）掌握随机算法的基本特征	算法结果的确定性
随机数发生器	（1）理解伪随机数的定义； （2）掌握产生伪随机数的常用方法——线性同余法	C 语言伪随机数函数
数值随机算法	（1）掌握数值随机算法的定义； （2）掌握用数值随机算法求解 π 值	随机投点法
舍伍德算法	（1）掌握快速排序的舍伍德算法； （2）掌握元素选择问题的舍伍德算法	快速排序，元素选择问题
拉斯维加斯算法	（1）了解拉斯维加斯算法的特征； （2）掌握拉斯维加斯算法求解 n 皇后问题	n 皇后问题的回溯法
蒙特卡罗算法	掌握用蒙特卡罗算法求解主元素问题	主元素问题

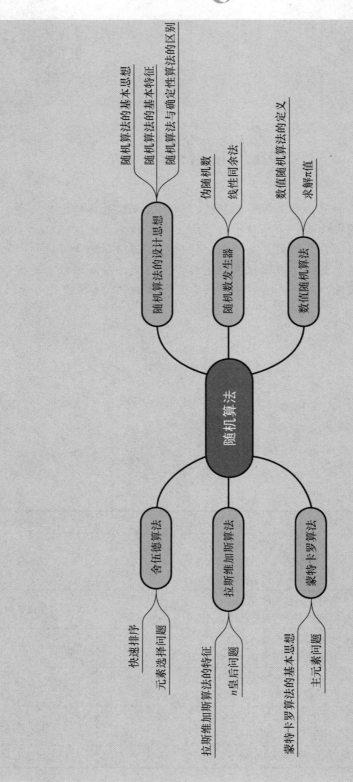

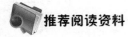

推荐阅读资料

1. 王晓东，2018. 计算机算法设计与分析 [M].5 版 . 北京：电子工业出版社 .
2. 陈凯，刘青，2005. 一种随机化的椭圆拟合方法 [J]. 计算机工程与科学，27（6）：48，49.

基本概念

随机算法是指在算法中使用了随机函数，且随机函数的返回值直接或间接地影响了算法的执行流程或执行结果。

随机数发生器指其生成的数在特定条件下是具有真随机数的特性的。

舍伍德算法主要用于解决或避免算法中输入所产生的时间复杂性远远超过平均时间的情况。

引例：藏宝图问题

小明偶然得到了一个藏宝图，图中给出宝藏可能在地点 A 或地点 B，具体在哪个地点可以通过破解藏宝图得到。小明破解藏宝图需要 5 天时间。从小明所在地点到达地点 A 或 B 需要 6 天时间，并且从地点 A 到达地点 B 也需要 6 天时间，当然从地点 B 到达地点 A 也同样需要 6 天时间。比较麻烦的是，另外一个人正在宝藏位置，并且每天拿走一部分宝藏。幸运的是，小明可以求助小天使，小天使可以帮助小明一下子破译藏宝图，也就是可以马上告诉小明宝藏的地点，但小天使需要拿走另外一个人 4 天能拿走的宝藏。现在的问题是小明该如何选择才能保证拿到的宝藏最多呢？

首先我们分析一下小明有几种选择：第一种选择是小明先自己破译藏宝图，然后再去取宝藏；第二种选择是小明求助小天使帮忙破译藏宝图，然后再去取宝藏；第三种选择是小明随便选择一个地点直接去，若有宝藏则直接取宝藏，若没有宝藏则去另一个地点取宝藏。面对这 3 种选择，小明该如何选择呢？

下面来分析这 3 种选择小明可获得的宝藏情况。为了便于分析，假定宝藏的初始价值是 x，另外一个人每天取走的宝藏价值为 y，则 3 种选择可获得的宝藏情况如下。

（1）第一种选择，小明先自己破译藏宝图，需要 5 天时间。破译藏宝图知道宝藏地点后，小明还需要 6 天时间才能到达宝藏地点，这样小明一共需要 11 天时间，这 11 天时间被另一个人拿走了 $11y$ 价值的宝藏，则小明可获得的宝藏价值为 $x-11y$。

（2）第二种选择，小明先求助小天使，这时小明需要给小天使 $4y$ 价值的宝藏。然后小明到达宝藏地点需要 6 天，被另一个人拿走 $6y$ 价值的宝藏，则小明可获得的宝藏价值为 $x-10y$。

（3）第三种选择，小明随便选择一个地点，假定选择地点 A，小明直接去地点 A，需要 6 天时间。若地点 A 有宝藏，则直接取宝藏，这时小明可获得的宝藏价值是 $x-6y$

（这里 6y 是另一个人拿走的宝藏价值）。若地点 A 没有宝藏，则宝藏一定在地点 B，这时小明从地点 A 到达地点 B 又需要 6 天时间，这样小明一共花费了 12 天时间才到达宝藏地点，可获得的宝藏价值为 $x-12y$。在同等概率的情况下，宝藏在地点 A 和地点 B 的概率相同，小明可获得的宝藏价值为 $x-9y$。

从上述 3 种选择的分析来看，采用随机策略去取宝藏，在平均性能上取得的宝藏最多。在面临一个选择时，若确定性的选择所需时间大于随机选择所需的时间，则可以进行随机选择。这就是随机算法的设计初衷。

7.1　随机算法的设计思想

随机算法的一个基本特征是对所求解问题的同一个实例用同一个随机算法求解两次可能得到不同的结果。也就是说，给定一个随机算法，对于同一个输入数据，运行两次，可能得到两个不同的输出。

随机算法把"对于所有合理的输入都必须给出正确的输出"这一求解问题的条件放宽，把随机性的选择注入到算法中，在算法执行某些步骤时，可以随机地选择下一步该如何进行，同时允许结果以较小的概率出现错误，并以此为代价，获得算法运行时间的大幅度减少。若一个问题没有有效的确定性算法可以在一个合理的时间内给出解答，但该问题能接受小概率的错误，则采用随机算法可以快速找到这个问题的解。

例如，判断一个函数 $g(x_1,x_2,\cdots,x_n)$ 是否恒等于 0。随机算法的设计思想是，随机产生一个 n 维向量 $(a_1,a_2,\cdots,a_n)$，然后计算 $g(a_1,a_2,\cdots,a_n)$ 的值是否等于 0，若不等于 0，显然函数 $g(x_1,x_2,\cdots,x_n)$ 不恒等于 0；若等于 0，也不能说明 $g(x_1,x_2,\cdots,x_n)$ 恒等于 0。但在允许一定错误的前提下，可以产生大量的随机向量，若这些随机向量使得函数 g 等于 0，则认为函数 g 恒等于 0。显然随机向量的数量越大，这种判断方法出错的可能性就越小。

对于上面的例子，可以编写随机化的程序，产生大量随机向量来验证某函数是否恒等于 0。这个例子也说明，在程序设计中，可以引入随机因素，引导算法快速地求解问题。通常情况下，随机算法的执行时间和所需的存储空间都比确定性算法少，且随机算法实现起来相对比较简单。

通常，随机算法可以分为 4 类：数值随机算法、蒙特卡罗算法、拉斯维加斯算法和舍伍德算法。

随机算法的分类

（1）数值随机算法。数值随机算法主要用于求解数值问题，并且得到的解一般是近似解，解的精度随着计算时间的增加而不断提高。在很多情况下，要计算出问题的精确解是不可能的或没有必要的，这时用数值随机算法可以得到相当满意的解。综上所述，数值随机算法一般得到的是问题的近似解。

（2）蒙特卡罗算法。蒙特卡罗算法并不是一种算法的名称，是对一类随机算法的特性的概括。这类算法能求得问题的一个解，但这个解并不一定是正确的。求得正确解的概率随着算法所用时间的增加而不断提高。举个例子，假设一个筐里有 200 个梨，让小明每次闭眼拿 1 个，希望能找到最大的。于是，小明闭眼随机拿了一个梨，然后再随机拿一个，比较这两个梨，把较大的留下。再随机拿一个，再和上次保留下的比较，将较大的保留下来。重复上述过程，随机拿一个梨，与上次保留的比较。显然，拿的次数越多，挑出来的梨就越大。当拿了 200 次，就能确定最大的梨。若拿的次数小于 200 次，则无法确定挑出来的梨是最大的。这个挑梨的算法，就是蒙特卡罗算法，尽量找好的，但不保证是最好的。随着随机拿的次数的增多，算法获得正确解的概率越大。

（3）拉斯维加斯算法。拉斯维加斯算法得到的解一定是正确的，但其可能得不到解。拉斯维加斯算法能够得到正确解的概率随着算法所用时间的增加而提高。举一个例子，假设有一把锁，现在有 50 把钥匙，只有 1 把钥匙是对的，怎么找到正确的钥匙呢？最简单的算法设计思想是：随机挑选一把钥匙，用这把钥匙去开锁，若打开则找到了正确的钥匙，若打不开，则再随机挑选一把钥匙试试。这个挑选钥匙的算法就是拉斯维加斯算法，只要确定某把钥匙是正确的，则算法一定找到了正确解，但是当试验次数较少时，可能得不到任何解。

（4）舍伍德算法。舍伍德算法总能找到问题的解，并且这个解还是正确的。当一个确定性算法在最坏情况下的时间复杂性远远高于该算法的平均时间复杂性时，可以在确定性算法中引入随机性，把确定性算法改造成一个随机化的算法，这个随机化的算法就是舍伍德算法。通过引入随机性，舍伍德算法可以消除或减少好坏实例间的差别。舍伍德算法的精髓不是避免算法最坏情形行为，而是设法消除这种最坏情形行为与特定实例之间的关联性。

一般情况下，随机算法具有以下基本特征。

（1）随机算法的输入由两部分组成：一部分是原问题的输入，就是确定性算法的输入，和具体实例有关；另一部分是随机数序列，该序列主要用于算法进行随机选择。

（2）随机算法在运行过程中会有一处或多处随机选择，每次选择由随机值决定。

（3）随机算法不能保证运行结果一定是正确的，但可以限定错误概率。

（4）随机算法多次运行时，对于同一个输入实例可能产生不同的输出结果，执行时间也可能不同。

7.2　随机数发生器

在随机算法中，需要由一个随机数发生器产生随机数序列，以便在算法的运行过程中，按照这个随机数序列进行随机选择。因此，随机数的产生在概率算法的设计中起着很重要的作用。

在现实计算机上无法产生真正的随机数，因此在随机算法中使用的随机数都是一定程度上随机的，即伪随机数。线性同余法是产生伪随机数最常用的方法，产生的随机数序列为 $a_0, a_1, \cdots, a_n$，满足

$$\begin{cases} a_0 = d \\ a_n = (ba_{n-1} + c) \bmod m \quad n = 1, 2, \cdots \end{cases} \tag{7.1}$$

其中，$b \geq 0$，$c \geq 0$，$d \geq m$。d 称为随机数发生器的随机种子，m 称为模，b 称为系数，c 称为增量。如何选择常数 b、c 和 m，将直接关系到所产生随机数序列的随机性能，这是随机性理论研究的内容，有兴趣的读者可查阅相关资料。通常情况下，m 取值为 2 的指数幂（一般为 2^{32} 或 2^{64}），这样取模操作截断最右的 32 或 64 位就可以了。另外应取 $\gcd(m,b)=1$，因此可以取 b 为一个素数。当 b、c 和 m 的值确定后，给定一个随机种子 d，由式（7.1）产生的随机数序列也就确定了。换言之，如果随机种子相同，则一个随机数发生器将会产生相同的随机数序列。所以，严格地说，随机数只是一定程度上的随机，应该将随机数称为伪随机数。

计算机语言提供的随机数发生器需要一个随机种子，这个随机种子可以是系统当前的日期或时间。C 语言的 rand 函数会返回一个随机数值，范围在 0 至 RAND_MAX 之间。RAND_MAX 定义在 stdlib.h 中（其值一般为 32767）。下面给出利用 C 语言中的随机函数 rand 产生的分布在任意区间 $[a, b]$ 上的随机数算法。

算法 7.1 随机数发生器。

```c
int RandomNumber(int a, int b)
{
    return rand()%(b-a+1)+a;
}
```

下面用计算机产生的伪随机数来模拟掷骰子实验。假设掷 30000 次骰子，编程统计并输出骰子的 6 个面各自出现的次数，程序代码如算法 7.2。

算法 7.2 掷骰子模拟算法。

```c
int tosses(int number)
{
    int times[7];
    int j;
    for(int i=1;i<=6;i++)
        times[i]=0;
    for(int i=1;i<=number;i++)
    {
        j=RandomNumber(1,6);
        times[j]++;
    }
    for(int i=1;i<=6;i++)
        printf("the times of %d=%d\n", i, times[i]);
}
```

随机设定种子点，运行一次的程序输出如下。

```
the times of 1=4949
the times of 2=4965
the times of 3=4920
the times of 4=5065
the times of 5=5043
the times of 6=5058
```

从上面的输出可以看出，骰子的 6 个面向上的次数大约是 5000，基本属于平均情况。

7.3　数值随机算法

数值随机算法主要用于数值问题的求解，通过引入随机数得到问题的近似解。数值随机算法的典型实例是求 π 值。

计算 π 值的数值随机算法

设有一个半径为 r 的圆及其外切四边形，如图 7.1 所示。向该正方形随机地投掷 n 个点，设落入圆内的点数为 k。由于所投入的点在正方形上均匀分布，因而所投入的点落入圆内的概率为圆的面积除以正方形的面积，即等于 $(\pi \times r \times r)/(2r \times 2r) = \pi/4$。当 n 足够大时，k 与 n 的比值逼近这个概率值，即 $\pi/4 \approx k/n$，得到 $\pi \approx 4k/n$。

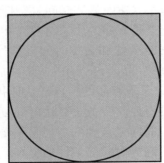

图 7.1　计算 π 值的随机投点法

通过约等式 $\pi \approx 4k/n$ 可知，只要知道 n 和 k 的值就可以计算出 π 的近似值。也就是要向正方形内随机地投掷 n 个点，然后计算出落入圆内的点的个数 k，最后根据约等式计算 π 的近似值。这里需要随机地投掷 n 个点，这就需要一个随机数来控制。从约等式可以看出，π 值与圆的圆心和半径 r 没有关系，这里为了计算方便，假定圆心在坐标原点，半径 r 等于 1。向整个正方形投掷 n 个点和只向第一象限内的 1/4 正方形投掷 n 个点，然后计算相应的 k 值是一样的，这里为了计算方便，再假设只考虑第一象限的正方形和圆。下面给出计算 π 值的数值随机算法。

算法 7.3 计算 π 值的数值随机算法。

```
double pizhi(int n)
{
    int k=0;
    for(int i=1;i<=n;i++)
    {
        double x=(double)rand()/(RAND_MAX+1);
        double y=(double)rand()/(RAND_MAX+1);
        if((x*x+y*y)<=1)
            k++;
    }
    return 4*k/double(n);
}
```

7.4 舍伍德算法

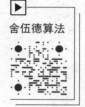

舍伍德算法

在进行算法时间复杂性分析时，有些算法的时间复杂性与输入有关，这时需要分析算法的最好时间复杂性、平均时间复杂性和最坏时间复杂性。例如，冒泡排序算法的最好时间复杂性是 $O(n)$，产生最好时间复杂性的输入是待排序记录是有序的，这时只需要进行一趟冒泡排序就停止。冒泡排序的平均时间复杂性和最坏时间复杂性都是 $O(n^2)$。快速排序算法的最好时间复杂性和平均时间复杂性为 $O(n\log n)$，而最坏的时间复杂性是 $O(n^2)$，产生最坏时间复杂性的输入是待排序记录是有序的，这样快速排序算法就退化成了选择排序。综上所述，冒泡排序在输入序列有序时降低了算法时间复杂性，而快速排序在输入序列有序时提高了算法时间复杂性，时间复杂性的增加是不希望发生的。因此，是否有办法减少或消除这种由于输入数据引起的时间复杂性的提高。这时，可以采用舍伍德算法减少或消除算法所需计算时间与输入实例间的这种联系。

若一个确定性算法无法直接改造成舍伍德算法时，可以使用随机预处理技术对输入数据进行重新洗牌，保证输入数据是随机排序的，然后再使用确定性算法处理数据，这样也可以得到舍伍德算法的效果。算法 7.4 的随机洗牌算法可在线性时间实现对输入实例的随机排列。

算法 7.4 随机洗牌算法。

```
void shuffle(int cards[], int n)
{
    if(cards==NULL)
        return;
    srand(time(0));
    int i, index, temp;
```

```
for(i=0; i<n-1; i++)
{
    // 保证每次第 i 位的值不会涉及第 i 位以前
    index=i+rand()%(n-i); // 保证前面已经确定的元素不会参加下面的选取
    // 交换 cards[i] 和 cards[index]
    temp=cards[i];
    cards[i]=cards[index];
    cards[index]=temp;
}
}
```

　　综上所述，只需要在调用确定性快速排序算法前调用 shuffle 函数，对输入数据进行一个随机预处理，就基本能够减少或消除输入数据对快速排序算法时间复杂性的影响。当然也可以在快速排序算法内部调用 shuffle 函数，在排序前先进行数据预处理。

舍伍德快速排序算法

　　除了调用预处理函数外，也可以对快速排序算法进行修改，不是使用第一个元素作为基准元素进行一趟排序，而是随机选择一个元素作为基准元素进行一趟排序。采用这种思想的快速排序算法如算法 7.5 所示。

算法 7.5　舍伍德快速排序算法。

```
void quickSort(int r[], int low, int high)
{
    srand(time(0));
    int i, k,tmp;
    if(low<high)
    {
        // 在区间 [low,high] 中随机选取一个元素，下标为 i
        //RandomNumber 函数的原型见 7.2 节
        i=RandomNumber(low, high);
        // 交换 r[low] 和 r[i] 的值
        tmp=r[low];
        r[low]=r[i];
        r[i]=tmp;
        // 进行一次划分，得到轴值的位置 k
        k=partition(r, low, high);
        quickSort(r, low, k-1);
        quickSort(r, k+1, high);
    }
}
```

　　算法 7.5 是快速排序的舍伍德算法。该算法在一次划分之前，根据随机数在待划分序列中随机确定一个记录作为基准元素，并把它与第一个记录交换，则一次划分后得到期望均衡的两个子序列，从而使算法的行为不受待排序序列的不同输入实例的影响，使快速排序在最坏情况下的时间性能趋近于平均情况的时间性能。

　　另外一个很容易转换成舍伍德算法的是元素选择问题。所谓元素选择问题，就是在 n 个元素中选择第 k 小的元素，最简单的思维是对这 n 个元素进行排序，然后返回第 k 小元素。对所有元素进行排序，显然是浪费时间，也是没有必要的。该问题可以使用前面学习的分治策略，首先选择第一个元素作为基准元素，利用快速排序的基本思想，确定该基准元素是第 j 小元素，然后比较 j 和 k 的值，若 k 的值小于 j，则第 k 小元素是前部分元素中的第 k 小元素，若 k 的值大于 j，则第 k 小元素是后部分元素中的第 $k-j$ 小元素。

舍伍德选择算法

　　算法 7.6　舍伍德选择算法。

```
int select(int a[], int row, int high, int k)
{
    while(true)
    {
        if(row>=high)
            return a[row];
        i=row;
        j=RandomNumber(row,high);
        //a[i] 与 a[j] 交换
        tmp=a[i];
        a[i]=a[j];
        a[j]=tmp;
        j=high+1;
        middle=a[row];
        while(true)
        {
            while(a[++i]<middle);
            while(a[--j]>middle);
            if(i>=j)
                break;
            tmp=a[i];
            a[i]=a[j];
            a[j]=tmp;
        }
        if(j-row+1==k)
```

```
            return middle;
        a[row]=a[j];
        a[j]=middle;
        if(j-row+1<k)
        {
            k=k-j+row-1;
            row=j+1;
        }
        else
            high=j-1;
    }
}
```

7.5　拉斯维加斯算法

拉斯维加斯算法的一个显著特征是，它所做的随机选择策略可能导致算法找不到问题的解。也就是说，算法运行一次可能得不到正确的解，但其只有两种情况，要么找到正确解，要么无解，只要找到一个解，则这个解一定是正确的。当算法运行一次无解时，可以反复运行多次，直到找到正确解为止，因此拉斯维加斯算法随着运行次数的增多，找到正确解的概率也增加。拉斯维加斯算法中的随机性选择能引导算法快速地求解问题，显著地改进算法的时间复杂性，甚至对某些迄今为止找不到有效算法的问题，也能得到满意的解。

拉斯维加斯算法有时运行成功，有时运行失败，因此，通常拉斯维加斯算法的返回类型为 bool，并且有两个参数，一个是算法的输入，另一个是当算法运行成功时保存问题的解。当算法运行失败时，可对同一输入实例再次运行，直到成功地获得问题的解。其一般形式如下。

```
void obstinate(inputtype x, outputtype y)
{
    success=false;
    while(!success)
        success=LV(x, y);
}
```

其中，LV(x, y) 是调用一次拉斯维加斯算法，该函数返回 bool 类型，表示本次调用拉斯维加斯算法是否成功，若不成功则再次调用拉斯维加斯算法，若成功则返回正确解。

设 $p(x)$ 是对输入实例 x 调用拉斯维加斯算法获得问题的一个解的概率，则一个正确的拉斯维加斯算法应该对于所有的输入实例 x 均有 $p(x)>0$。在更强的意义下，要求存在一个正的常数 δ，使得对于所有的输入实例 x 均有 $p(x)>\delta$。由于 $p(x)>\delta$，因此只要有

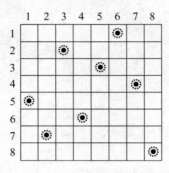

足够的时间，对任何输入实例 x，拉斯维加斯算法总能找到问题的一个解。换言之，拉斯维加斯算法找到正确解的概率随着计算时间的增加而提高。

n 皇后问题是设计高效的拉斯维加斯算法的很好的例子。n 皇后问题是在 $n \times n$ 的棋盘上摆放 n 个皇后，使其不能互相攻击，即任意两个皇后都不能处于同一行、同一列或同一斜线上。图 7.2 给出了 $n=8$ 时的皇后问题的两组正确摆放方式。

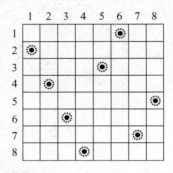

图 7.2　n 皇后问题的两组解（$n=8$）

从 n 皇后问题描述可以看出，棋盘的每一行都必须有一个皇后，且每行只能有一个皇后，因此问题的解可以采用一维数组表示。例如，一维数组 $x[n]$ 表示 n 皇后问题的解，其中 $x[i]=j$ 表示第 i 行的皇后放置在第 j 列。这种一维数组表示解向量的方式隐含地保证了任何两个皇后都不在一行上，下面考虑两个皇后不在一列和一条斜线上。

对于同一列上不能有两个皇后，则任意的 i 和 j 都必须满足以下条件。

$$x[i] \neq x[j]$$

对于任意两个皇后都不在一条斜线上，则任意 i 和 j 都必须满足以下条件。

$$|i-j| \neq |x[i]-x[j]|$$

满足上面两个约束条件的一维数组 x 表示已放置的 i 个皇后（$1 \leq i \leq n$）互不攻击，也就是不发生冲突。

对于八皇后问题的任何一个解而言，每一个皇后在棋盘上的位置无任何规律，不具有系统性，而更像是随机放置的。因此，容易想到利用拉斯维加斯算法求解 n 皇后问题，具体算法设计过程为：在棋盘上相继的各行中随机地放置皇后，并使新放置的皇后与已放置的皇后互不攻击，直至 8 个皇后均已相容地放置好，或下一个皇后没有可放置的位置。

```
int OK(int k, int x[])
{
```

```
    for(int i=1; i<k; i++)
        if(abs(k-i)==abs(x[k]-x[i]))||(x[k]==x[i]))
            return 0;
    return 1;
}
```

函数 OK 的功能是，当前在第 k 行放置了一个皇后，该皇后放在了第 k 行的第 x[k] 列，判断该皇后与前面已经放置的皇后是否冲突，若冲突则返回 0，不冲突则返回 1。

```
int QueensLV(int n, int x[])
{
    int k=1;
    int *y;
    y=new int[n+1];
    int count=1;
    while((k<=n)&&(count>0))
    {
        count=0;
        for(int i=1; i<=n; i++)
        {
            x[k]=i;
            if(OK(k,x))
                y[count++]=i;
        }
        if(count>0)
            x[k++]=y[RandomNumber(0,count-1)];
    }
    return(count>0);
}
```

函数 QueensLV 是拉斯维加斯算法的一次运行，运行一次可能失败也可能成功。该函数一旦发现无法再放置下一个皇后时，就立刻返回失败。要想求出 n 皇后问题的一个正确解，需要多次调用 QueensLV 算法，直到得到一个正确解为止。

```
void nQueen(int n, int x[])
{
    for(int i=0; i<=n; i++)
        x[i]=0;
    while(!QueensLV(n, x) ;
```

```
    for(int i=1; i<=n; i++)
        cout<<x[i]<<" ";
    count<<endl;
}
```

函数 nQueen 函数反复地调用 QueensLV 函数，直到找到一个正确解为止，并输出正确解 x。

回溯法求解
n皇后问题

若将上述随机放置策略与回溯法相结合，则会获得更好的效果。具体做法为：先在棋盘的若干行中随机地放置相容的皇后，然后在其他行中用回溯法继续放置，直至找到一个解或宣告失败。在棋盘中随机放置的皇后越多，回溯法搜索所需的时间就越少，但失败的概率也就越大。

下面说明与回溯法结合的求解 n 皇后问题的拉斯维加斯算法，首先给出回溯法求解 n 皇后问题的函数 Backtrack。

```
int Backtrack(int t, int x[])
{
    if(t>n)
    {
        for(int i=1; i<=n; i++)
            printf("%d",x[i]);
        return 1;
    }
    else
    {
        for(int i=1; i<=n; i++)
        {
            x[t]=i;
            if(OK(t, x)&&Backtrack(t+1))
                return 1;
        }
    }//else
    return 0;
}
```

将前面的 QueensLV 函数再修改成只在棋盘上随机放置若干皇后的拉斯维加斯算法，其中 stopnumber 表示随机放置的皇后数。

```
int QueensLV(int n, int x[], int stopnumber)
{
    int k=1;
```

```
    int *y;
    y=new int[n+1];
    int count=1;
    while((k<=stopnumber)&&(count>0))
    {
        count=0;
        for(int i=1; i<=n; i++)
        {
            x[k]=i;
            if(OK(k,x))
                y[count++]=i;
        }
        if(count>0)
            x[k++]=y[RandomNumber(0,count-1)];
    }
    return(count>0);
}
```

算法的回溯法只要搜索到一个解就停止，QueensLV 算法通过参数 stopnumber 控制随机放置的皇后数。通过调用上述两个函数就可以实现 n 皇后问题的结合回溯法的拉斯维加斯算法。

```
void nQueen(int n, int x[], int stop)
// 与回溯法结合的拉斯维加斯算法
{
    int found=0;
    while(!QueensLV(n, x, stopnumber);
    if(Backtrack(stop+1,x))
    {
        for(int i=1; i<=n; i++)
            cout<<x[i]<<" ";
        found=1;
    }
    count<<endl;
    return found;
}
```

结合了回溯法的拉斯维加斯算法综合了回溯法和拉斯维加斯算法的优势，通过合理设置随机放置皇后个数，可以实现在求得正确解和算法速度之间的平衡。例如，八皇后问题，随机地放置两个皇后再采用回溯法比完全采用回溯法快大约两倍；随机地放置 3 个皇后再采用回溯法比完全采用回溯法快大约一倍；而所有的皇后都随机放置比完全采用回溯法慢大约一倍。很容易解释这个现象，这是因为不能忽略产生随机数所需的时间，当随机放置所有的皇后时，八皇后问题的求解大约有 70% 的时间都用在了产生随机数上。

7.6　蒙特卡罗算法

对于一些实际问题，问题的近似解毫无意义，希望能够得到问题的准确解。例如，判断一个表达式是否正确，其解只有"是"或"否"两种情况，并且必须选择一种情况，不存在任何的近似解。再如，整数因子划分问题，其解必须给出具体划分为哪些整数，解的形式必须是准确的，也不存在近似的整数划分因子。蒙特卡罗算法就是用于求解问题的准确解，但该解不一定是正确的。

蒙特卡罗算法偶尔会给出错误的解，但对任何输入实例来说，它总能以较高的概率给出一个正确解。总之，蒙特卡罗算法总是能够给出准确解，但是这个解有时可能是不正确的，通常情况下也无法有效地判断解的正确性。蒙特卡罗算法求得正确解的概率依赖于算法所用的时间，随着算法所用时间的增加，得到正确解的概率也提高。

设 p 是一个实数，且 $1/2 < p < 1$。对任意输入实例，若蒙特卡罗算法得到正确解的概率大于等于 p，则称该蒙特卡罗算法是 p 正确的；若对同一个输入实例，运行两次蒙特卡罗算法，两次运行结果不会给出两个不同的正确解，则称该蒙特卡罗算法是一致的；若重复地运行一个一致的 p 正确的蒙特卡罗算法，每一次运行都独立地进行随机选择，则可以使得产生不正确解的概率变得任意小。

有些情况下，蒙特卡罗算法的参数除了描述问题实例的输入参数 I 外，还有描述错误解可接受概率的参数 ε。这类算法的时间复杂性通常由问题规模，以及错误解可接受概率的函数 $T(n, \varepsilon)$ 来描述，其中 n 为问题实例的规模。

主元素问题的蒙特卡罗算法

下面以主元素问题说明蒙特卡罗算法的基本思想。

设 T[n] 是一个含有 n 个元素的数组，x 是数组 T 的一个元素，如果数组中有一半以上的元素与 x 相同，则称元素 x 是数组 T 的主元素。例如，在数组 T[9]={5,2,3,5,2,5,4,5,5} 中，元素 5 就是主元素。

求解主元素的最简单的方法是统计数组中每个元素的出现次数，若某元素的出现次数大于数组元素个数的一半，则该元素是主元素。显然，该算法需要扫描两遍数组，其时间复杂性为 $O(n^2)$。

蒙特卡罗算法求解主元素问题的思路是：随机选择数组中的一个元素 T[i]，统计该元素出现的次数，若出现次数大于 n/2（n 为数组元素个数），则该元素是主元素，否则该元素不是主元素。若数组中有主元素，则非主元素的个数小于 n/2，因此，执行一次蒙特卡罗算法找到主元素返回 true 的概率大于 1/2，找不到主元素返回 false 的概率小于 1/2，这说明算法出现错误的概率小于 1/2。如果连续运行算法 k 次，算法返回 false 的概率将减少为 2^{-k}，即该算法发生错误的概率为 2^{-k}。具体算法如下。

算法 7.9　主元素问题。

```
int majority(int T[], int n)
{
    i=RandomNumber(0, n-1);
    x=T[i]; // 随机选择一个数组元素
    k=0;
    for(j=0; j<n; j++)
        if(T[j]==x)
            k++;
    if(k>n/2)  //k>n/2 时含有主元素为 T[i]
        return 1;
    else
        return 0;
}
```

调用一次上面的算法将以大于 1/2 的概率返回正确解。在实际使用中，接近 50% 的错误概率是不能容忍的。为了提高获得正确解的概率，可以重复调用两次算法 majority，具体调用算法如下。

```
int majority2(int T[], int n)
{
    if(majority(T,n))
        return 1;
    else
        return majority(T,n);
}
```

函数 majority2 独立调用两次 majority 函数，当第一次调用 majority 函数成功时，则返回成功结果，若第一次调用不成功，则第二次调用 majority 函数，若第二次调用成功则返回成功结果，若失败则返回失败。

假设 majority 函数返回正确解的概率为 p，则找不到解的概率为 $1-p$，则 majority2 函数返回正确解的概率为 $p+(1-p)p=2p-p^2=1-(1-p)^2$，因为 p 的值大于 1/2，因此 $1-(1-p)^2>3/4$。这说明 majority2 函数是一个 3/4 正确的蒙特卡罗算法。

函数 majority2 重复调用 majority 两次，每次运行结果都是相互独立的。如果连续运行算法 k 次，算法返回 false 的概率将减少为 2^{-k}，即该算法发生错误的概率为 2^{-k}。反之，在 k 次调用中，只要有一次的返回结果是 true，则可断定数组中有主元素。对于任意给定的错误概率 ε，可以重复 $\log_2(1/\varepsilon)$ 次 majority 函数，就可以保证算法的错误概率

使错误率小于 ε 的蒙特卡罗算法

小于 ε。具体算法如下。

```
int majorityMC(int T[], int n, double ε)
{
    k=log(1/ε)/log(2);
    for(i=1; i<=k; i++)
        if(majority(T, n))
            return 1;
    return 0;
}
```

对于任何给定的 $\varepsilon>0$，算法 majorityMC 重复调用 $\log_2(1/\varepsilon)$ 次算法 majority，其错误概率小于 ε，时间复杂性显然是 $O(n\log_2(1/\varepsilon))$。

本章小结

本章主要讨论各种随机算法的基本理论和应用范例，介绍随机算法的基本思想，随机算法与确定性算法的区别，随机算法的基本特征，并重点介绍数值随机算法、舍伍德算法、拉斯维加斯算法和蒙特卡罗算法。此外，本章还详细介绍了用数值随机算法求解 π 值、用舍伍德算法求解元素选择问题、用拉斯维加斯算法求解 n 皇后问题和用蒙特卡罗算法求解主元素。

习　题

一、选择题

1. 下列算法中是随机算法的是（　　　）。
　A. 贪心算法　　　　　B. 回溯法　　　　　C. 动态规划算法　　　D. 数值随机法
2. 舍伍德算法是（　　）的一种。
　A. 分支限界法　　　　B. 随机算法　　　　C. 贪心算法　　　　　D. 回溯法
3. 在下列算法中得到的解未必正确的是（　　　）。
　A. 蒙特卡罗算法　　B. 拉斯维加斯算法　C. 舍伍德算法　　　　D. 数值随机算法

二、填空题

1. 数值随机算法常用于 _____ 问题的求解。
2. 下面是用随机投点法计算 π 值的代码，请在横线处填上适当的代码。

```
double Darts(int n)
```

```
{
    static RandomNumber dart;
    int k=0;
    for(int i=1; i<=n; i++)
    {
        double x=dart.fRandom();double y=dart.fRandom();
        if(_____①_____)  k++;
    }
    return_____②_____;
}
```

三、判断题

1. 在现实计算机上无法产生真正的随机数, 随机数都是一定程度上随机的, 称为伪随机数。线性同余法是产生伪随机数最常用的方法。　　　　　　　　　　　　（　　　）

2. 随机算法求解问题的同一实例时, 用同一随机算法求解两次得到的结果完全相同。　　　　　　　　　　　　　　　　　　　　　　　　　　　　　　　　　（　　　）

3. 线性同余法是产生伪随机数的最常用的方法。　　　　　　　　　　　　（　　　）

4. 可以用数值随机算法计算 π 值。　　　　　　　　　　　　　　　　　　（　　　）

5. 数值随机算法不能求定积分。　　　　　　　　　　　　　　　　　　　　（　　　）

第 8 章

线性规划与网络流

　　线性规划是研究如何在满足多种约束条件的情况下，求解线性目标函数极值问题的理论和方法。线性规划模型被广泛应用于解决军事作战、经济分析、生产经营中的最优决策问题。网络流问题是一类重要的组合优化问题，如网络最大流、最小费用流模型常被应用于解决交通网、管道网、通信网等优化问题。本章建议 10 学时。

教学目标

> 理解线性规划问题的一般形式和约束标准型；
> 掌握求解线性规划问题的单纯形法；
> 理解网络流的基本概念及性质；
> 掌握网络最大流的增广链算法；
> 掌握求解最小费用流的负回路算法；
> 掌握求解最小费用流的最小费用链算法。

教学需求

知识要点	能力要求	相关知识
线性规划问题	（1）理解线性规划问题的一般形式和约束标准型； （2）掌握线性规划问题的一般形式转化为约束标准型的方法	营养配餐问题，生产计划问题
单纯形法	（1）掌握单纯形法的基本思想； （2）掌握单纯形法的描述与实现； （3）理解两阶段法的基本思想	单纯形表
网络流	（1）了解网络与流的基本概念； （2）理解网络流的基本性质	图的表示与存储
最大流问题	（1）理解网络最大流问题； （2）掌握增广链算法的基本思想和算法实现	网络最大流，增广链算法
最小费用流问题	（1）理解最小费用流问题； （2）掌握负回路算法的基本思想与算法实现； （3）掌握最小费用链算法的基本思想与算法实现	图的最短路径，动态规划策略

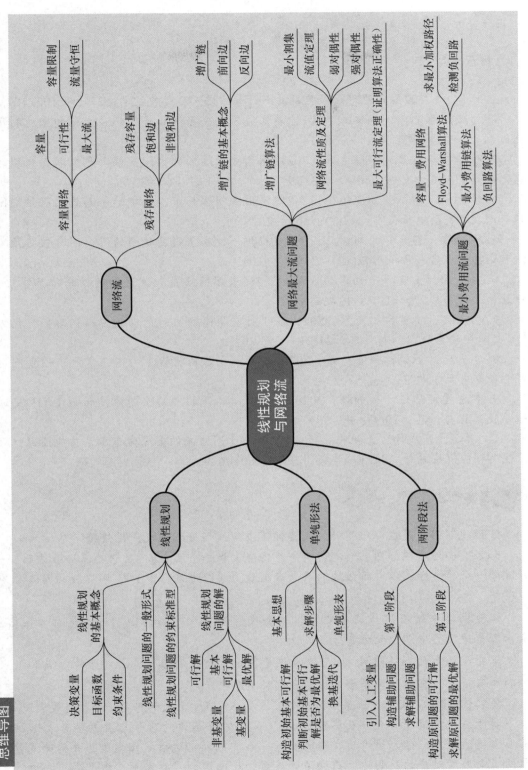

思维导图

线性规划与网络流

网络流
- 容量网络
  - 容量
    - 容量限制
    - 流量守恒
  - 可行性
  - 最大流
- 残存网络
  - 残存容量
    - 饱和边
    - 非饱和边

网络最大流问题
- 增广链的基本概念
  - 增广链
  - 前向边
  - 反向边
- 增广链算法
- 网络流性质及定理
  - 最小割集
  - 流值定理
  - 弱对偶性
  - 强对偶性
- 最大可行流定理（证明算法正确性）

最小费用流问题
- 容量—费用网络
  - 求最小加权路径
  - 检测负回路
- Floyd-Warshall 算法
- 最小费用链算法
  - 负回路算法

线性规划
- 线性规划的基本概念
  - 决策变量
  - 目标函数
  - 约束条件
- 线性规划问题的一般形式
- 线性规划问题的约束标准型
- 线性规划问题的解
  - 可行解
  - 基本可行解
  - 最优解
    - 非基变量
    - 基变量

单纯形法
- 基本思想
- 求解步骤
  - 构造初始基本可行解
  - 判断初始基本可行解是否为最优解
  - 换基迭代
- 单纯形表

两阶段法
- 基本思想
- 第一阶段
  - 引入人工变量
  - 构造辅助问题
  - 求解辅助问题
- 第二阶段
  - 构造原问题的可行解
  - 求解原问题的最优解

📖 **推荐阅读资料**

1. 韩伟一，2021. 单纯形法检验数的新计算方法 [J]. 大学数学，37(1)：102–107.

2. 何毅，唐湘玲，代俊峰，2021. 漓江流域生态系统服务价值最大化的土地利用结构优化 [J]. 生态学报，41(13)：5214–5222.

3. 丁泽宇，侯宏娟，段立强，2021. 基于线性规划的太阳能辅助热电联供机组运行优化研究 [J]. 热力发电，50(6)：33–39.

4. 朱晓荣，谢婉莹，鹿国微，2021. 采用区间多目标线性规划法的热电联供型微网日前调度 [J]. 高电压技术，47(8)：2668–2679.

5. 李劲松，彭建华，刘树新，等，2020. 一种基于线性规划的有向网络链路预测方法 [J]. 电子与信息学报，42(10)：2394–2402.

6. 左逢源，王晓峰，任雪娇，等，2021. 求解网络最大流问题的信念传播算法 [J]. 计算机工程与设计，42(5)：1346–1352.

7. 杨森炎，宁连举，商攀，2021. 基于时空状态网络的电动物流车辆路径优化方法 [J]. 交通运输系统工程与信息，21(2)：196–204.

8. 李炎隆，卜鹏，余菲，等，2020. 基于最小费用流模型的不正常航班恢复问题研究 [J]. 重庆大学学报，43(9)：73–80.

9. 李嫚嫚，陆建，孙加辉，2020. 多类型信息下的网络交通流演化模型 [J]. 交通运输系统工程与信息，20(4)：97–105.

10. 黄河，张成才，王艳梅，等，2020. 基于网络流的平原城市水系功能连通性评价方法 [J]. 应用基础与工程科学学报，28(3)：607–619.

📝 **基本概念**

线性规划问题是在一组线性约束条件下求解线性目标函数最优值的问题。

如果有向连通网络图 $G=(V,E)$ 有一个源点 s 和一个汇点 t，且它的每一条边 (v_i, v_j) 都被赋予一个非负数，以表示该边的最大流通能力（称为边的容量），则这样的网络称为容量网络。

容量网络中所有边与流量之间的非负映射关系 $f: E \rightarrow \{f(e_{ij}) | e_{ij} \in E\}$ 称为网络流，表示各条边上的流量分配方案。

若对于给定的网络流 f，所有边的流量均小于该边的容量，且对于除源点和汇点之外的所有顶点均有流入量等于流出量，则称 f 为可行流。

使容量网络 G 有一个源点 s 和一个汇点 t 的总流量最大的可行流 f 称为最大流。

对于给定的容量网络 f 及其可行流 f，G 中的每条边的容量与流量之差表示该边还有多少流通能力，称为该边的残存容量；将 G 中的所有边看成正向边，并构造流量大于零的正向边所对应的反向边，正向边的流量为反向边的残存容量；由上述正向边、反向边及它们的残存容量构成新的容量网络 G^*，就称为容量网络 G 关于可行流 f 的残存网络。

若容量网络 G 中的每条边都给定单位流通费用，则对于 G 的可行流 f，所有边的流通费用之和称为可行流 f 的费用。

◉→引例：营养配餐问题

第二次世界大战期间，为了保证士兵能摄取足够的营养，美国空军规定士兵的每餐食物中要保证一定的蛋白质、维生素和脂肪等营养含量。众所周知，面包和牛奶可以提供蛋白质，黄油和肉类可以提供脂肪，蔬菜和水果可以提供丰富的维生素。然而，在战争期间，食品供给的种类和数量有限，如何进行营养配餐，即确定套餐中不同食物的数量，使得套餐中的食物能够保证满足士兵所需营养的同时，又能够尽可能地降低套餐成本，是美国空军管理部门需要解决的重要问题之一。时任美国空军管理部统计控制战斗分析处主任的丹兹格（1914—2005）主要负责处理供应链的补给、物资管理与调度等事务。他在深入研究上述问题后，将配餐问题转化为在有限资源约束条件下，求解线性目标函数最优值的数学问题。随后，丹兹格又进一步提出了单纯形法（simplex method）来求解线性规划问题的最优值，最终成功地解决了营养配餐、物资调度和运输等问题。丹兹格也因为创造了单纯形法而被称为"线性规划之父"。现代的经营决策问题，大多是利用有限的人力、物力和财力等资源追求收益最大或成本最小，其实质都是线性规划问题。例如，在有限资源竞争情况下确定最优生产计划、最佳投资组合、最优运输方案等。单纯形法在线性规划领域沿用多年，至今仍是求解线性规划问题的常用算法。

8.1　线性规划概述

8.1.1　线性规划问题及其一般形式

线性规划（Linear Programming, LP）问题是指在一组线性约束条件下，求解线性目标函数极值的最优化问题。线性规划问题的 3 个基本要素是决策变量、目标函数和约束条件。其中，目标函数和约束条件都是决策变量的线性函数，决策变量直接影响目标函数值的大小，约束条件限制决策变量的取值范围，目标函数是线性规划的优化目标，其取值是衡量决策方案优劣的直观指标。下面通过几个实例说明线性规划问题。

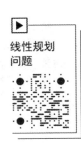
线性规划问题

例 8.1　营养配餐问题。

士兵餐食需要考虑 m 种营养成分，假设每个士兵每天需要至少 b_i 个单位的营养成分 i，现有 n 种食物可供选择，其中食物 j 中营养成分 i 的含量是 a_{ij} 个单位 / 千克，食物 j 的价格是 c_j 元 / 千克，每位士兵每天摄取的餐食总量为 d（大于零的常数）千克。如果要在保证士兵能够摄取足够营养的前提下使套餐成本最低，该如何搭配套餐中的食物？

设每个士兵每天的套餐中包含 x_j 千克食物 j（$1 \leqslant j \leqslant n$），则上述问题可以表述为

$$\min \ z = \sum_{j=1}^{n} c_j x_j \tag{8.1}$$

$$\text{s.t.} \ \sum_{j=1}^{n} a_{ij} x_j \geqslant b_i, \quad i = 1, 2, \cdots, m$$

$$\sum_{j=1}^{n} x_j = d, \quad x_j \geqslant 0, \quad j = 1, 2, \cdots, n \tag{8.2}$$

其中，x_j 是决策变量，式（8.1）是营养配餐问题的目标函数，即寻找能够使套餐成本最低的食物含量组合 $(x_1, \cdots, x_j, \cdots, x_n)$。s.t. 是 subject to 的缩写，表示"服从"或"满足"下述条件。式（8.2）表示决策变量所受的约束条件，即食物搭配需满足士兵每天所需营养的要求。

例 8.2 生产计划问题。

某公司使用 3 种原材料生产 A 和 B 两种产品，生产 A 和 B 时使用 3 种原材料的比例分别是 1:2:1 和 1:1:0。产品 A 和 B 的售价分别为 18 元 / 千克和 30 元 / 千克，公司现有 3 种原材料分别 120 千克、150 千克和 50 千克。请问该如何安排生产计划使得企业的总收入最大？

设公司生产 A 和 B 产品分别为 x_1 千克和 x_2 千克，则上述问题可表述为

$$\max \ z = 18x_1 + 30x_2$$

$$\text{s.t.} \begin{cases} 0.25x_1 + 0.50x_2 \leqslant 120 \\ 0.50x_1 + 0.50x_2 \leqslant 150 \\ 0.25x_1 \qquad\quad \leqslant 50 \\ x_1 \geqslant 0, \ x_2 \geqslant 0 \end{cases} \tag{8.3}$$

这个问题的解可表示为 (x_1, x_2)，其中 $(200,100)$ 是该问题的一个可行解，对应的函数值是 6600，但这不是该问题的最优解。该问题的最优解是 $(120,180)$，对应的目标函数的最优值是 27000 元。

通过上面的例子可以归纳出线性规划问题的一般形式为

$$\max(\min) \ z = \sum_{j=1}^{n} c_j x_j \tag{8.4}$$

$$\text{s.t.} \ \sum_{j=1}^{n} a_{ij} x_j \leqslant (=, \geqslant) b_i, \quad i = 1, 2, \cdots, m$$

$$x_j \geqslant 0, \quad j = 1, 2, \cdots, n \tag{8.5}$$

其中，$z = \sum_{j=1}^{n} c_j x_j$ 是根据决策变量 x_j 构造的线性目标函数；$\max(\min)$ 表示需要求解

目标函数的最大（小）值；$\sum_{j=1}^{n} a_{ij}x_j \le (=, \ge) b_i$ 表示决策变量 x_j 受到 $m(m \ge 1)$

个线性约束条件限制，这些约束条件表示为不等式（≤或≥）或等式均可。
大多数情况下，线性规划问题中的 x_j 是非负变量，但也存在 x_j 为任意实数
的情况。若 x_j 不受非负条件约束，可以取任意实数，则该变量称为自由变
量。一般地，将满足约束条件和非负条件的决策变量 $(x_1, x_2, \cdots, x_n)$ 称为该
线性规划问题的可行解，能够使得目标函数取得最大（小）值的可行解称
为最优解，根据最优解计算得到的目标函数值称为最优值。

线性规划问题的一般形式

 思考： 线性规划问题中决策变量的约束条件（可行域）对于求解最优解的意义是什么？

8.1.2 线性规划问题的约束标准型

为进一步规范线性规划问题的描述，可以将线性规划问题的一般形式
转化为约束标准型。线性规划问题的约束标准型满足 3 个基本条件：（1）约
束条件都采用等式表达；（2）约束条件等式右端的常数项需满足非负条件；
（3）所有决策变量都满足非负条件。因此，线性规划问题的约束标准型为

线性规划问题的约束标准型

$$\max \quad z = \sum_{j=1}^{n} c_j x_j$$

$$\text{s.t.} \quad \sum_{j=1}^{n} a_{ij}x_j = b_i, \quad b_i \ge 0, \quad i=1,2,\cdots,m \qquad (8.6)$$

$$x_j \ge 0, \quad j=1,2,\cdots,n$$

那么如何将线性规划问题的一般形式转换为约束标准型呢？具体做法如下。

（1）若原目标函数为 $\min \ z = \sum_{j=1}^{n} c_j x_j$，令 $c_j' = -c_j$（$j=1,2,\cdots,n$），且 $z' = \sum_{j=1}^{n} c_j' x_j$，则有

$z' = -z$，因此，$\min z \Leftrightarrow \max \ z'$，原目标函数可以转换为 $\max \ z' = \sum_{j=1}^{n} -c_j x_j$。

（2）若原问题中某些约束条件的右端常数项 $b_i < 0$，令 $b_i' = -b_i$，如果是等式约束条
件 $\sum_{j=1}^{n} a_{ij}x_j = b_i$，则转换为 $\sum_{j=1}^{n} -a_{ij}x_j = b_i'$；如果是不等式约束条件 $\sum_{j=1}^{n} a_{ij}x_j \ge (\le) b_i$，则转换为

$\sum_{j=1}^{n} -a_{ij}x_j \le (\ge) b_i'$。

（3）若原问题的不等式约束条件为 $\sum_{j=1}^{n} a_{ij}x_j \le b_i$，$b_i > 0$，则可以引入一个新的变量 y_i，

并将该约束条件转换为 $\sum_{j=1}^{n} a_{ij}x_j + y_i = b_i$，要求 $y_i \ge 0$。一般地，y_i 称为松弛变量，其取值

为 $b_i - \sum_{j=1}^{n} a_{ij}x_j \geqslant 0$。

（4）若原问题的不等式约束条件为 $\sum_{j=1}^{n} a_{ij}x_j \geqslant b_i$，$b_i > 0$，则可以引入一个新的变量 y_i，并将该约束条件转换为 $\sum_{j=1}^{n} a_{ij}x_j - y_i = b_i$，要求 $y_i \geqslant 0$。一般地，y_i 称为剩余变量，其取值为 $\sum_{j=1}^{n} a_{ij}x_j - b_i \geqslant 0$。

（5）若原问题中存在自由变量 x_j，引入两个新的非负变量 x_j' 和 x_j''，并将原问题中所有的 x_j 替换为 $x_j' - x_j''$，当 $x_j \geqslant 0$ 时，$x_j' \geqslant x_j'' \geqslant 0$，否则 $x_j'' \geqslant x_j' \geqslant 0$。

例 8.3 将下述线性规划问题的一般形式转换为约束标准型。

$$\min z = x_1 - 3x_2 + 2x_3 \tag{8.7}$$

$$\text{s.t.} \begin{cases} 3x_1 + 2x_2 - x_3 \leqslant 10 & (8.8) \\ 4x_1 - 5x_2 \leqslant -5 & (8.9) \\ 3x_1 + 2x_2 - x_3 + x_4 = 10 \\ x_1 \geqslant 0,\ x_2 \geqslant 0,\ x_3 \text{ 为任意实数} & (8.10) \end{cases}$$

首先将式（8.7）转换为 $\max z' = \min(-z) = -x_1 + 3x_2 - 2x_3$；接着，引入松弛变量 x_4 将式（8.8）改为等式约束条件 $3x_1 + 2x_2 - x_3 + x_4 = 10$；然后，将式（8.9）的两端同时变号，使其右端常数项变为非负数，则式（8.9）可改为 $-4x_1 + 5x_2 \geqslant 5$；随后，引入剩余变量 x_5 将式（8.9）改为等式约束条件 $-4x_1 + 5x_2 - x_5 = 5$；最后，将式（8.7）～（8.9）中的自由变量 x_3 替换成 $x_3' - x_3''$。在上述操作过程中引入的新变量均需要满足非负条件约束。经过整理之后得到该线性规划问题的约束标准型为

$$\max z' = -x_1 + 3x_2 - 2x_3' - 2x_3''$$
$$\text{s.t.} \begin{cases} 3x_1 + 2x_2 - x_3' - x_3'' + x_4 = 10 \\ -4x_1 + 5x_2 - x_5 = 5 \\ x_1, x_2, x_3', x_3'', x_4, x_5 \geqslant 0 \end{cases} \tag{8.11}$$

例 8.4 某个线性规划问题的一般形式为

$$\min z = -x_1 + 2x_2$$
$$\text{s.t.} \begin{cases} 2x_1 - x_2 \leqslant 5 \\ x_1 + x_2 \leqslant 3 \\ x_1 \geqslant 0,\ x_2 \geqslant 0 \end{cases}$$

引入松弛变量 x_3 和 x_4 后可将其转换为约束标准型为

$$\max z' = x_1 - 2x_2$$

$$\text{s.t.} \begin{cases} 2x_1 - x_2 + x_3 \quad\quad = 5 \\ x_1 + x_2 \quad\quad + x_4 = 3 \\ x_1, x_2, x_3, x_4 \geqslant 0 \end{cases}$$

线性规划问题的约束标准型表达式（8.6）进一步展开后为式（8.12）。

$$\max z = c_1x_1 + c_2x_2 + \cdots + c_nx_n$$

$$\text{s.t.} \begin{cases} a_{11}x_1 + a_{12}x_2 + \cdots + a_{1n}x_n = b_1 \\ a_{21}x_1 + a_{22}x_2 + \cdots + a_{2n}x_n = b_2 \\ \quad\quad\quad\quad\quad\quad \vdots \\ a_{m1}x_1 + a_{m2}x_2 + \cdots + a_{mn}x_n = b_m \\ b_i \geqslant 0, \quad i = 1, 2, \cdots, m \\ x_j \geqslant 0, \quad j = 1, 2, \cdots, n \end{cases} \quad\quad (8.12)$$

如果将式（8.12）中的决策变量及其相关系数用向量或矩阵表示，记为

$$\boldsymbol{c} = \begin{bmatrix} c_1 \\ c_2 \\ \vdots \\ c_n \end{bmatrix} \quad \boldsymbol{x} = \begin{bmatrix} x_1 \\ x_2 \\ \vdots \\ x_n \end{bmatrix} \quad \boldsymbol{A} = \begin{bmatrix} a_{11} & a_{12} & \dots & a_{1n} \\ a_{21} & a_{22} & \dots & a_{2n} \\ \vdots & \vdots & \vdots & \vdots \\ a_{m1} & a_{m2} & \dots & a_{mn} \end{bmatrix} \quad \boldsymbol{b} = \begin{bmatrix} b_1 \\ b_2 \\ \vdots \\ b_m \end{bmatrix}$$

则线性规划问题的约束标准型可以表示为如式（8.13）所示的矩阵形式，其中 $\boldsymbol{c}^{\mathrm{T}}$ 表示 $\boldsymbol{c}$ 的转置，当且仅当向量 $\boldsymbol{x}$ 的每一个分量都是非负数时 $\boldsymbol{x} \geqslant 0$。

$$\max z = \boldsymbol{c}^{\mathrm{T}}\boldsymbol{x}$$
$$\text{s.t.} \quad \boldsymbol{Ax} = \boldsymbol{b} \quad\quad\quad\quad (8.13)$$
$$\boldsymbol{x} \geqslant 0, \quad \boldsymbol{b} \geqslant 0$$

若进一步将矩阵 $\boldsymbol{A}$ 的每一列元素记为一个列向量 $\boldsymbol{P}_j$（$j = 1, 2, \cdots, n$），则矩阵 $\boldsymbol{A}$ 可记为

$$\boldsymbol{P}_j = \begin{bmatrix} a_{1j} \\ a_{2j} \\ \vdots \\ a_{mj} \end{bmatrix} \quad \boldsymbol{A} = \begin{bmatrix} \boldsymbol{P}_1 & \dots & \boldsymbol{P}_j & \dots & \boldsymbol{P}_n \end{bmatrix}$$

因此，线性规划问题的约束标准型也可以表示为

$$\max z = \sum_{j=1}^{n} c_j x_j$$

$$\text{s.t.} \quad \sum_{j=1}^{n} P_j x_j = b \tag{8.14}$$

$$x_j \geqslant 0, \quad b \geqslant 0, \quad j = 1, 2, \cdots, n$$

8.1.3 线性规划问题的解

线性规划问题的解

一般地，将能够满足约束条件的决策变量 $(x_1, x_2, \cdots, x_n)$ 的一组值称为线性规划问题的一个可行解。对于线性规划的约束标准型而言，如果 $x = (x_1, x_2 \cdots, x_n)^{\mathrm{T}}$ 能使式（8.13）中的约束条件 $Ax=b$ 成立，则 $(x_1, x_2, \cdots, x_n)^{\mathrm{T}}$ 就是线性规划问题的一个可行解。

如果 A 的秩是 m，则 A 中一定存在 m 个线性无关的列向量 $P_{j_1}, P_{j_2}, \cdots, P_{j_m}$，将 $B = (P_{j_1}, P_{j_2}, \cdots, P_{j_m})$ 称为约束标准型的基，与基中的列向量对应的决策变量 $x_{j_1}, x_{j_2}, \cdots, x_{j_m}$ 称为基变量，其他的决策变量称为非基变量。此时，若令所有非基变量取值为 0，则线性规划的约束标准型中的条件方程组 $Ax=b$ 可变换为

$$B(x_{j_1}, x_{j_2}, \cdots, x_{j_m})^{\mathrm{T}} = b \tag{8.15}$$

若式（8.15）成立，则 $(x_{j_1}, x_{j_2}, \cdots, x_{j_m})^{\mathrm{T}} = B^{-1}b$ 称为关于基 B 的基本解。如果向量 $(x_{j_1}, x_{j_2}, \cdots, x_{j_m})^{\mathrm{T}}$ 的每一个分量都满足非负条件，则 $(x_{j_1}, x_{j_2}, \cdots, x_{j_m})^{\mathrm{T}}$ 是该线性规划问题的一个基本可行解，与之对应的基 B 是一个可行基。需要注意的是，如果向量 $(x_{j_1}, x_{j_2}, \cdots, x_{j_m})^{\mathrm{T}}$ 的某个分量无法满足非负条件，则 $(x_{j_1}, x_{j_2}, \cdots, x_{j_m})^{\mathrm{T}}$ 仅仅是该线性规划问题的一个可行解，而不是基本可行解。

定理 8.1 如果线性规划问题的约束标准型有可行解，则该问题必有基本可行解。

定理 8.2 如果线性规划问题的约束标准型有最优解，则该问题必有一个基本可行解是最优解。

此处省略上述定理的证明过程，感兴趣的读者可自行证明。本章主要关注如何利用上述定理求解线性规划问题。显然，根据定理 8.2 可知，线性规划问题的最优解必定是其约束标准型的一个基本可行解。若线性规划问题涉及 n 个决策变量和 m 个线性约束条件，则矩阵 A 的秩不会超过 m，即最多有 m 个基变量，它所对应的基本可行解数目不超过组合数 C_n^m。由此可见，线性规划问题是典型的组合优化问题，枚举法的计算量非常大，必须寻找高效的线性规划的求解算法。从线性规划问题被提出至今，科学家们做了很多尝试，并提出了一些优化的求解算法，其中以美国数学家丹兹格在 1947 年提出的单纯形法最为有效。

8.2　单纯形法的设计思想与步骤

8.2.1　单纯形法的基本思想

单纯形法是一种根据目标函数值迭代逼近线性规划问题最优解的计算方法。该方法首先将线性规划问题转换成约束标准型，接着构建一个约束标准型的初始基本可行解并判断它是否为最优解，如果该基本可行解不是最优解，则再求一个能够优化目标函数值的基本可行解，并判断该基本可行解是否为最优解，反复迭代直到获得最优解或判断无最优解为止。单纯形法可分为 4 个步骤。

单纯形法的
基本思想

（1）将线性规划问题转换为约束标准型，并构造它的初始基本可行解。

（2）检查基本可行解，若该基本可行解为最优解或判断该线性规划问题无解，则停止迭代，否则执行步骤（3）。

（3）选择一个能够优化目标函数变大的非基变量代替一个基变量，构造新的可行基及其对应的基本可行解。

（4）重复步骤（2）～（3），直至获得最优解或判断该线性规划问题无解时迭代结束。

本章后续的 8.2.2 ～ 8.2.4 节将着重讲解使用单纯形法求解线性规划问题最优解的具体过程。

思考：单纯形法求解线性规划问题时，为什么要先将线性规划问题的一般形式转化为约束标准型？

8.2.2　构造初始基本可行解

一般地，若线性规划问题有 n 个决策变量和 m 个线性约束条件，且 $n>m$，则该线性规划问题的系数矩阵 $A_{m \times n}$ 的秩小于或等于 m。因此，它的基本可行解中最多有 m 个基变量，最少有 $n-m$ 个是可以同时取值为 0 的非基变量。为便于讨论，我们假设线性规划问题的初始可行基本解中恰好有 m 个基变量，$n-m$ 个非基变量，即经过线性变换后系数矩阵 A 正好包含 m 个线性无关的单位列向量。

当 $b_i \geqslant 0$ 时，线性规划问题的 m 个线性约束条件可以表示为

$$\sum_{j=1}^{n} a_{i_s,j} x_j \leqslant b_{i_s}, \qquad 1 \leqslant i_s \leqslant m_1$$

$$\sum_{j=1}^{n} a_{i_r,j} x_j \geqslant b_{i_r}, \qquad m_1 + 1 \leqslant i_r \leqslant m_1 + m_2 \qquad （8.16）$$

$$\sum_{j=1}^{n} a_{i_e,j} x_j = b_{i_e}, \qquad m_1 + m_2 + 1 \leqslant i_e \leqslant m_1 + m_2 + m_3$$

其中，m_1、m_2、m_3 分别表示大于、小于和等于型约束条件出现的数目，且 $m_1+m_2+m_3=m$。如果将它们转换为约束标准型，则式（8.16）可以表示为

$$\sum_{j=1}^{n} a_{i_s,j} x_j + x_{n+i_s} \quad\quad = b_{i_s}, \quad\quad 1 \leqslant i_s \leqslant m_1$$

$$\sum_{j=1}^{n} a_{i_r,j} x_j \quad\quad - x_{n+i_r} = b_{i_r}, \quad\quad m_1 + 1 \leqslant i_r \leqslant m_1 + m_2 \quad\quad (8.17)$$

$$\sum_{j=1}^{n} a_{i_e,j} x_j \quad\quad = b_{i_e}, \quad\quad m_1 + m_2 + 1 \leqslant i_e \leqslant m_1 + m_2 + m_3$$

其中，$x_{n+i_s} \geqslant 0$ 和 $x_{n+i_r} \geqslant 0$ 分别是引入的松弛变量和剩余变量。从式（8.17）可以

构造初始基
本可行解

看出，共引入了 m_1 个松弛变量，则它们所对应的列向量 $\boldsymbol{P}_{n+1}, \boldsymbol{P}_{n+2}, \cdots, \boldsymbol{P}_{n+m_1}$ 是单位列向量，且它们之间线性无关。显然，当 $m=m_1$ 时，可以将松弛变量 $x_{n+1}, x_{n+2}, \cdots, x_{n+m_1}$ 选为基变量，使用它们所对应系数构成的单位列向量 $\boldsymbol{P}_{n+1}, \boldsymbol{P}_{n+2}, \cdots, \boldsymbol{P}_{n+m_1}$ 构造初始基，其余变量作为非基变量，就可以很容易地构造出线性规划问题的初始基本可行解，然后直接执行单纯形法的后续步骤即可。

例如，将例 8.2 生产计划问题的一般形式（8.3）转换为约束标准型时，需要引入 3 个松弛变量 x_3、x_4、x_5 得到标准型，表示为

$$\max z = 18x_1 + 30x_2$$

$$\text{s.t.} \begin{cases} 0.25x_1 + 0.50x_2 + x_3 \quad\quad\quad = 120 \\ 0.50x_1 + 0.50x_2 \quad\quad + x_4 \quad\quad = 150 \\ 0.25x_1 \quad\quad\quad\quad\quad\quad\quad + x_5 = 50 \\ x_1, x_2, x_3, x_4, x_5 \geqslant 0 \end{cases} \quad\quad (8.18)$$

它的系数矩阵 $\boldsymbol{A}$ 可以记为

$$\begin{array}{ccccc} x_1 & x_2 & x_3 & x_4 & x_5 \end{array}$$
$$\boldsymbol{A} = \begin{bmatrix} 0.25 & 0.50 & 1 & 0 & 0 \\ 0.50 & 0.50 & 0 & 1 & 0 \\ 0.25 & 0 & 0 & 0 & 1 \end{bmatrix}$$

显然 $\boldsymbol{A}$ 的秩为 3，松弛变量 x_3、x_4、x_5 对应的列向量线性无关，则取 x_3、x_4、x_5 为基变量并使用它们对应的列向量构造初始基 $\boldsymbol{B} = (\boldsymbol{P}_3, \boldsymbol{P}_4, \boldsymbol{P}_5)$，令非基变量 $x_1 = 0$，$x_2 = 0$，并代入约束条件求得基变量的值，最终得到初始基本可行解 $\boldsymbol{x} = (0, 0, 120, 150, 50)^{\mathrm{T}}$。

然而，当 $m \geqslant m_1$ 时，其余的 $m - m_1$ 个基变量无法通过直观的方式选出。单纯形法的常规做法是利用系数矩阵 $\boldsymbol{A}$ 和 $\boldsymbol{b}$ 构建增广矩阵 $[\boldsymbol{A}, \boldsymbol{b}]$，并对其进行初等行变换得到 $[\boldsymbol{A}', \boldsymbol{b}']$，并且 $\boldsymbol{A}'$ 中包含 m 个线性无关的单位向量，则取这 m 个线性无关的单位向量构建初始基，并选与之所对应的变量作为基变量，其余变量作为非基变量，从而确定初始基本可行解。求解基变量取值时，需注意此时该线性规划问题的约束条件可以表示为 $\boldsymbol{A}'\boldsymbol{x} = \boldsymbol{b}'$。

此外，也可以通过引入人工变量 $y_{i_r} \geq 0$，$y_{i_e} \geq 0$，构造与 $\boldsymbol{P}_{n+1}, \boldsymbol{P}_{n+2}, \cdots, \boldsymbol{P}_{n+m_1}$ 线性无关的单位列向量，并将它们作为初始基变量，并构造初始基本可行解。具体引入方法为

$$
\begin{aligned}
&\sum_{j=1}^{n} a_{i_s,j} x_j && + x_{n+i_s} && = b_{i_s}, && 1 \leq i_s \leq m_1 \\
&\sum_{j=1}^{n} a_{i_r,j} x_j - x_{n+i_r} && + y_{i_r} && = b_{i_r}, && m_1+1 \leq i_r \leq m_1+m_2 \\
&\sum_{j=1}^{n} a_{i_e,j} x_j && + y_{i_e} && = b_{i_e}, && m_1+m_2+1 \leq i_e \leq m_1+m_2+m_3
\end{aligned} \tag{8.19}
$$

此时，取所有松弛变量和人工变量作为该线性规划问题的初始基变量，其余变量为非基变量。于是，可以引入人工变量后的线性规划问题的一个初始基为

$$
\boldsymbol{B} = \Big(\underbrace{\boldsymbol{P}_{n+1}, \cdots, \boldsymbol{P}_{n+m_1}}_{m_1}, \underbrace{\boldsymbol{P}_{n+m_1+m_2+1}, \cdots, \boldsymbol{P}_{n+m_1+2m_2}}_{m_2}, \underbrace{\boldsymbol{P}_{n+m_1+2m_2+1}, \cdots, \boldsymbol{P}_{n+m_1+2m_2+m_3}}_{m_3} \Big)
$$

其中，$\boldsymbol{P}_{n+1}, \boldsymbol{P}_{n+2}, \cdots, \boldsymbol{P}_{n+m_1}$、$\boldsymbol{P}_{n+m_1+m_2+1}, \cdots, \boldsymbol{P}_{n+m_1+2m_2}$ 和 $\boldsymbol{P}_{n+m_1+2m_2+1}, \cdots, \boldsymbol{P}_{n+m_1+2m_2+m_3}$ 分别是松弛变量 $x_{n+i_s}(1 \leq i_s \leq m_1)$ 与人工变量 $y_{i_r}(m_1+1 \leq i_r \leq m_1+m_2)$ 和 $y_{i_e}(m_1+m_2+1 \leq i_e \leq m_1+m_2+m_3)$ 所对应的单位列向量，与之相对应的初始基本可行解为 $\boldsymbol{x} = \Big(\underbrace{0,0,\cdots,0}_{n}, \underbrace{b_1,\cdots,b_{m_1}}_{m_1},$

$\underbrace{0,0\cdots,0}_{m_2}, \underbrace{b_{m_1+1},\cdots,b_m}_{m_2+m_3} \Big)^{\mathrm{T}}$。

很显然，只有所有人工变量的取值为零时，表示线性规划问题的式（8.17）和（8.19）等价，它们的可行解相同，否则需要进一步讨论。为此，引入一个辅助线性规划问题进行判断。

假设原线性规划问题的约束标准型为

$$
\begin{aligned}
\max \ & z = \sum_{j=1}^{n} c_j x_j \\
\text{s.t.} \ & \sum_{j=1}^{n} a_{ij} x_j = b_i, \quad b_i \geq 0, \ i=1,2,\cdots,m \\
& x_j \geq 0, \quad j=1,2,\cdots,n
\end{aligned} \tag{8.20}
$$

引入人工变量后辅助线性规划问题为

$$\min z' = \sum_{i=1}^{m} y_i$$

$$\text{s.t.} \quad \sum_{j=1}^{n} a_{ij}x_j + y_i = b_i, \quad b_i \geq 0, \quad y_i \geq 0, \quad i=1,2,\cdots,m \qquad (8.21)$$

$$x_j \geq 0, \quad j=1,2,\cdots,n$$

根据辅助线性规划问题的定义可以推断，当 $y_i \geq 0$ 时 $z' = \sum_{i=1}^{m} y_i \geq 0$，该问题必定存在最优解。假设采用单纯形法求解辅助线性规划问题的最优解为 $(x_1^*, x_2^*, \cdots, x_n^*, y_1^*, y_2^*, \cdots, y_m^*)^T$，当且仅当该最优解中所有引入变量都是非基变量（$y_1^*=y_2^*=\cdots=y_m^*=0$）时，辅助线性规划问题的最优解是原线性规划问题的可行解。此时，$(x_1^*, x_2^*, \cdots, x_n^*)^T$ 是原线性规划问题的一个基本可行解，否则原线性规划问题无可行解，算法终止。

使用这种方法构造线性规划问题基本可行解的单纯形法被形象地称为两阶段法。第一阶段指通过引入人工变量构造辅助线性规划问题，进而利用单纯形法求解辅助问题的最优解，并获得原线性规划问题基本可行解的过程。第二阶段则指以第一阶段获得的基本可行解为原问题的初始基本可行解，利用单纯形法求解原问题的最优解的过程。

8.2.3 判断基本可行解是否为最优解

检验最优解

确定基本可行解后，就需要判断它是否是线性规划问题的最优解。单纯形法通过检验数判断当前基本可行解是否为最优解。若将当前基本可行解对应的基变量记为 $x_1, x_2, \cdots, x_m$，非基变量记为 $x_{m+1}, x_{m+2}, \cdots, x_n$，则每个基变量可以用非基变量表示为 $x_i = b_i - \sum_{j=m+1}^{n} a_{ij}x_j$，将其代入目标函数后得到

$$\max z = \sum_{i=1}^{m} c_i x_i + \sum_{j=m+1}^{n} c_j x_j$$
$$= \sum_{i=1}^{m} c_i (b_i - \sum_{j=m+1}^{n} a_{ij}x_j) + \sum_{j=m+1}^{n} c_j x_j \qquad (8.22)$$
$$= \sum_{i=1}^{m} c_i b_i + \sum_{j=m+1}^{n} (c_j - \sum_{i=1}^{m} c_i a_{ij})x_j$$

由式（8.22）可见，当任意一个非基变量 $x_j>0$（即从非基变量转换为基变量）时，如果有 $c_j - \sum_{i=1}^{m} c_i a_{ij} \geq 0$，目标函数值都可以被进一步优化。因此，将 $\lambda_j = c_j - \sum_{i=1}^{m} c_i a_{ij}$ 当成检验数，只有当所有非基变量的检验数都小于 0 时，目标函数才有最优解（$\sum_{i=1}^{m} c_i b_i$），否

则需要构造新的基本可行解，进一步优化目标函数值。需要注意的是，如果在检验过程中发现存在非基变量 x_j 所对应的检验数 $\lambda_j = c_j - \sum\limits_{i=1}^{m} c_i a_{ij} > 0$ 且它所对应的所有系数 $a_{ij}(1 \leqslant i \leqslant m)$ 都小于 0，则目标函数无上界，该线性规划问题无可行解，算法结束。

8.2.4　选取新的基本可行解并迭代（换基迭代）

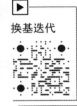

换基迭代

若线性规划问题有解，但当前基本可行解不是线性规划问题的最优解，则需要选取能够使目标函数值优化的一个非基变量替换一个当前基变量，构建新的基以及与之对应的基本可行解，并再次判断新的基本可行解是否为线性规划问题的最优解，循环迭代直到获得最优解后，算法结束。上述过程称为换基迭代，其中被替换的当前基变量称为出基变量，替换当前基变量的非基变量称为进基变量。

（1）确定进基变量。通过前面的分析可以知道，若非基变量 x_j 的检验数 $\lambda_j > 0$，则将 x_j 调整为基变量则有可能改善目标函数的值，因此 x_j 可被选为进基变量。在单纯形法中，没有规定存在多个检验数大于 0 的非基变量时，如何选择进基变量。常见的做法是选择非基变量中下标最小的作为换入变量。即，若当前非基变量的下标集合为 N_V，当 $e = \min\{j \mid \lambda_j > 0, j \in N_V\}$ 时选 x_e 作为进基变量。

（2）确定出基变量。首先，逐个计算基变量 x_i 对应的出基系数 $\theta_i = \dfrac{b_i}{a_{ie}}$，然后选择出基系数最小的基变量作为出基变量。一般地，当有多个出基系数相等时，选择下标值较小的基变量作为出基变量。即，若当前基变量的下标集合为 B_V，当

$$\theta_k = \min\left\{\theta_i = \frac{b_i}{a_{ie}} \mid i \in B_V\right\}$$ 时选 x_k 作为出基变量。

（3）转轴变换。转轴变换是通过当前系数矩阵进行初等行变换，将进基变量 x_e 对应的系数向量转换为单位列向量，并使之与除出基变量 x_k 之外基变量所对应的单位列向量线性无关。这个过程可以直观地用图 8.1 来表示。其中，x_i^B 表示第 i 个基变量，首先通过行变换使主元为 1，然后逐行变换使进基变量对应的非主元分量为 0。转轴变换后，令 $x_i^B = b_i'$，其他非基变量为 0，从而构建新的基本可行解并计算新的目标函数值 z'。最后，再次使用所有非基变量重新定义目标函数，获得各非基变量的新检验数并检验新的基本可行解是否为最优解。简单来讲，转轴变换的实质是对线性规划问题的目标函数进行等价变换，使得构建和检验新的基本可行解变得更为容易。

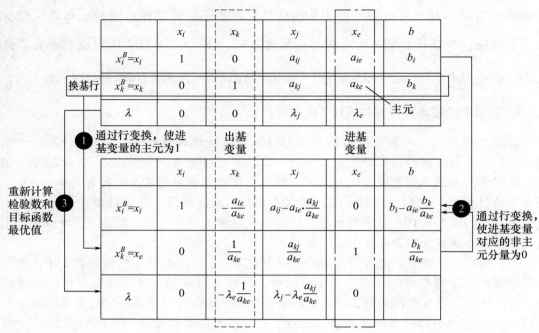

图 8.1　换基迭代过程

若 Ω 是线性规划问题所有变量的下标集合，根据式（8.22）可以将线性规划问题表示为

$$\max z = \sum_{i \in B_V} c_i b_i + \sum_{j \in N_V} (c_j - \sum_{i \in B_V} c_i a_{ij}) x_j$$

$$\text{s.t.} \ \sum_{j \in \Omega} a_{ij} x_j = b_i \tag{8.23}$$

经过转轴变换后，该问题可以表示为

$$\max z' = \sum_{i \in B_V'} c_i b_i' + \sum_{j \in N_V'} (c_j - \sum_{i \in B_V} c_i a_{ij}') x_j$$

$$\text{s.t.} \ \sum_{j \in \Omega} a_{ij}' x_j = b_i' \tag{8.24}$$

其中，新的基变量集合 $B_V' = B_V - \{k\} + \{e\}$ ；新的非基变量集合 $N_V' = N_V - \{e\} + \{k\}$ ；进基变量 x_e 对应的系数 a_{ie}' 为

$$a_{ie}' = \begin{cases} 0 & i \neq k \\ 1 & i = k \end{cases} \tag{8.25}$$

出基变量 x_k 对应的系数 a_{ik}' 为

$$a'_{ik} = \begin{cases} -\dfrac{a_{ie}}{a_{ke}} & i \neq k \\[2mm] \dfrac{1}{a_{ke}} & i = k \end{cases} \tag{8.26}$$

其他变量 $x_j (j \neq k, e)$ 对应的系数 a'_{ij} 为

$$a'_{ij} = \begin{cases} a_{ij} - a_{ie} \dfrac{a_{kj}}{a_{ke}} & i \neq k \\[2mm] \dfrac{a_{kj}}{a_{ke}} & i = k \end{cases} \tag{8.27}$$

约束条件右端项 b'_i 的取值为

$$b'_i = \begin{cases} b_i - a_{ie}\theta_k & i \neq k \\[2mm] \theta_k & i = k \end{cases} \tag{8.28}$$

通过换基之后，线性规划问题的基变量和非基变量发生了变化，如果只用非基变量表示该问题的目标函数，则只需要将上述变量代入式（8.24），整理得到目标函数 z' 可以记为

$$\begin{aligned} \max z' = & \sum_{i \in B_V} c_i b_i + c_e \theta_k \\ & + \sum_{j \in N_V} \left(c_j - \sum_{i \in B_V} c_i a_{ij} - \left(c_e - \sum_{i \in B_V} c_i a_{ie} \right) \frac{a_{kj}}{a_{ke}} \right) x_j \\ & - \left(c_e - \sum_{i \in B_V} c_i a_{ie} \right) \frac{1}{a_{ke}} x_k \end{aligned} \tag{8.29}$$

由式（8.29）可以看出，在经过转轴变换后，当前目标函数 z' 的最优值为

$$z' = z + c_e \theta_k \tag{8.30}$$

所有基变量对应的检验数为 0，非基变量对应的新的检验数 λ'_j 为

$$\lambda'_j = \begin{cases} \lambda_j - \lambda_e \dfrac{a_{kj}}{a_{ke}} & j \neq k \\[2mm] -\lambda_e \dfrac{1}{a_{ke}} & j = k \end{cases} \tag{8.31}$$

8.2.5 单纯形表

单纯形表

为了加深对单纯形法的理解，下面以表格形式讲解单纯形法的执行过程。首先，构建如表 8-1 所示的单纯形表，然后利用待计算问题约束标准型的相关参数构建初始单纯形表，为后续求解奠定基础。

表 8-1 单纯形表

基变量 x_i^B	c_j	c_1	c_2	...	c_n	出基系数 θ_i
	b_i	x_1	x_2	...	x_n	
				...		
				...		
				⋮		
				...		
	z	λ_1	λ_2	...	λ_n	

例 8.5 求解以下线性规划问题。

$$\max z = 4x_1 + 3x_2$$
$$\text{s.t.} \begin{cases} 2x_1 + 3x_2 \leqslant 24 \\ 3x_1 + 2x_2 \leqslant 26 \\ x_1, x_2 \geqslant 0 \end{cases} \quad (8.32)$$

引入松弛变量 x_3 和 x_4，将该线性规划问题转换为约束标准型为

$$\max z = 4x_1 + 3x_2 + 0x_3 + 0x_4$$
$$\text{s.t.} \begin{cases} 2x_1 + 3x_2 + x_3 \quad\quad = 24 \\ 3x_1 + 2x_2 \quad\quad + x_4 = 26 \\ x_1, x_2, x_3, x_4 \geqslant 0 \end{cases} \quad (8.33)$$

例8.5

根据式（8.33）构建初始的单纯形表，如表 8.2 所示。其中，基变量为 x_3 和 x_4，非基变量为 x_1 和 x_2，初始基本可行解为 $(0,0,24,26)^T$，目标函数的值为 0。

表 8-2 初始单纯形表

基变量 x_i^B	c_j	0	0	4	3	出基系数 θ_i
	b	x_3	x_4	x_1	x_2	
$x_1^B = x_3$	24	1	0	2	3	12
$x_2^B = x_4$	26	0	1	③	2	26/3
$z=0$		0	0	4	3	

观察表 8-2 所示的初始单纯形表，可以看到非基变量 x_1 和 x_2 对应的检验数分别是 4 和 3，都满足作为进基变量的条件，最终选择下标较小的 x_1 作为进基变量。计算出基系数后发现，最小的出基系数 $\theta_2 = \min(12, 26/3)$，它对应的基变量是 $x_2^B = x_4$，故选择 x_4 作为出基变量，$\boxed{3}$ 是主元，经过转轴变换后得到表 8-3。其中，基变量为 x_1 和 x_3，非基变量为 x_2 和 x_4，初始基本可行解为 $(26/3, 0, 20/30, 0)^T$，目标函数的值为 $104/3$。

表 8-3　第 1 次迭代后的单纯形表

基变量 x_i^B	c_j	0	0	4	3	出基系数 θ_i
	b	x_3	x_4	x_1	x_2	
$x_1^B = x_3$	20/3	1	−2/3	0	$\boxed{5/3}$	4
$x_2^B = x_1$	26/3	0	1/3	1	2/3	13
$z = 104/3$		0	−4/3	0	1/3	

类似地，先检查表 8-3 中非基变量对应的检验数，发现只有 x_2 的检验数 $\lambda_2 = 1/3 > 0$，目标函数值还可以进一步优化，故选择 x_2 作为进基变量 x_2。然后计算出基系数后发现，最小的出基系数 $\theta_1 = \min(4, 13)$，它对应的基变量是 $x_1^B = x_3$，故选择 x_3 作为出基变量，$\boxed{5/3}$ 是主元，经过转轴变换后得到表 8-4。此时，基变量为 x_1 和 x_2，非基变量为 x_3 和 x_4，新的基本可行解为 $(4, 6, 0, 0)^T$，目标函数的值为 36。最后，检查表 8-4 所有非基变量对应的检验数都小于 0，当前目标函数值是该线性规划问题的最优值，对应的最优解是 $(4, 6, 0, 0)^T$，单纯形法终止。

表 8-4　第 2 次迭代后的单纯形表

基变量 x_i^B	c_j	0	0	4	3	出基系数 θ_i
	b	x_3	x_4	x_1	x_2	
$x_1^B = x_2$	4	3/5	−2/5	0	1	
$x_2^B = x_1$	6	−2/5	3/5	1	0	
$z = 36$		−1/5	−6/5	0	0	

例 8.6　求解以下线性规划问题。

$$\min z = x_1 + 1.5x_2$$
$$\text{s.t.} \begin{cases} x_1 + 3x_2 \geqslant 3 \\ x_1 + x_2 \geqslant 2 \\ x_1, x_2 \geqslant 0 \end{cases} \tag{8.34}$$

首先，引入剩余变量 x_3 和 x_4，将该线性规划问题转换为约束标准型为

$$\max \ z' = -x_1 - 1.5x_2$$

$$\text{s.t.} \begin{cases} x_1 + 3x_2 - x_3 & = 3 \\ x_1 + x_2 & - x_4 = 2 \\ x_1, x_2, x_3, x_4 \geqslant 0 \end{cases} \tag{8.35}$$

但是根据式（8.35）难以直观地构建该问题的初始基本可行解，故可以采用两阶段法，通过引入人工变量 x_5 和 x_6 构建辅助线性规划问题，得到

$$\min \ z'' = x_5 + x_6$$

$$\text{s.t.} \begin{cases} x_1 + 3x_2 - x_3 & + x_5 & = 3 \\ x_1 + x_2 & - x_4 & + x_6 = 2 \\ x_1, x_2, x_3, x_4, x_5, x_6 \geqslant 0 \end{cases} \tag{8.36}$$

接着，将辅助线性规划问题转换为约束标准型，得到

$$\max \ z''' = -x_5 - x_6$$

$$\text{s.t.} \begin{cases} x_1 + 3x_2 - x_3 & + x_5 & = 3 \\ x_1 + x_2 & - x_4 & + x_6 = 2 \\ x_1, x_2, x_3, x_4, x_5, x_6 \geqslant 0 \end{cases} \tag{8.37}$$

显然，x_5 和 x_6 可以作为辅助线性规划问题的初始基变量，x_1、x_2、x_3、x_4 为非基变量，初始基本可行解为 $(0,0,0,0,3,2)^\mathrm{T}$。为方便后续的计算，需要先使用非基变量重新定义该辅助线性规划问题的目标函数 z'''，即为

$$\max \ z''' = 2x_1 + 4x_2 - x_3 - x_4 - 5$$

$$\text{s.t.} \begin{cases} x_1 + 3x_2 - x_3 & + x_5 & = 3 \\ x_1 + x_2 & - x_4 & + x_6 = 2 \\ x_1, x_2, x_3, x_4, x_5, x_6 \geqslant 0 \end{cases} \tag{8.38}$$

第一阶段：利用单纯形法求解辅助线性规划问题的最优解。首先，根据式（8.38）构建如表 8-5 所示的初始单纯形表。

表 8-5 辅助线性规划问题的初始单纯形表

基变量 x_i^B	c_j	2	4	−1	−1	0	0	
	b	x_1	x_2	x_3	x_4	x_5	x_6	出基系数 θ_i
$x_1^B = x_5$	3	1	3	−1	0	1	0	3
$x_2^B = x_6$	2	[1]	1	0	−1	0	1	2
$z''' = -5$		2	4	−1	−1	0	0	

观察表 8-5 所示的初始单纯形表，可以看到非基变量 x_1 和 x_2 对应的检验数分

别是 2 和 4，都满足作为进基变量的条件，最终选择下标较小的 x_1 作为进基变量。计算出基系数后发现，最小的出基系数 $\theta_2 = \min(3, 2)$，它对应的基变量是 $x_2^B = x_6$，故选择 x_6 作为出基变量，$\boxed{1}$ 是主元，经过转轴变换后得到表 8-6。其中，基变量为 x_1 和 x_5，非基变量为 x_2、x_3、x_4 和 x_6，初始基本可行解为 $(2,0,0,0,0,1)^T$，目标函数的值为 4。

表 8-6　辅助线性规划问题的第 1 次迭代单纯形表

基变量 x_i^B	c_j	2	4	−1	−1	0	0	
	b	x_1	x_2	x_3	x_4	x_5	x_6	出基系数 θ_i
$x_1^B = x_5$	1	0	2	−1	1	1	−1	3
$x_2^B = x_1$	2	$\boxed{1}$	1	0	−1	0	1	2
$z''' = 4$		2	2	−1	1	0	−2	

然后，检查表 8-6 后选择非基变量 x_2 作为进基变量，x_5 作为出基变量，通过转轴变换后得到表 8-7。此时，基变量为 x_1 和 x_2，非基变量为 x_3、x_4、x_5 和 x_6，新的基本可行解为 $(3/2, 1/2, 0, 0, 0, 0)^T$，目标函数的值为 0。此时，检查表 8-7 后发现，所有非基变量对应的检验数均小于 0，故新的基本可行解为辅助线性规划问题的最优解。至此，第一阶段的单纯形法终止。

表 8-7　辅助线性规划问题的第 2 次迭代单纯形表

基变量 x_i^B	c_j	2	4	−1	−1	0	0	
	b	x_1	x_2	x_3	x_4	x_5	x_6	出基系数 θ_i
$x_1^B = x_2$	1/2	0	$\boxed{1}$	−1/2	1/2	1/2	−1/2	1/2
$x_2^B = x_1$	3/2	1	0	1/2	−3/2	−1/2	3/2	2
$z''' = 0$		0	0	0	0	−1	−1	

第二阶段：利用辅助线性规划问题的最优解，求解原线性规划问题的最优解。首先，分析辅助线性规划问题的最优解，发现引入辅助线性规划问题的人工变量 x_5 和 x_6 的取值均为 0，则辅助线性规划问题的最优解是原线性规划问题的初始基本可行解。因此，得到原线性规划问题的初始基变量为 x_1 和 x_2，初始的非基变量为 x_3 和 x_4，初始基本可行解为 $(3/2, 1/2, 0, 0)^T$。

然后，利用非基变量为 x_3 和 x_4 重新定义原线性规划问题，即可将式（8.35）改写为

$$\max \ z' = -\frac{1}{4}x_3 - \frac{3}{4}x_4 - \frac{9}{4}$$

$$\text{s.t.} \begin{cases} x_1 \qquad + \frac{1}{2}x_3 - \frac{3}{2}x_4 = \frac{3}{2} \\ x_2 - \frac{1}{2}x_3 + \frac{1}{2}x_4 = \frac{1}{2} \\ x_1, x_2, x_3, x_4 \geqslant 0 \end{cases} \qquad (8.39)$$

根据式（8.39）构建原线性规划问题约束标准型对应的初始单纯形表，如表 8-8 所示。检查表 8-8 后发现，非基变量对应的检验数均小于 0，说明初始基本可行解已经是原线性规划问题的最优解，无须再进行后续的换基迭代，第二阶段的单纯形算法终止。由此可知，原线性规划问题 z 的最优解为 $x_1=3/2$，$x_2=1/2$，对应的最优值为 9/4。至此，原问题的求解过程结束。

表 8-8　原线性规划问题的初始单纯形表

基变量 x_i^B	c_j	0	0	−1/4	−3/4	
	b	x_1	x_2	x_3	x_4	出基系数 θ_i
$x_1^B = x_1$	3/2	1	0	1/2	−3/2	
$x_2^B = x_2$	1/2	0	1	−1/2	1/2	
$z' = -9/4$		0	0	−1/4	−3/4	

8.3　单纯形法的描述与分析

8.3.1　单纯形法的描述

根据前面几节的讨论，当线性规划问题可被表示为

$$\max z = \boldsymbol{c}^{\mathrm{T}}\boldsymbol{x}$$
$$\text{s.t.} \quad \boldsymbol{Ax} = \boldsymbol{b} \qquad (8.40)$$
$$\boldsymbol{x} \geqslant 0, \boldsymbol{b} \geqslant 0$$

则求解该问题最优解的单纯形法的算法实现如下。

算法 8.1　单纯形法。

算法名称：$\mathrm{Simplex}(\boldsymbol{A},\boldsymbol{b},\boldsymbol{c},\boldsymbol{x}^B,\boldsymbol{B},\boldsymbol{N})$

输入：初始可行基及线性规划相关系数 $(\boldsymbol{A},\boldsymbol{b},\boldsymbol{c},\boldsymbol{x}^B,\boldsymbol{B},\boldsymbol{N})$

输出：线性规划的最优解 $\boldsymbol{x}^* = (x_1, x_2, \cdots, x_n)$

boolean opt ==false

do

　　// 计算非基变量对应的检验数

　　for $j \in N$

　　　　$\lambda_j \leftarrow c_j - \sum_{i=1}^{m} c_i a_{ij}$

　　　　if $\lambda_j > 0$

　　　　　　opt==true

　　　　end if

　　end for

　　if opt==true

　　　　for $i \in B$

　　　　　　if $a_{ie} < 0$

　　　　　　　　flag $\leftarrow$ flag $- 1$

　　　　　　end if

　　　　end for

　　// 判断是否当前解是否为最优解

　　　　if $|\text{flag}| == |N|$

　　　　　　return " 不存在最优解 "

　　　　　　break

　　　　else

　　　　// 确定进基变量

　　　　　　$e \leftarrow \min\{j \mid \lambda_j > 0, j \in N\}$

　　　　// 确定出基变量

　　　　　　$\theta_i \leftarrow \min\{\frac{b_i}{a_{ie}} \mid a_{ie} > 0, i \in B\}$

　　　　　　$k \leftarrow i$

　　　　end if

　　// 换基操作

　　　　$(A, b, c, x^B, B, N) \leftarrow \text{SwapBase}(A, b, c, x^B, B, N, e, k)$

　　end if

while opt!=true

// 返回最优解

if $i \in B$ and $x_i = x_j^B$

　$x_i \leftarrow b_j$

else if $i \in N$

$$x_i \leftarrow 0$$

end if

return $(x_1, x_2, \cdots, x_n)$

算法 8.2 换基算法。

算法名称：SwapBase(A, b, c, x^B, B, N, e, k)

输入：换基前的相关系数 (A, b, c, x^B, B, N, e, k)

输出：换基后的相关系数 (A, b, c, x^B, B, N)

// 更新系数矩阵 A

for $j \in N - \{e\}$

    for $i \in B - \{k\}$

$$a_{ij} \leftarrow a_{ij} - a_{ie}\frac{a_{kj}}{a_{ke}}$$

    end for

$$a_{ej} \leftarrow \frac{a_{kj}}{a_{ke}}$$

$$a_{ik} \leftarrow -\frac{a_{ie}}{a_{ke}}$$

end for

$$a_{ke} \leftarrow \frac{1}{a_{ke}}$$

// 更新约束条件右端项 b

for $i \in B - \{k\}$

$$b_i \leftarrow b_i - a_{ie}\frac{b_k}{a_{ke}}$$

end for

$$b_k \leftarrow \frac{b_k}{a_{ke}}$$

// 更新目标函数中的变量系数 c

for $j \in N - \{k\}$

$$c_j \leftarrow c_j - c_e\frac{a_{kj}}{a_{ke}}$$

end for

$$c_k \leftarrow -c_e\frac{1}{a_{ke}}$$

// 更新基变量集合 x^B 及其下标集合 B

$x_k^B \leftarrow x_e$

$B \leftarrow B - \{k\} + \{e\}$

// 更新非基变量集合 N

$N \leftarrow N - \{e\} + \{k\}$

// 返回结果

return (A, b, c, x^B, B, N)

8.3.2　单纯形法的时间复杂性分析

从上面的描述可以看出，构造初始可行解的时间复杂性为 $O(n+m)$，其中 $m=m_1+m_2+m_3$，最优解检验的时间复杂性为 $O(n-m+m_1)$，换基迭代的时间复杂性为 $O(mn)$。一般情况下，单纯形法都能在多项式时间范围内得到最优解，但在最坏情况下，单纯形法需要进行指数次换基迭代才能得到最优解。

8.4　网络最大流问题

8.4.1　网络流及其性质

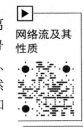

网络流及其性质

2000 年 2 月，我国正式启动"西气东输"工程，目的是构建远距离天然气输送管网，将新疆塔里木轮南油气田的天然气，经由库尔勒、吐鲁番、鄯善、哈密、柳园、酒泉、张掖、武威、兰州、定西、宝鸡、西安、洛阳、信阳、合肥、南京、常州等地区，最终输送到上海地区。考虑天然气在输送时会流经干、支管道及城市管网，并且各级管道的容量不同，如何制定输送方案才能使得天然气输送量最大？

这其实是一个典型的网络最大流问题。首先，将天然气输送管网抽象为有向连通图 $G=(V,E)$，其中 $|V|=n$，并且仅仅包含一个起点（新疆）s 和一个终点（上海）t，其余均为中间结点（天然气管道的分叉点）；对其中的每条边 $e \in E$，用 $c(e) \geqslant 0$ 表示该段管道的容量（最大输气量）。一般地，将具备上述特征的网络称为容量网络，记为 $G=(V,E,s,t,c)$。日常生活中的电网、供水管网、交通路网、物流网络等都可以抽象为容量网络。

对于容量网络 $G=(V,E,s,t,c)$，若存在流量函数 f 满足下述两个条件。

（1）容量限制，即对于任意的 $e \in E$，均有 $0 \leqslant f(e) \leqslant c(e)$；

（2）流量守恒，除了起点 s 和终点 t 之外，其余的结点 $i \in V$ 均有 $\sum_{\substack{e_{li} \in E \\ i,l \in V}} f(e_{li}) = \sum_{\substack{e_{ir} \in E \\ i,r \in V}} f(e_{ir})$。其中，$e_{li}$ 表示由结点 l 指向结点 i 的边，e_{ir} 也是类似的。

则称 f 为容量网络 $G=(V,E,s,t,c)$ 的一个可行流，对应的网络流量记为 $v(f)$。对于任意的容量网络，都有可行流 $f=0$（称为 0 流）存在。一般地，网络流量等于起点的净流出量或终点的净流入量，即有式（8.30）和式（8.31）成立。

$$v(f) = \sum_{e_{sr} \in E, r \in V} f(e_{sr}) - \sum_{e_{ls} \in E, l \in V} f(e_{ls}) \tag{8.41}$$

$$v(f) = \sum_{e_{lt} \in E, l \in V} f(e_{lt}) - \sum_{e_{tr} \in E, r \in V} f(e_{tr}) \tag{8.42}$$

一般地，将使得网络流量最大的可行流 f 称为最大流，则确定天然气输送方案的问题可以表示为线性规划问题。

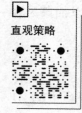

最大网络流问题

$$\max \ v(f) = \sum_{e_{sr} \in E, r \in V} f(e_{sr}) - \sum_{e_{ls} \in E, l \in V} f(e_{ls})$$

$$\text{s.t.} \begin{cases} f(e_{ij}) \leqslant c(e_{ij}), & e_{ij} \in E \\ \sum\limits_{e_{li} \in E, l \in V} f(e_{li}) = \sum\limits_{e_{ir} \in E, r \in V} f(e_{ir}), & i \in V - \{s,t\} \\ f \geqslant 0, \ c \geqslant 0 \end{cases} \tag{8.43}$$

显然，可以用求解线性规划问题的方法求解该问题。请思考除此之外，还有其他方法可以解决此问题吗？

例 8.7 有一个容量网络可表示为图 8.2，边上的数字表示该边的容量，求该网络中的最大流。

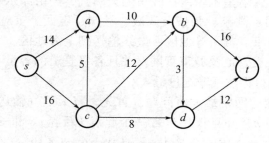

图 8.2 容量网络

直观策略

一般地，直观的求解策略是：首先，从起点 s 选择一条到终点 t 的通路，并计算该通路的最大流量；然后迭代地寻找新的通路，直到找不到新的通路为止，将所有通路的最大流累加后得到该网络的最大流。图 8.3 展示了例 8.7 的求解过程。然而，此时得到的网络流量 $v(f)$ 并不是该网络的最大流。因为此时网络中存在多条边的流量小于容量，其输送能力未被充分发挥。

在容量网络中，每条边的容量与流量之差表示该边的残存容量（residual capacity），残存容量的大小表示该边还有多少容量可供使用。通常将残存容量大于零的边称为非饱和边；将残存容量等于零的边称为饱和边。一般地，可以通过增加非饱和边的流量，使网络流量 $v(f)$ 增大。例如，将图 8.3（d）中边 (d,t) 的流量增加 1，并按图 8.4 所示对相关边的流量进行调整后，则可以得到一个新的网络流 $v(f)$=24。显然，当边 (d,t) 的流量增加 1 时，要求边 (c,d) 的流量也增加 1。由于边 (s,c) 已经饱和，所以只有使边 (c,b) 的流量减小 1，才能使边 (c,d) 的流量增加 1。此时，边 (c,b) 由饱和的变为非饱和的，同时边 (s,a) 和边 (a,b) 的流量可同时增加 1，使边 (b,t) 保持饱和的状态。类似地，按照上述方法迭代地调整网络边的流量就可以得到该网络的最大流，最终结果如图 8.5 所示。

▶ 改进的直观策略

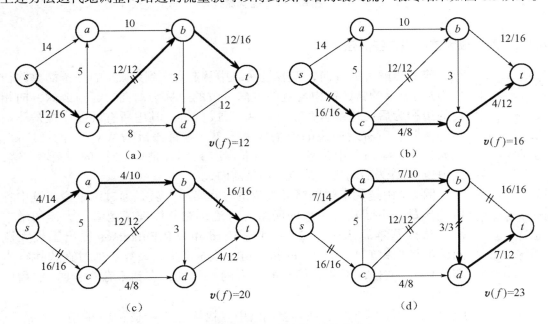

图 8.3　网络最大流的直观求解策略

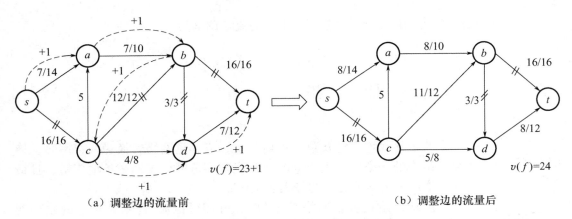

（a）调整边的流量前　　　　（b）调整边的流量后

图 8.4　增加非饱和边的流量使网络流变大

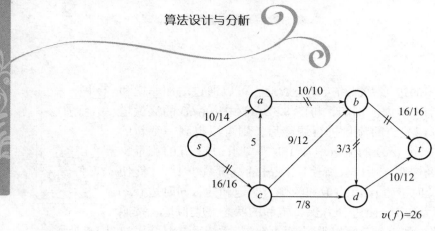

图 8.5　网络最大流

8.4.2　网络最大流的增广链算法

链与增广链

　　若不考虑边的方向，将容量网络中从起点 s 到终点 t 的一条简单路径称为从 s 到 t 的链，链中与链的方向一致的边称为前向边，与链的方向相反的边称为后向边。若存在一条从 s 到 t 的链，其中所有的前向边是非饱和的，并且所有后向边的流量均大于零，则称该链为从 s 到 t 的增广链。例如，图 8-4（b）中路径 $s \to a \to b \to c \to d \to t$ 是从 s 到 t 的一条增广链，其中边 (b,c) 为后向边，其他边均是前向边。

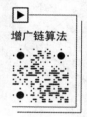

增广链算法

　　例 8.7 中迭代求解网络最大流的过程实质上就是通过调整增广链中各边的流量，不断获得更大的网络可行流，充分体现了网络最大流的增广链算法的基本思想。1962 年，L.R.Ford 和 D.R.Fulkerson 提出了最大流问题的增广链算法，简称 Ford–Fulkerson 算法。该算法通过迭代执行步骤（1）～（3），不断获得新的更大的可行流，直到不存在 s 到 t 的增广链为止。

（1）从给定的初始可行流出发，在容量网络中寻找从起点 s 到终点 t 的增广链 P。

（2）将网络中的边分为前向边、后向边和非增广链的边 3 类，分别记为 P^+、P^- 和 $\overline{P}$。

（3）确定最大的可增广量 d，并将网络中边的流量调整为

$$f(e_{ij}) = \begin{cases} f(e_{ij}) + d & e_{ij} \in P^+ \\ f(e_{ij}) - d & e_{ij} \in P^- \\ f(e_{ij}) & e_{ij} \in \overline{P} \end{cases} \qquad (8.44)$$

残存网络

　　为便于寻找增广链及最大可增广量，将容量网络转换为残存网络，使残存网络中的一条容量大于 0 的通路代表容量网络中的一条增广链，且最大的可增广量为该通路中的最大容量。

　　一般地，给定容量网络 $G=(V,E,s,t,c)$ 和可行流 f，则其对应的残存网络 $G_f=(V,E',s,t,c')$，其中 $E \subseteq E'$，并且对于任意 $i,j \in V$ 对应边的容量 $c'(e_{ij})$ 满足式（8.45）。

$$c'(e_{ij}) = \begin{cases} c(e_{ij}) - f(e_{ij}) & e_{ij} \in E \cap E' \\ f(e_{ji}) & e_{ij} \in E' - E \end{cases} \qquad (8.45)$$

根据上述定义，可以将图 8.6(a) 所示的容量网络转换为图 8.6(b) 所示的残存网络。需要注意的是，在残存网络中流量等于 0 的边会被省略掉。例如，残存网络中边 (b,d) 的流量为 0，则被省略。

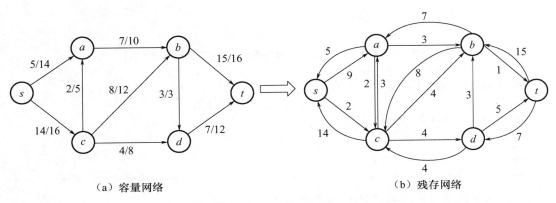

（a）容量网络　　　　　　　　（b）残存网络

图 8.6　构建残存网络示例

采用 Ford–Fulkerson 算法求解例 8.7 中网络最大流的过程可以用图 8.7 表示。

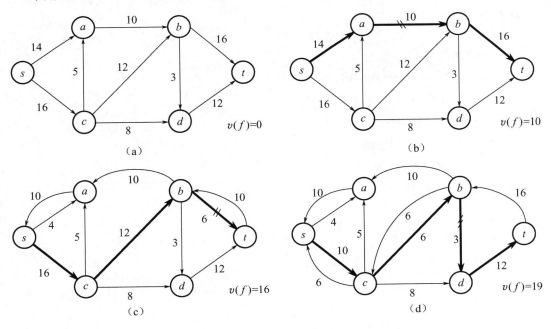

图 8.7　采用 Ford-Fulkerson 算法求解网络最大流的过程

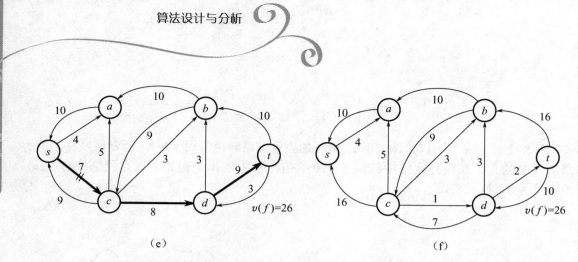

（e）　　　　　　　　　　　　　　　　（f）

图 8.7　采用 Ford-Fulkerson 算法求解网络最大流的过程（续）

算法 8.3　Ford–Fulkerson 算法。

算法名称：MaxFlow(G)
输入：网络 $G=(V,E,s,t,c)$
输出：最大网络可行流 f^*

// 初始化网络流，将每条边的流量设为 0
for $e_{ij} \in E$
　　　$f(e_{ij}) \leftarrow 0$
end for
do
　　　// 构建残存网络 G_f
　　　$G_f(V,E',s,t,c') \leftarrow$ BuildResidualNet(G,f)
　　　// 在残存网络 G_f 中寻找增广路径
　　　$P \leftarrow$ FindAugmentPath(G_f,s,t)
　　　// 确定最小增广流量
　　　$d \leftarrow \min(c'(e_{ij}) \mid e_{ij} \in P)$
　　　// 更新网络可行流
　　　while $e_{ij} \in P$
　　　　　if $e_{ij} \in E \cap E'$
　　　　　　　$f(e_{ij}) \leftarrow f(e_{ij}) + d$
　　　　　else if $e_{ij} \in P \cap (E' - E)$
　　　　　　　$f(e_{ij}) \leftarrow f(e_{ij}) - d$
　　　　　end if
　　　end while
while $P \mathrel{!=}$ NULL

// 返回最大网络可行流

for $e_{ij} \in E$

    $f(e_{ij}) \leftarrow f(e_{ji})$

end for

$f^* \leftarrow f$

return f^*

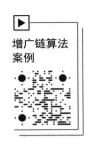

增广链算法案例

算法 8.4 构建残存网络算法。

算法名称：BuildResidualNet(G, f)

输入：网络 $G = (V, E, s, t, c)$ 和网络可行流 f

输出：残存网络 G_f

---

for $e_{ij} \in E$

// 更新边的容量

    $c'(e_{ij}) \leftarrow c(e_{ij}) - f(e_{ij})$

    $c'(e_{ji}) \leftarrow f(e_{ij})$

// 更新边的集合

    if $c'(e_{ij}) > 0$

        $E' \leftarrow E' \cup \{e_{ij}\}$

    end if

    if $c'(e_{ji}) > 0$

        $E' \leftarrow E' \cup \{e_{ji}\}$

    end if

end for

// 返回新的残存网络

$G_f \leftarrow G(V, E', s, t, c')$

return G_f

定理 8.3 对于给定容量网络 $G = (V, E, s, t, c)$ 和可行流 f，f 是最大流的充分必要条件是在网络 G 中不存在关于 f 的从 s 到 t 的增广链。

为证明上述定理，首先需要引入割集的概念。对于容量网络 $G = (V, E, s, t, c)$，若存在 $A \subset V$，且有 $s \in A, t \in V - A$，则将 $(A, V - A) = \{e_{ij} \mid e_{ij} \in E, s \in A, i \in A, j \in V - A, t \in V - A\}$ 称为网络 G 的割集。将割集 $(A, V - A)$ 的容量记为 $c(A, V - A) = \sum\limits_{e_{ij} \in (A, V-A)} c(e_{ij})$。如图 8.8 所示，不

最小割集

同的割对应的容量不同。容量最小的割集则称为最小割集。

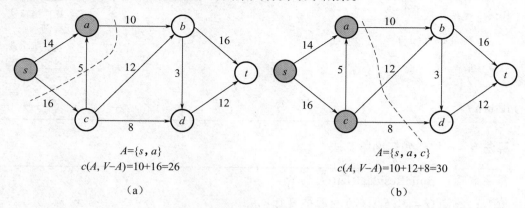

$A=\{s, a\}$
$c(A, V{-}A)=10+16=26$

（a）

$A=\{s, a, c\}$
$c(A, V{-}A)=10+12+8=30$

（b）

图 8.8　割的容量示例

定理 8.4　流值定理。 对于给定容量网络 $G=(V,E,s,t,c)$ 及其可行流 f 和一个割集 $(A,V-A)$，则有

$$v(f) = \sum_{e_{ij}\in(A,V-A)} f(e_{ij}) - \sum_{e_{ji}\in(V-A,A)} f(e_{ji}) \qquad (8.46)$$

证明： 由于网络流量等于网络起点的净流出量，则有

$$v(f) = \sum_{e_{sj}\in E} f(e_{sj}) - \sum_{e_{js}\in E} f(e_{js}) \qquad (8.47)$$

根据流量守恒条件，对于顶点 $i\in A$ 且 $i\ne s$，有

$$\sum_{e_{ij}\in E} f(e_{ij}) = \sum_{e_{ji}\in E} f(e_{ji}) \qquad (8.48)$$

即有

$$\sum_{e_{ij}\in E} f(e_{ij}) - \sum_{e_{ji}\in E} f(e_{ji}) = 0 \qquad (8.49)$$

综上，可将式（8.47）变换为

$$v(f) = \sum_{e_{sj}\in E} f(e_{sj}) - \sum_{e_{js}\in E} f(e_{js}) + \sum_{i\in A-\{s\}}\left(\sum_{e_{ij}\in E} f(e_{ij}) - \sum_{e_{ji}\in E} f(e_{ji})\right) \qquad (8.50)$$

将式（8.50）进一步整理得到

$$v(f) = \sum_{i\in A}\left(\sum_{e_{ij}\in E} f(e_{ij}) - \sum_{e_{ji}\in E} f(e_{ji})\right)$$
$$= \sum_{i\in A}\sum_{e_{ij}\in E} f(e_{ij}) - \sum_{i\in A}\sum_{e_{ji}\in E} f(e_{ji})$$

$$= \left(\sum_{\substack{i \in A \\ j \in A}} \sum_{e_{ij} \in E} f(e_{ij}) + \sum_{\substack{i \in A \\ j \in V-A}} \sum_{e_{ij} \in E} f(e_{ij}) \right) - \left(\sum_{\substack{i \in A \\ j \in A}} \sum_{e_{ji} \in E} f(e_{ji}) + \sum_{\substack{i \in A \\ j \in V-A}} \sum_{e_{ji} \in E} f(e_{ji}) \right)$$

$$= \sum_{\substack{i \in A \\ j \in V-A}} \sum_{e_{ij} \in E} f(e_{ij}) - \sum_{\substack{i \in A \\ j \in V-A}} \sum_{e_{ji} \in E} f(e_{ji}) + \left(\sum_{\substack{i \in A \\ j \in A}} \sum_{e_{ij} \in E} f(e_{ij}) - \sum_{\substack{i \in A \\ j \in A}} \sum_{e_{ji} \in E} f(e_{ji}) \right) \quad (8.51)$$

$$= \sum_{e_{ij} \in (A, V-A)} f(e_{ij}) - \sum_{e_{ji} \in (V-A, A)} f(e_{ji})$$

故而 $v(f) = \sum\limits_{e_{ij} \in (A, V-A)} f(e_{ij}) - \sum\limits_{e_{ji} \in (V-A, A)} f(e_{ji})$ 得证。

定理 8.5　弱对偶性。对于给定容量网络 $G = (V, E, s, t, c)$ 和可行流 f 和一个割集 $(A, V-A)$，则有

$$v(f) \leqslant c(A, V-A) \quad (8.52)$$

证明：由于 $v(f) = \sum\limits_{e_{ij} \in (A, V-A)} f(e_{ij}) - \sum\limits_{e_{ji} \in (V-A, A)} f(e_{ji})$，则有

$$v(f) \leqslant \sum_{e_{ij} \in (A, V-A)} f(e_{ij}) \quad (8.53)$$

对于 $e_{ij} \in E$ 均有 $f(e_{ij}) \leqslant c(e_{ij})$，因此有

$$v(f) \leqslant \sum_{e_{ij} \in (A, V-A)} c(e_{ij}) = c(A, V-A) \quad (8.54)$$

故而 $v(f) \leqslant c(A, V-A)$ 得证。

定理 8.6　最大流最小割集定理（强对偶性）。对于给定容量网络 $G = (V, E, s, t, c)$ 及其可行流 f 和一个割集 $(A, V-A)$，若存在 $v(f) = c(A, V-A)$，则 f 为最大流，$(A, V-A)$ 为最小割集，即容量网络的最大流的流量等于该网络的最小割集的容量。

定理 8.7　最大可行流定理。可行流 f 是最大流的充分必要条件是网络中不存在从 s 到 t 的增广链。

证明：首先证明必要性。即，若 f 是最大的可行流，则一定不存在从 s 到 t 的增广链。

假设 f 是最大可行流，P 是一条从 s 到 t 的增广链，且 d 是 P 中所有边的最小残存容量，则可以根据式（8.44）调整 f 得到新的可行流 f'，并且有 $v(f') = v(f) + d$ 成立。这与假设矛盾，因此必要性得证。

接着证明充分性。即，若网络中不存在从 s 到 t 的增广链时，则 f 是最大可行流。

若网络中不存在从 s 到 t 的增广链，则说明 s 与 t 之间不可达，s 只可达部分网络结

点，故而必定存在割集 $(A, V-A)$，并且有式（8.55）成立。

$$f(e_{ij}) = \begin{cases} c(e_{ij}) & e_{ij} \in (A, V-A) \\ 0 & e_{ij} \in (V-A, A) \end{cases} \qquad （8.55）$$

所以，根据流值定理有 $v(f) = \sum\limits_{e_{ij} \in (A, V-A)} c(e_{ij}) = c(A, V-A)$ 成立。

根据弱对偶性，对于网络中的任意一个可行流 f' 均有 $v(f') \leqslant c(A, V-A)$，进而有 $v(f') \leqslant v(f)$ 成立。由此可见，f 是最大可行流，且 $v(f)=c(A, V-A)$。

上述过程说明，Ford-Fulkerson 算法是正确的，所获得的可行流一定是最大的。此外，上述过程还说明 $(A, V-A)$ 是最小割集，从而证明最大流最小割集定理成立。

8.4.3　算法复杂性分析

在 Ford-Fulkerson 算法中，初始化阶段需要为网络 G 中的每条边赋予初始流量，时间复杂性为 $O(|E|)$。构建残存网络时最多会产生 $2|E|$ 条边，即容量网络中的每条边至多衍生出一条前向边和一条后向边，并且残存网络的结点数 $|V| < 2|E|$。搜索增广链时，无论是用深度优先搜索还是用广度优先搜索，时间复杂性均为 $O(|V|+|2E|) = O(|E|)$。每次增广流量时都需要更新边的流量，则时间复杂性为 $O(|E|)$。假设网络 G 中的最大流为 f^*，从初始流为 0 开始增广流量，最坏的情况是每次增广流量值为 1，则 Ford-Fulkerson 算法总的时间复杂性为 $O(|E| \cdot f^*)$。

通过上述分析不难发现，Ford-Fulkerson 算法的时间复杂性依赖于增广过程。因此，如何提高增广过程的效率是提高增广链算法效率的关键。于是，后来出现了改进的增广链算法，包括 1970 年俄罗斯科学家 Dinic 提出的最短增广链算法、1972 年 Jack Edmonds 和 Richard Karp 提出的 EK 算法，以及 1985 年 Gabow 提出的最大容量增广链算法等。感兴趣的读者可自行学习，限于篇幅本书不再详细介绍上述算法。

8.5　最小费用流问题

8.5.1　最小费用流问题

在日常实践中，在考虑网络最大流量的同时，还需要考虑经济成本。因此，需要求解能使费用最小的最大网络流量。

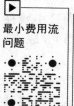

最小费用流问题

一般地，对于给定的容量网络 $G = (V, E, s, t, c)$，若对于任意一个 $e \in E$ 都有单位费用 $w(e)$ 与之对应，则将网络 $G = (V, E, s, t, c, w)$ 称为容量—费用网络。若 f 是网络 $G = (V, E, s, t, c, w)$ 的一个可行流，则 G 关于 f 的费用记为 $w(f) = \sum\limits_{e \in E} w(e) \cdot f(e)$，能使 $w(f)$ 最小的最大可行流 f 称为最小费用流。最小费用流问题就是求一个最大可行流 f 能够使给定的容量—费用网络 G 关于 f

的费用最小。

　　以前面学习的求解网络最大流问题的算法为基础，求解最小费用流问题的策略有以下两种。

　　（1）首先找到网络的最大流 f，然后不断减小 f 使网络费用逐步减小，最终获得最小费用流。

　　（2）首先找到费用最小的可行流 f，然后不断增大 f 并保持费用最小，最终获得最小费用流。

　　需要注意的是，在对容量—费用网络构建残存网络时，后向边的单位费用是前向边单位费用的负值，即对于 $i, j \in V$ 有 $w(e_{ji}) = -w(e_{ij})$ 成立。因此，在残存网络中找到以费用为边权的最短路径（最小费用链）时，需要在带负权的网络上搜索两点之间的最短路径。Bellman–Ford 算法和 Floyd–Warshall 算法都可以用于求解带负权的网络中顶点之间的最短路径。限于篇幅，本书仅介绍 Floyd–Warshall 算法，读者可自行学习 Bellman–Ford 算法。

8.5.2　Floyd–Warshall 算法

　　Floyd–Warshall 算法是在 1962 年由斯坦福大学计算机科学系教授罗伯特·弗洛伊德（Robert Floyd）提出的。该算法以史蒂芬·沃舍尔（Stephen Warshall）提出的布尔矩阵的传递闭包理论为基础，故而命名为 Floyd–Warshall 算法。1978 年，罗伯特·弗洛伊德教授凭借 Floyd–Warshall 算法获得图灵奖。

　　带权网络中 $G(V, E, w)$ 中的顶点 $i, j, k \in V$ 之间的关系如图 8.9 所示。若 $w_{ki} < 0$，求 i 和 j 之间的最短路径时，只要不断重复通过边 (i, k)，则 i 和 j 之间的路径权值会趋向于 $-\infty$，此时称顶点 i、j、k 构成负回路；若 $w_{ki} > 0$ 且 $w_{jk} + w_{ki} < w_{ij}$，则 i 和 j 之间的最短路径可通过顶点 k 松弛为 i–k–j，否则顶点 k 不可松弛 i 和 j 之间的最短路径。

可松弛边

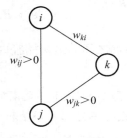

图 8.9　顶点 i 与 j 之间的关系

Floyd–Warshall 算法

　　Floyd–Warshall 算法求带权网络 $G(V, E, w)$ 中顶点之间最短路径的具体步骤如下。

　　（1）给网络中所有的顶点按照自然数顺序标号。

　　（2）初始化所有的顶点之间的最短路径权值 $D_0(i, j)$，使其满足式

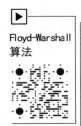

（8.56），其中 i 和 j 为自然数。

$$D_0(i,j)=\begin{cases} w(e_{ij}) & i \neq j, \ e_{ij} \in E \\ 0 & i = j \\ +\infty & i \neq j, \ e_{ij} \notin E \end{cases} \tag{8.56}$$

（3）确定顶点 k 是否能够松弛顶点之间的最短路径。若将顶点 i 和 j 之间经过标号不大于 k 的顶点松弛后的最短路径长度记为 $D_k(i,j)$，则它们之间经过标号不大于 $k-1$ 的顶点松弛后的最短路径长度可以记为 $D_{k-1}(i,j)$；类似地，顶点 i 和顶点 k 之间经过标号不大于 $k-1$ 的顶点松弛后的最短路径长度可以记为 $D_{k-1}(i,k)$；顶点 k 和顶点 j 之间经过标号不大于 $k-1$ 的顶点松弛后的最短路径长度可以记为 $D_{k-1}(k,j)$。显然，只有当 $D_{k-1}(i,k)+D_{k-1}(k,j) \leqslant D_{k-1}(i,j)$ 时，顶点 k 才可以松弛顶点 i 和顶点 j 之间的最短路径，否则 k 不可以松弛顶点 i 和顶点 j 之间的最短路径。因此， $D_k(i,j)$ 可以通过式（8.57）的递推方程计算得到。

$$D_k(i,j)=\min(D_{k-1}(i,j), D_{k-1}(i,k)+D_{k-1}(k,j))$$
$$i \neq k, \quad j \neq k, \quad 1 \leqslant i,j,k \leqslant n \tag{8.57}$$

（4）迭代执行步骤（3），直到网络中所有顶点之间的最短路径都不能被其他顶点松弛时，迭代结束。一般地，顶点 i 和顶点 j 之间的最短路径长度为 $D_n(i,j)$。

通过上面的方法可以得到顶点之间的最短路径长度，但是无法记录最短路径具体经过哪些顶点。为此，设立追踪变量 $R_k(i,j)$ 记录标号不大于 k，并且是最近一次成功地松弛 i 和 j 之间最短路径的顶点的标号。则初始化时 $R_0(i,j)$ 为

$$R_0(i,j)=\begin{cases} 0 & e_{ij} \in E \\ -1 & e_{ij} \notin E \end{cases} \tag{8.58}$$

在确定顶点 k 是否能够松弛顶点之间的最短路径时，与之对应的 $R_k(i,j)$ 可以通过式（8.59）递推得到。

$$R_k(i,j)=\begin{cases} k & k \text{ 可以松弛 } i \text{ 和 } j \text{ 之间的最短路径} \\ R_{k-1}(i,j) & \text{否则 } k \text{ 不可以松弛 } i \text{ 和 } j \text{ 之间的最短路径} \end{cases} \tag{8.59}$$

为便于直观地理解 Floyd–Warshall 算法，本书借助表格展示例 8.8 的求解过程，其中左侧的表格记录顶点之间的最短路径，右侧的表格记录最短路径经过的顶点。

例 8.8 求图 8.10 所示网络 G 中任意两点之间的最短路径。

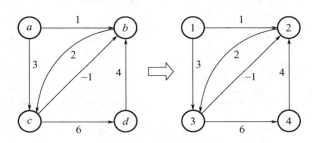

图 8.10　网络 G

（1）给图中的顶点标号，标号结果如图 8.11 所示。

顶点	a	b	c	d
标号	1	2	3	4

图 8.11　顶点标号

（2）初始化顶点之间的最短路径权值和最短路径经过的顶点情况。

i\j	1	2	3	4
1	0	1	3	$+\infty$
2	$+\infty$	0	2	$+\infty$
3	$+\infty$	−1	0	6
4	$+\infty$	4	$+\infty$	0

i\j	1	2	3	4
1	0	0	0	−1
2	−1	0	0	−1
3	−1	0	0	0
4	−1	0	−1	0

（3）迭代计算顶点之间的最短距离。

第 1 次迭代（$k=1$）

i\j	1	2	3	4
1	0	1	3	$+\infty$
2	$+\infty$	0	2	$+\infty$
3	$+\infty$	−1	0	6
4	$+\infty$	4	$+\infty$	0

i\j	1	2	3	4
1	0	0	0	−1
2	−1	0	0	−1
3	−1	0	0	0
4	−1	0	−1	0

第 2 次迭代（k=2）

i＼j	1	2	3	4
1	0	1	3	+∞
2	+∞	0	2	+∞
3	+∞	-1	0	6
4	+∞	4	6	0

i＼j	1	2	3	4
1	0	0	0	-1
2	-1	0	0	-1
3	-1	0	0	0
4	-1	0	2	0

第 3 次迭代（k=3）

i＼j	1	2	3	4
1	0	1	3	9
2	+∞	0	2	8
3	+∞	-1	0	6
4	+∞	4	6	0

i＼j	1	2	3	4
1	0	0	0	3
2	-1	0	0	3
3	-1	0	0	0
4	-1	0	2	0

第 4 次迭代（k=4）

i＼j	1	2	3	4
1	0	1	3	9
2	+∞	0	2	8
3	+∞	-1	0	6
4	+∞	4	6	0

i＼j	1	2	3	4
1	0	0	0	3
2	-1	0	0	3
3	-1	0	0	0
4	-1	0	2	0

根据第 4 次迭代的结果可以得到网络 G 中任意两点之间的最短路径及其长度。例如，$D_4(1,3)=3$ 表示从标号为 1 到标号为 3 的顶点之间的最短路径长度为 3，同时，根据 $R_4(1,3)=0$ 可知，它们之间无须通过其他顶点松弛即可得到最短路径。又如，$D_4(4,3)=6$ 表示从标号为 4 到标号为 3 的顶点之间的最短路径长度为 6，由于 $R_4(4,3)=2$，则说明从标号为 4 到标号为 3 的顶点之间的最短路径需要经过标号为 2 的顶点，进一步发现 $R_4(4,2)=0$ 和 $R_4(2,3)=0$，则说明标号为 4 到标号为 3 的顶点之间的最短路径只经过一个松弛顶点，故这条最短路径为 $4 \rightarrow 2 \rightarrow 3$。与此同时，$D_4(3,1)=+\infty$ 表示无法从标号为 3 的顶点到达标号为 1 的顶点，$R_4(3,1)=-1$ 也说明了这一点。

此外，值得注意的是，若网络中存在经过顶点 i 的负回路，且该负回路中顶点的最大标号为 $k(k \neq i)$，则有 $D_k(i,i) < 0$。一般地，将网络中各边权值之和为负数的回路称为负回路。例如，图 8.12（a）中存在一个负回路 $b \rightarrow c \rightarrow d \rightarrow b$，其环路权值为 –1。将顶点按自然数顺序标号后利用 Floyd–Warshall 算法求解该网络中顶点之间的最短路径，并得到最终结果如下。

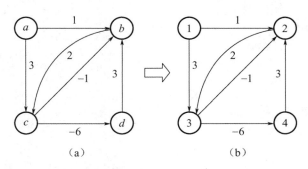

图 8.12　存在负回路的网络

i \ j	1	2	3	4
1	0	0	2	–3
2	$+\infty$	–1	1	–4
3	$+\infty$	–3	–1	–6
4	$+\infty$	3	5	0

i \ j	1	2	3	4
1	0	4	4	3
2	–1	4	4	3
3	–1	4	4	0
4	–1	0	2	0

从左侧的表格可以看到，标号为 2 的顶点到它们自身的距离为 –1，这说明有负回路经过这个顶点；同时，查看右侧表格发现，它是与标号为 3 和 4 的顶点形成回路，且方向为 $2 \rightarrow 3 \rightarrow 4 \rightarrow 2$，这与原图中的情形一致。标号为 3 的顶点与标号为 2 的顶点情况一致。这也是 Floyd–Warshall 算法判断网络中是否存在负回路的重要依据。在后续讲解最小费用流的负回路算法时，需要利用该方法识别负回路。

算法 8.5　Floyd–Warshall 算法。

算法名称：NodePairsShortPaths(G)

输入：带权网络 $G = (V, E, w)$

输出：任意两点之间的最短距离 D 及追踪数组 R

// 初始化

int $n = |V|$

for $i \rightarrow 1$ to n

　　　for $j \rightarrow 1$ to n

```
            if e_ij ∈ E
                if i ≠ j
                    D[i][j] ← w_ij
                else
                    D[i][j] ← 0
                end if
                R[i][j] ← 0
            else
                D[i][j] ← ∞
                R[i][j] ← −1
            end if
        end for
    end for
    //逐个结点进行松弛操作
    for k ← 1 to n
        for i ← 1 to n
            for j ← 1 to n
                if D[i][j] > D[i][k] + D[k][j]
                    //满足可松弛的条件
                    D[i][j] ← D[i][k] + D[k][j]
                    R[i][j] ← k
                end if
            end for
        end for
    end for
    //返回计算结果
    return D, R
```

算法 8.6 寻找最短路径算法。

算法名称：FindShortPath(R,i,j)
输入：起点 i 与终点 j 以及追踪数组 R
输出：顶点 i 与 j 之间的最短路径

```
P=NULL //存放最短路径
if R[i][j] > 0
```

$$k \leftarrow R[i][j]$$

FindShortPath(R, i, k)

FindShortPath(R, k, j)

else

　　$P.add(e_{ij})$

end if

return P

算法 8.7　检测负回路算法。

算法名称：FindNegLoop(D, R)

输入：最小距离数组 D 和追踪数组 R

输出：负回路 P

P=NULL // 存放负回路路径

for $i \leftarrow 1$ *to* n

　　if $D[i][j] < 0$ and $R[i][j] > 0$

　　　　$k \leftarrow R[i][i]$

　　　　$P \leftarrow$ FindShortPath$(R, i, k) \cup$ FindShortPath(R, k, i)

　　　　break

　　end if

end for

return P

通过上面的算法描述可以看到，Floyd–Warshall 算法在求最短路径时，会对网络顶点 V 执行三重循环，所以该算法的时间复杂性为 $O(|V|^3)$；利用 Floyd–Warshall 算法判断是否存在负回路的时间复杂性为 $O(|V|)$。

8.5.3　最小费用链算法

求解最小费用流问题时，需要将最大费用流求解过程中使用的残存网络进行概念扩展。一般地，给定容量—费用网络 $G = (V, E, s, t, c, w)$ 和可行流 f，则其对应的残存网络 $G_f = (V, E', s, t, c', w')$，其中 $E \subseteq E'$，对于任意 $i, j \in V$ 对应边的容量 $c'(e_{ij})$ 和权值 $w'(e_{ij})$ 满足式（8.60）。

$$c'(e_{ij})=\begin{cases} c(e_{ij})-f(e_{ij}) & e_{ij}\in E\cap E' \\ f(e_{ji}) & e_{ij}\in E'-E \end{cases}$$

$$w'(e_{ij})=\begin{cases} w(e_{ij}) & e_{ij}\in E\cap E' \\ -w(e_{ji}) & e_{ij}\in E'-E \end{cases}$$

（8.60）

根据上述定义，可以将图 8.13（a）所示的容量—费用网络转换为图 8.13（b）所示的残存网络。其中边上标注的是"（流量/容量，单位费用）"。

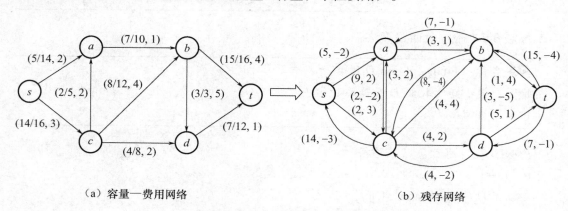

（a）容量—费用网络　　　　　　　　　（b）残存网络

图 8.13　容量—费用网络转换为残存网络

最小费用链算法

对于给定的容量—费用网络 $G=(V,E,s,t,c,w)$，采用最小费用链算法求解最小费用流的过程如下。

（1）确定可行流 f（初始可行流一般取零流），并构造相应的残存网络。

（2）调用最短路径算法找到残存网络中起点 s 到终点 t 的最小费用可增广链。

（3）沿最小费用可增广链增流。一般地，取最小费用可增广链的最小容量作为增流值。

迭代执行步骤（1）～（3），直到找不到最小费用可增广链时计算结束，返回可行流作为最小费用流。

算法 8.8　最小费用链算法。

算法名称：MinCostPath(G)

输入：容量—费用网络 $G=(V,E,s,t,c,w)$

输出：最小费用流 f^*

// 初始化可行流

for $e_{ij}\in E$

　　　$f(e_{ij})\leftarrow 0$

end for

do

    // 构造残存网络

    $G_f \leftarrow \text{BuildResidualNet}(G, f)$

    // 调用 Floyd–Warshall 算法寻找起点 s 与终点 t 之间的最短路径

    $R \leftarrow \text{NodePairsShortPaths}(G_f)$

    $P \leftarrow \text{FindShortPath}(R, s, t)$

    // 确定流量增加值

    $e^* = \arg\min\{w(e_{ij}) \mid e_{ij} \in P\}$

    $\Delta f \leftarrow f(e^*)$

    // 更新最短路径中每条边的流量

    for $e_{ij} \in P$

        if $e_{ij} \in E$

            $f(e_{ij}) \leftarrow f(e_{ij}) + \Delta f$

        else

            $f(e_{ji}) \leftarrow f(e_{ji}) - \Delta f$

        end if

    end for

while $P \mathrel{!=} \text{NULL}$

// 返回最大网络可行流

for $e_{ij} \in E$

    $f(e_{ij}) \leftarrow f(e_{ji})$

end for

$f^* \leftarrow f'$

return f^*

例 8.9 求解图 8.14 所示容量—费用网络的最小费用流。其中边上标注的是"容量 / 单位费用"。

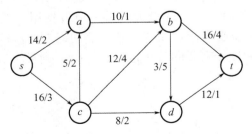

图 8.14 容量—费用网络

设 $w(f)$ 表示可行流的总费用，Δf 表示增流值，w_l 表示可增广链的单位费用权值，则具体的计算过程如图 8.15 所示。

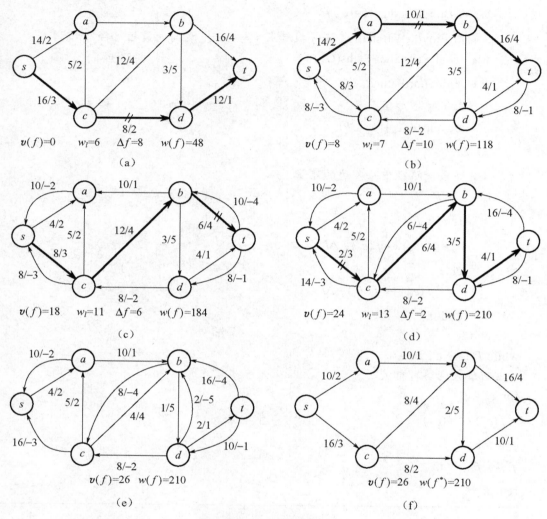

图 8.15　例 8.9 的计算过程

最小费用链算法的主要计算量集中在迭代寻找最小费用链并不断增广最大流。假设网络中有 n 个顶点和 m 条边，且边的最大容量和单位费用分别为 C 和 w，如果每次增广流值变化为 1，则最多需要执行 C 次寻找最小费用链并增流的操作；如果每执行一次寻找最小费用链并增流的操作需要的时间是 $S(n,m,w)$，则最小费用链算法的时间复杂性为 $O(C \cdot S(n,m,w))$。

8.5.4　负回路算法

定理 8.8　对于给定的容量—费用网络 $G = (V, E, s, t, c, w)$，最大可行流 f 是最小费用

流的充分且必要条件是 G 关于 f 的残存网络中不存在负费用回路。（证明略）

例如，对于图 8.16（a）所示的容量—费用网络 G，每条边的容量均为 1，边上标注的是单位费用，则有如图 8.16（b）所示的残存网络。此时，残存网络中存在虚线所示的负费用回路，因此，进行负费用回路中各边的流量增广，即前向边流量增加 1，后向边流量减少 1。显然，这个增广操作可以使网络中可行流的大小保持不变，但是流的费用降低。负回路算法正是在此基础上产生的。

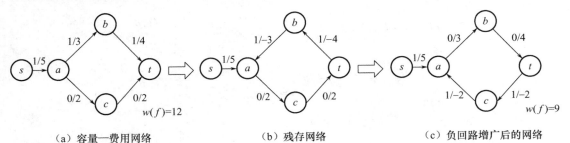

（a）容量—费用网络　　　　　（b）残存网络　　　　　（c）负回路增广后的网络

图 8.16　负费用回路的影响

根据上述定理，对于给定的容量—费用网络 $G = (V, E, s, t, c, w)$，利用负回路算法求解最小费用流的具体步骤如下。

（1）利用最大流算法求解网络最大可行流 f。

（2）构造 G 关于 f 的残存网络 G'，并寻找 G' 中的负费用回路并增流。一般地，增流值 Δf 选择负费用回路中各边容量的最小值。增流时，令负回路中前向边的流量增加 Δf，后向边的流量减少 Δf。

（3）迭代执行步骤（2），直到残存网络 G' 中不存在负费用回路时返回最小费用流，算法结束。

算法 8.9　最小费用流的负回路算法。

算法名称：DelNegLoop(G)

输入：容量—费用网络 $G = (V, E, s, t, c, w)$

输出：最小费用流 f^*

// 调用最大流算法求解该网络的最大可行流作为初始流

$f \leftarrow$ MaxFlow(G)

do

　　// 构造残存网络

　　$G_f \leftarrow$ BuildResidualNet(G, f)

　　// 调用 Floyd–Warshall 算法寻找负回路

　　$D, R \leftarrow$ NodePairsShortPaths(G_f)

$$P \leftarrow \text{FindNegLoop}(D, R)$$

// 确定流量增加值

$$\Delta f \leftarrow \min\{c(e_{ij}) \mid e_{ij} \in P\}$$

// 更新负回路中每条边的流量

for $e_{ij} \in P$

    if $e_{ij} \in E$

        $f(e_{ij}) \leftarrow f(e_{ij}) + \Delta f$

        if $e_{ji} \in E$

            $f(e_{ji}) \leftarrow f(e_{ji}) + \Delta f$

        end if

    end if

end for

while P !=NULL

// 返回最大网络可行流

for $e_{ij} \in E$

    $f(e_{ij}) \leftarrow f(e_{ji})$

end for

$f^* \leftarrow f'$

return f^*

例 8.10　利用负回路算法求解图 8–14 的最小费用流。

设 $w(f)$ 表示可行流的总费用，Δf 表示增流值，w_l 表示负回路的单位费用权值，图 8.17（a）为当前网络最大流，则具体的计算过程如图 8.17 所示。

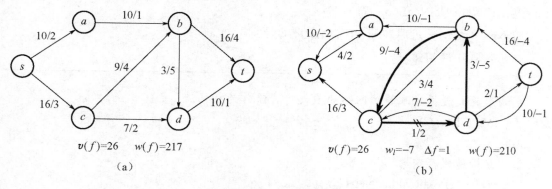

$v(f)=26$　$w(f)=217$　　　　　　$v(f)=26$　$w_l=-7$　$\Delta f=1$　$w(f)=210$

（a）　　　　　　　　　　　　　　　　　（b）

图 8.17　例 8.10 的计算过程

图 8.17　例 8.10 的计算过程（续）

负回路算法的主要计算量集中在迭代寻找负费用回路并不断增广最大流。假设网络中有 n 个顶点和 m 条边，且边的最大容量和单位费用分别为 C 和 w，则最大流费用不超过 mCw；如果每次增广流值变化为 1，则最多需要执行 mCw 次寻找负费用回路并增流的操作。利用 Floyd–Warshall 算法执行一次寻找负费用回路并增流的操作时间复杂性为 $O(n)$，则负回路算法的时间复杂性为 $O(nmCw)$。

本章小结

本章主要讨论线性规划和网络流等组合优化问题，介绍线性规划问题的一般形式和约束标准型等相关概念，并重点介绍利用单纯形法和两阶段法求解线性规划问题最优解的详细过程。此外，本章还详细介绍了网络流的基本概念与性质，分析网络最大流和最小费用流问题，具体说明了如何利用增广链算法、负回路算法和最小费用链算法求解上述网络流问题。

习　　题

1. 请写出下述线性规划问题的约束标准型。

（1）

$\max z = 3x_1 - 2x_2 + x_3$

s.t. $\begin{cases} x_1 + 2x_2 - x_3 \leqslant 1 \\ 4x_1 - 2x_3 \geqslant 5 \\ x_2 - 5x_3 \leqslant -4 \\ x_1 - 3x_2 + 2x_3 = -10 \\ x_1 \geqslant 0,\ x_2\text{任意},\ x_3 \geqslant 0 \end{cases}$

（2）

$$\min z = 2x_1 - x_2$$

$$\text{s.t.} \begin{cases} 2x_1 + x_2 \geqslant 2 \\ x_1 - x_2 \leqslant -3 \\ x_1, x_2 \geqslant 0 \end{cases}$$

2. 设线性规划问题为

$$\max z = c^{\mathrm{T}} x$$

$$\text{s.t.} \begin{cases} Ax = b \\ x \geqslant 0, \quad b \geqslant 0 \end{cases}$$

其基本可行解 x^* 的所有非基变量的检验数都大于 0，证明 x^* 是唯一的最优解。

3. 试用单纯形法解下面的线性规划问题。

（1）

$$\min z = x_1 + x_2 + x_3$$

$$\text{s.t.} \begin{cases} 2x_1 + 7.5x_2 + 3x_3 \geqslant 10000 \\ 20x_1 + 5x_2 + 10x_3 \geqslant 30000 \\ x_1, x_2, x_3 \geqslant 0 \end{cases}$$

（2）

$$\max z = 3x_1 - 2x_2$$

$$\text{s.t.} \begin{cases} x_1 - x_2 \geqslant -1 \\ 3x_1 + x_2 \leqslant 9 \\ x_1 + 2x_2 \geqslant 9 \\ x_1, x_2 \geqslant 0 \end{cases}$$

（3）

$$\min z = 2x_1 + x_2$$

$$\text{s.t.} \begin{cases} x_1 + x_2 \geqslant 1 \\ x_2 \leqslant 2 \\ x_1, x_2 \geqslant 0 \end{cases}$$

（4）

$$\min z = x_1 - x_2$$

$$\text{s.t.} \begin{cases} 2x_1 + 3x_2 \leqslant 14 \\ -x_1 + x_2 \leqslant 3 \\ x_1 \leqslant 4 \\ x_1, x_2 \geqslant 0 \end{cases}$$

4. 证明对于任意非起点非终点的顶点 v，进入 v 的总正向流必定等于离开 v 的总正向流。

5. 证明 $v(f) = \sum\limits_{<j,t> \in E} f(j,t) - \sum\limits_{<t,j> \in E} f(t,j)$。

6. 给定如图 8.18 所示的容量网络 $G(V,E,c,s,t)$ 和可行流 f_0，其中边上标注的第 1 个数是 $c(e)$，第 2 个数是 $f_0(e)$。以 f_0 为初始可行流，用 Ford–Fulkerson 算法求 G 的最大流 f^* 和最小割集 $(A,V-A)$，并验证 $v(f^*)=c(A,V-A)$。

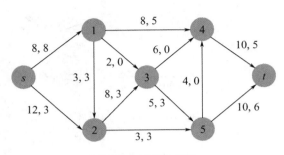

图 8.18　习题 6 用图

7. 如何利用 Floyd–Warshall 算法的输出来检测是否存在权重为负的回路？

8. 用 Floyd–Warshall 算法检测图 8.19 中两个赋权有向图是否有负回路，当无负回路时，输出图中任意两点间的最短路径及其距离；当有负回路时，输出一条负回路。

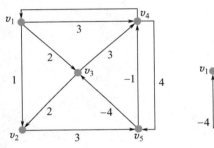
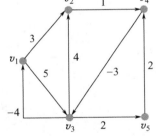

图 8.19　习题 8 用图

9. 利用 Floyd–Warshall 算法求解图 8.20 中所有顶点之间的最短路径。在计算过程中需写出外层循环中每次迭代生成的 D_k 和 R_k。

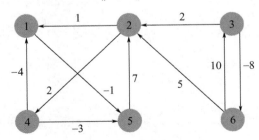

图 8.20　习题 9 用图

10. 给定如图 8.21 所示的容量—费用网络 G，其中边上标注的是"（容量，单位费用）"，请分别采用最小费用链算法和负回路算法求解 G 的最小费用流。

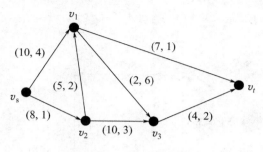

图 8.21 习题 10 用图

参考文献

CORMEN T H，LEISERSON C E，RIVEST R L，et al，2001.Introduction to Algorithms[M]. 2nd ed. Cambridge：The MIT Press.

LEVITIN A，2013.Introduction to the Design and Analysis of Algorithms[M]. 3rd ed. 影印版 . 北京：清华大学出版社 .

SHAFFER C A，2002. A Practical Introduction to Data Structures and Algorithm Analysis[M]. 2nd ed. 影印版 . 北京：电子工业出版社 .

王晓东，2018. 计算机算法设计与分析 [M].5 版 . 北京：电子工业出版社 .

屈婉玲，刘田，张立昂，等，2011. 算法设计与分析 [M].2 版 . 北京：清华大学出版社 .